示范性应用技术大学系列创新教材

SERIES OF TEACHING MATERIALS OF INNOVATION FOR EXEMPLARY UNIVERSITIES OF APPLIED TECHNOLOGY

高等学校电子信息类专业系列教材

自动控制原理及应用

主　编　付瑞玲　禹春来

副主编　李文方　张具琴　张洋洋

U0379985

西安电子科技大学出版社

内 容 简 介

　　本书系统阐述了自动控制理论的基本分析和研究方法，主要内容包括自动控制系统数学模型的建立，线性系统的时域分析、根轨迹分析和频域分析，线性系统的校正，线性离散控制系统的分析，非线性控制系统中的相平面法和描述函数法，最后给出了控制系统设计实例。

　　本书可作为普通高等学校自动化、测控技术与仪器、电气工程及其自动化、电子信息工程、电子信息科学与技术、通信工程、机械设计及其自动化等专业自动控制原理课程的教材，也可供自动控制类各专业工程技术人员参考。

图书在版编目(CIP)数据

自动控制原理及应用/付瑞玲，禹春来主编. --西安：西安电子科技大学出版社，2024.1
ISBN 978 - 7 - 5606 - 7140 - 6

Ⅰ．①自…　Ⅱ．①付…　②禹…　Ⅲ．①自动控制理论　Ⅳ．①TP13

中国国家版本馆 CIP 数据核字(2024)第 003385 号

策　　划　　秦志峰
责任编辑　　秦志峰
出版发行　　西安电子科技大学出版社(西安市太白南路 2 号)
电　　话　　(029)88202421　88201467　　邮　　编　　710071
网　　址　　www. xduph. com　　　　　电子邮箱　　xdupfxb001@163.com
经　　销　　新华书店
印刷单位　　陕西天意印务有限责任公司
版　　次　　2024 年 1 月第 1 版　2024 年 1 月第 1 次印刷
开　　本　　787 毫米×1092 毫米　1/16　印张　15
字　　数　　353 千字
定　　价　　41.00 元
ISBN 978 - 7 - 5606 - 7140 - 6/TP

XDUP 7442001 - 1

＊＊＊ 如有印装问题可调换 ＊＊＊

前　言

党的二十大报告提出，坚持把发展经济的着力点放在实体经济上，推进新型工业化，加快建设制造强国、质量强国、航天强国、交通强国、网络强国、数字中国。自动控制技术作为推进新型工业化的核心技术，已经广泛深入地应用于工农业生产、交通运输、国防现代化和航空航天等许多领域。"自动控制原理"是自动化类、仪器类、电子信息类、机械类、电气类专业的重要专业基础课，不仅对工程技术有指导作用，而且对培养学生的思辨能力，建立理论联系实际的科学观点和提高综合分析问题的能力，都具有重要的作用。深入理解、掌握自动控制原理的概念、思想和方法，是学生日后解决实际控制工程问题，掌握控制理论及其他学科领域知识的基础。

本书是专为本科应用型人才培养而编写的。在编写过程中，编者总结了多年的教学经验，参考了有关书籍和文献，并结合实际教学工作中的体会，努力在应用能力培养方面下功夫，力求突出以下特点：

（1）本着"易读、好教"的教材写作目的，简化了数学公式的推导，增加了实例说明，使内容简明扼要。

（2）根据从系统到理论再到系统的思路，将理论与实际紧密结合，先感性（系统），后理性（抽象），最后再回到实际（系统）。从物理概念入手，理论以够用为度。

（3）以介绍基本理论、基本概念和基本方法为主，努力做到深入浅出、循序渐进，力求用实例把抽象的理论与工程实际结合起来，将抽象的概念说清楚、讲透彻。

（4）将 MATLAB 软件在系统研究、设计中的作用和相应工具箱的使用方法与课程内容恰当结合，使学生学会用 MATLAB 软件来学习控制系统的分析和设计方法。

本书共 9 章。第 1 章结合工程实例，介绍了自动控制系统的组成、分类、基本要求以及分析与设计工具；第 2 章在介绍数学工具——拉普拉斯变换的基础上，介绍了如何通过实际控制系统建立微分方程、传递函数、结构图、信号流图等四种数学模型，以及四种数学模型之间的相互转换；第 3、4、5 章分别介绍了经典控制理论的三大分析方法——时域分析法、根轨迹分析法和频域分析法，对连续时间控制系统的稳定性、准确性和快速性进行了分析；第 6 章介绍了线性系统的频域校正方法；第 7 章介绍了线性离散控制系统的概念、采样定理、数学模型和时域分析；第 8 章介绍了非线性控制系统以及非线性系统的分析方法——相平面法和描述函数法；第 9 章介绍了控制系统设计实例。全书将 MATLAB 在控制系统分析和设计中的具体应用安排在了相应章节的最后一节，教师可以根据实际需求对教学内容进行取舍。

本书由全国首批"应用科技大学改革试点战略研发单位"——黄河科技学院组编写，为"河南省高等学校青年骨干教师培养计划"成果。参加本书编写的人员有禹春来（第1、3章）、李文方（第2、4章）、付瑞玲（第5、9章）、张具琴（第6、7章）、张洋洋（第8章），全书由付瑞玲负责统稿。

由于编者水平有限，书中疏漏和不妥之处在所难免，敬请广大读者批评指正。

编　者
2023 年 5 月

目　　录

第 1 章 绪 论

 知识目标

- 掌握自动控制系统的基本概念，熟悉自动控制系统的基本组成。
- 熟悉自动控制系统的分类方法。
- 了解自动控制理论的发展概况。
- 正确理解自动控制的概念。
- 正确理解三种基本控制方式及其特点；熟悉常见控制系统的工作原理，能绘制常见自动控制系统的原理方框图。
- 正确理解对控制系统的性能要求。

随着生产和科学技术的发展，自动控制技术在国民经济和国防建设中所起的作用越来越大。从最初的机械转速、位置的控制到工业过程中温度、压力、流量的控制，从远洋巨轮到深水潜艇的控制，从飞机自动驾驶、神舟飞船的返回控制到"勇气"号、"机遇"号的火星登陆控制，自动控制技术的应用几乎无所不在。自动控制理论和技术已经深入电气、机械、航空航天、化工、经济管理、生物工程等许多学科，在各个工程领域都有应用。所以许多工程技术人员和科学工作者都希望具备一定的自动控制方面的知识，根据需要设计相关的自动控制系统。

自动控制技术是研究自动控制共同规律的技术科学，主要包含自动控制的基本理论与控制系统的分析和设计方法等内容。根据自动控制技术发展的不同阶段，自动控制理论可以分为经典控制理论和现代控制理论两大部分。经典控制理论的内容主要以传递函数为基础，以频域分析法(简称频域法)和根轨迹分析法(简称根轨迹法)为核心，研究单输入单输出类自动控制系统的分析和设计问题。这些理论研究较早，现在已经成熟，并且在工程实践中得到了广泛的应用。现代控制理论是 20 世纪 60 年代在经典控制理论的基础上，随着科学技术的发展和工程实践的需要而迅速发展起来的。现代控制理论的内容主要以状态空间为基础，研究多输入多输出、变参数、非线性、高精度、高性能等控制系统的分析和设计问题。最优控制、最佳滤波、系统辨识、自适应控制、鲁棒控制和预测控制等理论都是这一领域研究的主要课题。特别是近十年来，电子计算机技术和现代应用数学研究的迅速发展，使现代控制理论又在研究庞大系统工程的大系统理论和模仿人类智能活动的智能控制、生物控制、模糊控制等方面有了重大进展。

1.1　自动控制系统简介

在现代科学技术的众多应用领域中，自动控制技术起着越来越重要的作用。所谓自动控制，是指在没有人的直接干预下，利用物理装置对生产设备或工艺过程进行合理的控制，使被控制的物理量保持恒定或者按照一定的规律变化。例如，数控车床按照预定程序自动切削工件；化学反应炉的温度或压力自动地维持恒定；由雷达或计算机组成的导弹发射或制导系统，自动地将导弹引导到敌方目标；无人驾驶飞机按照预定航迹自动升降和飞行；人造卫星准确地进入预定轨道运行并返回等。

研究自动控制共同规律的技术科学称为自动控制科学，它的诞生与发展源于自动控制技术的应用。自动控制技术的应用实际上是指设计大大小小的控制系统完成对某个对象的控制作用，达到人们希望的预期目标。

自动控制系统是为实现某一控制目标所需要的所有物理部件的有机组合体。在自动控制系统中，被控制的设备或过程就称为被控对象；实施控制作用的部件就称为控制装置。如图 1.1 所示的液位自动控制系统，控制任务为维持水箱内水位恒定，被控对象为水箱和供水系统，控制装置由气动阀门和控制器组成。

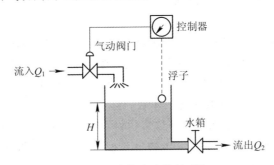

图 1.1　液位自动控制系统

自动控制系统有两种基本的控制方式：开环控制和闭环控制。此外，还有进阶的复合控制方式。

1. 开环控制

开环控制是控制装置与被控对象之间只有顺向作用而没有反向联系的控制过程。按开环控制方式组成的系统称为开环控制系统，其特点是系统的输出量不会对系统的控制作用产生影响。开环控制系统可以按给定量控制，也可以按扰动控制。

按给定量控制的开环控制系统，其控制作用直接由系统的输入量产生，给定一个输入量就有一个输出量与之相对应，控制精度完全取决于所有的元件及校准的精度。在图 1.2 所示的转速控制系统中，电动机的转速由给定电压信号 u_g 来确定。这样，在工作过程中，即使电动机转速偏离期望值，它也不会反过来影响电压信号 u_g，因此，这种控制方式没有自动修正偏差的能力，抗干扰性差，但由于其结构简单、调整方便、成本低，因此在精度要求不高或扰动影响较小的情况下，这种控制方式仍有一定的实用价值。目前人们生活中的一些自动化装置，如自动售货机、自动洗衣机、产品自动生产线、数控车床以及交通灯等，一般都是开环系统。

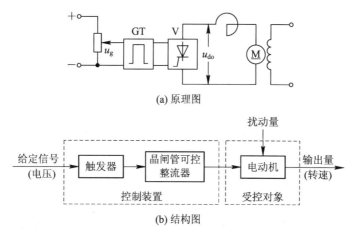

(a) 原理图

(b) 结构图

图 1.2 按给定量控制的转速控制系统

按扰动控制的开环控制系统，利用可测量的扰动量，产生一种补偿作用，以降低或抵消扰动对输出量的影响，这种控制方式也称顺馈控制。例如，在一般的直流电动机转速控制系统中，转速常常随负载的增加而下降，且其转速的下降是由于电枢回路的电压降引起的。如果设法将负载引起的电流变化测量出来，并按其大小产生一个附加的控制作用，用以补偿由它引起的转速下降，就可以构成按扰动控制的转速控制系统，如图 1.3 所示。

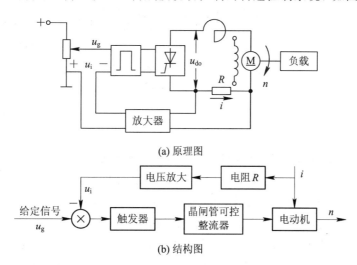

(a) 原理图

(b) 结构图

图 1.3 按扰动控制的转速控制系统

这种扰动控制的开环控制方式直接从扰动取得信息，并据此改变被控量，因此其抗扰动性好，控制精度也较高，但只适用于扰动可测量的场合。

综上所述，可以看出开环控制的特点是输出量不影响输入量，即输出量不会对系统的控制产生影响。

开环控制系统典型结构图如图 1.4 所示。

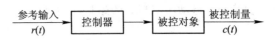

图 1.4　开环控制系统典型结构图

2. 闭环控制

如果把系统的被控量反馈到它的输入端，并与参考输入相比较，那么这种控制方式叫作闭环控制。由于这种控制系统中存在被控量经反馈环节至比较点的反馈通路，故闭环控制又称反馈控制。闭环控制系统广泛应用于各工业部门，例如加热炉的温度控制、轧钢厂的传动速度控制、电动机转速闭环控制等。其中，电动机转速闭环控制系统如图 1.5 所示。

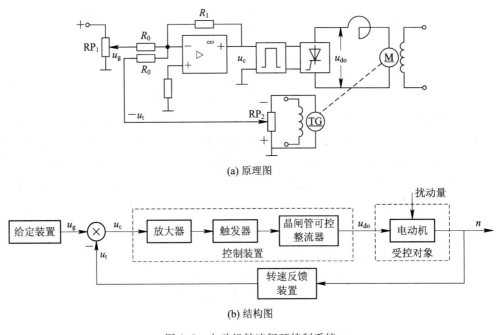

(a) 原理图

(b) 结构图

图 1.5　电动机转速闭环控制系统

若反馈的输出量与输入量相减，使产生的偏差越来越小，就称为负反馈；反之，则称为正反馈。从正负反馈的定义可以看出，按负反馈原理组成的闭环控制系统，具有抑制内外扰动对被控量产生影响的能力，有较高的控制精度。但这种系统使用的元件多，线路复杂，特别是系统的性能分析和设计也较麻烦，而且存在稳定性问题。如果闭环系统的参数设置得不好，会造成被控量的较大摆动，甚至使系统无法正常工作。尽管如此，它仍是一种重要的并被广泛应用的控制系统，自动控制理论主要研究对象就是用这种控制方式组成的系统。闭环控制系统典型结构图如图 1.6 所示。

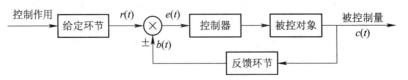

图 1.6　闭环控制系统典型结构图

3. 复合控制

按扰动控制方式在技术上较闭环控制方式(即按偏差控制方式)简单，但它只适用于扰动可测量的场合，而且一个补偿装置只能补偿一种扰动因素，对其余扰动均不起补偿作用。因此，比较合理的一种控制方式是把按偏差控制方式与按扰动控制方式结合起来，对于主要扰动采用适当的补偿装置实现按扰动控制，同时再组成反馈控制系统实现按偏差控制，以消除其余扰动产生的偏差。这样，系统的主要扰动已被补偿，反馈控制系统就比较容易设计，控制效果也会更好。这种将按偏差控制方式和按扰动控制方式相结合的控制方式称为复合控制方式。电动机转速复合控制系统原理图和结构图如图 1.7 所示。

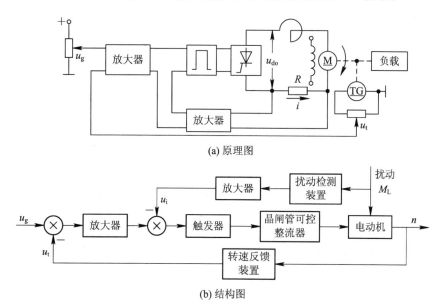

(a) 原理图

(b) 结构图

图 1.7 电动机转速复合控制系统原理图和结构图

复合控制系统典型结构图如图 1.8 所示。

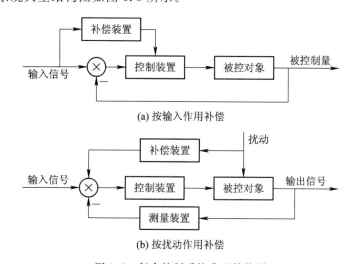

(a) 按输入作用补偿

(b) 按扰动作用补偿

图 1.8 复合控制系统典型结构图

1.2 自动控制系统的组成

自动控制系统是由控制装置和被控对象这两大部分组成的，它们以某种相互依赖的方式组合成为一个有机整体，并对被控对象进行自动控制。简单地讲，自动控制系统就是能对被控对象的工作状态进行自动控制的系统。其中控制装置又是由各种基本元件构成的，每个元件发挥一定的作用。在不同的系统中，结构完全不同的元件可以具有相同的作用。典型的自动控制系统的结构图如图1.9所示。

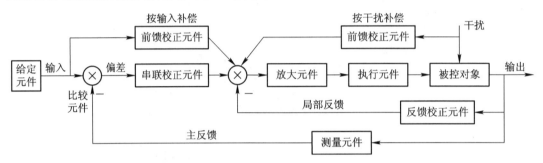

图 1.9 典型自动控制系统结构图

1. 系统的组成

（1）测量元件：用于测量被控对象需要控制的物理量，如果这个物理量是非电量，一般需要转化为电量。

（2）给定元件：给出与期望的被控量相对应的系统输入量。

（3）比较元件：把测量元件检测的被控量实际值与给定元件给出的输入量进行比较，求出它们之间的偏差。

（4）放大元件：将比较元件给出的偏差进行放大，用来驱动执行元件去控制被控对象。

（5）执行元件：直接作用于被控对象，使其被控量发生变化，达到预期的控制目的。

（6）校正元件：也称补偿元件，它是结构或参数便于调整的元件，用串联或反馈的方式连接在系统中，用于改善系统性能。

2. 系统中传递的信号

（1）输入信号：使系统具有预定功能或预定输出的物理量，又称给定量、输入量、参据量。

（2）输出信号：控制系统中被控制的物理量，又称被控量或输出量，它与输入信号之间保持一定的函数关系。

（3）偏差信号：输入信号与主反馈信号之差，简称偏差。

（4）反馈信号：分为主反馈信号和局部反馈信号。

（5）误差信号：系统输出量的实际值与期望值之差，简称误差。系统的期望值是理想系统的输出，实际并不存在，只能用与输入信号具有一定比例关系的信号来表示。对于单位反馈而言，误差信号等于偏差信号。

（6）干扰信号：所有妨碍控制量对被控量按要求进行正常控制的信号，又称为扰动、干扰量、扰动量。

为了使控制系统的表示简单明了，在控制工程中一般采用方框表示系统中的各个组成部件，在每个方框中填入它所表示部件的名称或其功能函数的表达式，不必画出它们的具体结构。根据信号在系统中的传递方向，用有向线段依次把它们连接起来，就可得到整个系统的结构图。结构图的相关知识将在 2.4 节中介绍。

结构图的三个基本单元包括引出点、比较点、部件的框图，如图 1.10 所示。

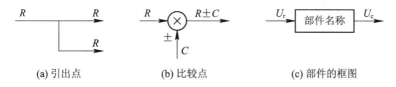

(a) 引出点　　　　　　　(b) 比较点　　　　　　(c) 部件的框图

图 1.10　系统框图的基本组成单元

1.3　自动控制系统的分类

自动控制系统的种类很多，其结构性能和完成的控制目的也各不相同，因此有多种分类方法，下面介绍几种常见的分类。

1. 按输入量的变化规律划分

（1）恒值控制系统（自动调节系统）。恒值控制系统的输入信号是一个常量，故称恒值控制系统。此类系统的任务是保持被控对象的被控量维持在期望值上。

（2）程序控制系统。程序控制系统的输入信号是事先确定的按某种运动规律随时间变化的程序信号。此类系统的任务是使被控对象的被控量按照设定的程序变化。

（3）随动控制系统（伺服系统）。随动控制系统的输入信号是预先未知的随时间任意变化的量。此类系统的任务是使被控量以尽可能高的精度跟随给定值的变化。

2. 按传送信号的性质划分

（1）连续系统。连续系统各个环节的输入信号和输出信号均是时间 t 的连续函数，信号均是可任意取值的模拟量。

（2）离散系统。离散系统中传递的信号有一处或数处是脉冲序列或数字编码。

3. 按描述元件的动态方程划分

（1）线性系统。组成线性系统的全部元件都是线性元件，其输入/输出静态特性均为线性特性，可用一个或一组线性微分方程描述该系统的输入和输出关系。

（2）非线性系统。非线性系统中含有一个或多个非线性元件，其输入/输出关系不能用线性微分方程来描述。

4. 按系统参数是否随时间变化划分

（1）定常系统。定常系统的微分方程的各项系数不随时间变化，是与时间无关的常数。

（2）时变系统。描述某系统的微分方程中只要有一项系数是时间的函数，该系统就称为时变系统。

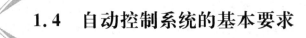

1.4 自动控制系统的基本要求

为实现自动控制，必须对控制系统提出一定的要求。对于一个闭环控制系统而言，当输入量和扰动量均不变时，系统的输出量也恒定不变，这种状态称为平衡状态或静态、稳态。通常系统在稳态时的输出量是人们所关心的，当输入量或扰动量发生变化时，反馈量将与输入量产生偏差，通过控制器的作用，使输出量最终稳定，即达到一个新的平衡状态。但由于系统中各环节总存在惯性，因此系统从一个平衡点到另一个平衡点无法瞬间完成，即存在一个过渡过程，该过程称为动态过程或暂态过程。根据稳态输出和暂态过程的特性，可将闭环控制系统的基本要求归纳为三个方面：稳定性、准确性（稳态精度）、快速性。

1. 稳定性

稳定性是保证控制系统正常工作的先决条件，是对控制系统最基本的要求。所谓稳定性，是指控制系统偏离平衡状态后，自动恢复到平衡状态的能力。在存在干扰信号、系统内部参数发生变化和环境条件改变的情况下，系统偏离了平衡状态。如果在随后所有时间内，系统的输出响应能够最终回到原来的平衡状态，则系统是稳定的；反之，如果系统的输出响应逐渐增加趋于无穷，或者进入振荡状态，则系统是不稳定的。不稳定的系统是不能工作的。

图 1.11 中曲线①对应的控制系统的输出响应呈衰减振荡的形式，经过一个过渡时间，输出量趋于给定值，所以系统是稳定的，且平稳性较好；曲线②对应的控制系统的输出响应呈现发散振荡形式，随着时间的推移，输出量离给定值越来越远，所以系统是不稳定的。

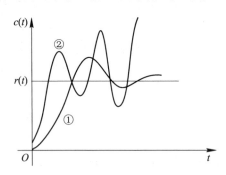

图 1.11 自动控制系统的输出响应示例 1

2. 准确性

准确性就是要求被控量和设定量之间的误差达到所要求的精度范围。准确性反映了系统的稳态精度。通常控制系统的稳态精度可以用稳态误差来表示，根据输入点的不同，一般可分为参考输入稳态误差和扰动输入稳态误差。对于随动系统或其他有控制轨迹要求的系统，还应考虑动态误差。误差越小，控制精度或准确性越高。

3. 快速性

为了更好地完成控制任务，控制系统不仅要稳定且具有较高的精度，还必须对过渡过程的形式和快慢提出要求,这个要求一般称为系统的动态性能。通常情况下,当系统由一个平衡状态过渡到另一个平衡状态时,都要求系统过渡过程既快速又平稳。因此,在设计控制系统时,对控制系统的过渡过程时间(即快速性)和最大振荡幅度(即超调量)都有一定的要求。

图 1.12 中曲线①对应的控制系统的输出响应呈现单调递增的形式,输出量趋于给定值的过程缓慢,系统的快速性不好;曲线②对应的控制系统的输出响应呈现衰减振荡的形式,且最大振荡幅度小,输出量趋于给定值的过程迅速,系统的快速性好。

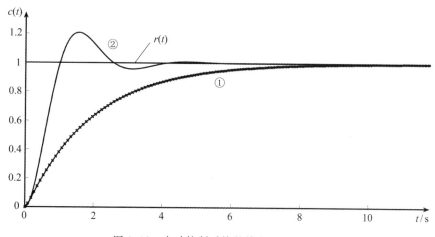

图 1.12 自动控制系统的输出响应示例 2

由于被控对象的具体情况不同,各种系统对上述三方面性能要求的侧重点也有所不同。例如随动系统对快速性和稳态精度的要求较高,而恒值控制系统一般侧重于稳定性和抗扰动的能力。在同一个系统中,上述三方面的性能要求通常是相互制约的。例如为了提高系统的动态响应的快速性和稳态精度,就需要增大系统的放大能力,而放大能力的增强,必然会导致系统动态性能变差,甚至会使系统变为不稳定状态。反之,若强调系统动态过程平稳性的要求,系统的放大倍数就应该设置得较小,从而导致系统稳态精度降低、动态过程变慢。由此可见,系统动态响应的快速性、准确性与稳定性之间是相互矛盾的。如何分析与解决它们之间的矛盾,正是本书所要研究的内容,其中包括以下两大问题:

(1) 对于一个具体的控制系统,如何从理论上对它的动态性能和稳态精度进行定性的分析和定量的计算?

(2) 根据对系统性能的要求,如何合理地设计校正装置,使系统的性能能全面地满足技术上的要求?

1.5 自动控制系统的分析与设计工具

MATLAB 是 MathWorks 公司开发的一种集数值计算、符号计算和图形可视化三大基本功能于一体的功能强大、操作简单的优秀工程计算应用软件。MATLAB 不仅可以处理代数问题和数值分析问题,而且还具有强大的图形处理及仿真模拟等功能,因而能够很好地帮助工程师及科学家解决实际的技术问题。

MATLAB的含义是矩阵实验室（Matrix Laboratory），最初主要用于矩阵的存取，其基本元素是无需定义维数的矩阵。经过十几年的扩充和完善，MATLAB现已发展成为包含大量实用工具箱（Toolbox)的综合应用软件，不仅是线性代数课程的标准工具，而且适合具有不同专业研究方向及工程应用需求的用户使用。

MATLAB最重要的特点是易于扩展。它允许用户自行建立完成指定功能的扩展MATLAB函数（称为M文件），从而构成适合于其他领域的工具箱，大大扩展了MATLAB的应用范围。目前，MATLAB已成为国际控制界最流行的软件，控制界很多学者将自己擅长的CAD方法用MATLAB加以实现，出现了大量的MATLAB配套工具箱，如控制系统工具箱（Control Systems Toolbox）、系统识别工具箱（System Identification Toolbox）、鲁棒控制工具箱（Robust Control Toolbox）、信号处理工具箱（Signal Processing Toolbox）以及仿真环境Simulink等。

1.5.1　MATLAB 简介

1. 安装 MATLAB

要进行MATLAB的各种操作，首先要准备MATLAB系统环境，即安装MATLAB。

一般情况下，MATLAB的安装包是一个ISO格式的镜像文件，安装前应先建立一个文件夹，再用解压软件将安装包解压到该文件夹中。

安装时，双击安装文件setup.exe，按弹出的窗口提示完成安装过程。例如，在"文件安装密钥"窗口选择第一个选项，要求输入文件安装密钥。打开readme.txt文件，将文件安装密钥粘贴到"文件安装密钥"窗口的文本框中，然后单击"下一步"按钮。

又如，在"产品选择"窗口选择要安装的系统模块和工具箱，可根据自己的需要选择要安装的产品，选择之后单击"下一步"按钮。

进入系统文件安装界面后，屏幕上有进度条显示安装进度，如图1.13所示，安装过程需要较长时间。安装完成之后，进入"产品配置说明"窗口，一般直接单击"下一步"按钮即可。

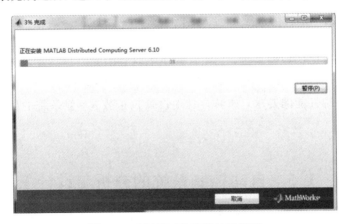

图 1.13　MATLAB 安装过程界面

接下来需要激活MATLAB。在操作界面依次选择"手动激活"选项和相应的许可证文件即可。

重新启动计算机后，用户就可以点击图标 使用 MATLAB 2017 了。MATLAB 启动过程界面如图 1.14 所示。

图 1.14　MATLAB 启动过程界面

2. MATLAB 主窗口

MATLAB 主窗口除了一些功能窗口，如命令行窗口、工作区窗口，还包括功能区、快速访问工具栏和当前文件夹工具栏，如图 1.15 所示。

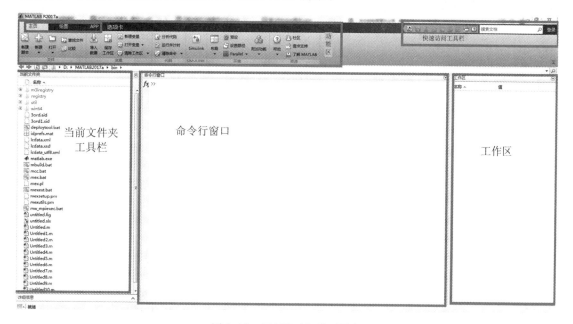

图 1.15　MATLAB 桌面平台

MATLAB 功能区提供了 3 个选项卡，分别为"主页""绘图"和"APP"。不同的选项卡有对应的工具条，通常按功能将工具条分成若干命令组，各命令组包括相应的命令按钮，通过单击命令按钮可实现相应的操作。"主页"选项卡包括"文件""变量""代码""SIMULINK"
"环境"和"资源"命令组;"绘图"选项卡提供了用于绘制图形的命令;"APP"选项卡提供了
多类应用工具。

在选项卡右边的是快速访问工具栏,其中包含了一些常用的操作按钮;功能区左下方
是当前文件夹工具栏,通过它可以很方便地实现文件夹的操作。在命令行窗口可以进行各
种计算操作,也可以使用命令打开各种 MATLAB 工具,还可以查看各种命令的帮助说明
等。工作区窗口会显示目前内存中所有的 MATLAB 变量名、数据结构、字节数与类型。

3. 命令行窗口

命令行窗口用于输入命令并显示除图形以外的所有执行结果,它是 MATLAB 的主要
交互窗口,用户的大部分操作都是在命令行窗口中完成的。

MATLAB 命令行窗口中的">>"为命令提示符,表示 MATLAB 处于准备状态。在命
令提示符后输入命令并按 Enter 键后,MATLAB 就会解释执行所输入的命令,并在命令后
面显示执行结果。

在命令提示符">>"的前面有一个"函数浏览"按钮 fx ,单击该按钮可以按类别快速
查找 MATLAB 的函数。

命令行窗口方式简单易用,但在编程过程中要修改整个程序比较困难,并且用户编写
的程序不容易保存。如果想把所有的程序输入完再运行调试,可以用鼠标点击快捷按钮
⬜ 或 File→New→M-file 菜单,在弹出的编程窗口中逐行输入命令,输入完毕后点击
Debug→Run(或 F5)运行整个程序。运行过程中的错误信息和运行结果显示在命令窗口中。
整个程序的源代码可以保存为扩展名为".m"的 M 文件。

在介绍 MATLAB 的强大计算能力和图像处理功能前,我们可以先运行一个简单的
程序。

设系统的闭环传递函数为

$$G(s) = \frac{s+4}{s^2+2s+8}$$

式中: $s = \sigma + j\omega$,表示复数域的一个复数变量。

求系统的时域响应图,可输入下面的命令:

```
>> num=[1,4];
    den=[1,2,8];
    step(num,den)
```

程序运行后会在一个新的窗口中显示出系统的时域动态响应曲线,如图 1.16 所示。用
鼠标左键点击动态响应曲线上的某一点,系统会提示其响应时间和幅值。按住左键在曲线
上移动鼠标的位置可以很容易地根据幅值观察出上升时间、调节时间、峰值及峰值时间,
进而求出超调量。如果想求根轨迹,可将程序的第三行变为 rlocus(num,den);若想求伯德
图,可将第三行改为 bode(num,den)。所不同的是,在根轨迹和伯德图中, $G(s)$ 为开环传
递函数。

MATLAB 的语法规则类似于 C 语言,其变量名、函数名都是区分大小写的,即变量 A
和 a 是两个完全不同的变量。应该注意所有的函数名均由小写字母构成。

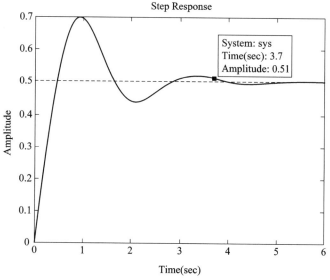

图 1.16　时域动态响应曲线

　　MATLAB 提供了相当丰富的帮助信息，同时也提供了多种获得帮助的方法。如果用户是第一次使用 MATLAB，则建议首先在"＞＞"提示符下键入 DEMO 命令，它将启动 MATLAB 的演示程序。用户可以在此演示程序中领略 MATLAB 所提供的强大的计算能力和图像处理功能。

1.5.2　Simulink 建模方法

　　在一些实际应用中，如果系统的结构过于复杂，不适合用前面介绍的方法建模，则可以用功能完善的 Simulink 程序来建立新的数学模型。Simulink 是由 MathWorks 软件公司 1990 年为 MATLAB 提供的新的控制系统模型图形输入仿真工具。它具有两个显著的功能：Simul（仿真）与 Link（连接），即可以利用鼠标在模型窗口上"画"出所需的控制系统模型，然后利用 Simulink 提供的功能来对系统进行仿真或线性化分析。与 MATLAB 中逐行输入命令相比，这样输入更容易，分析更直观。下面简单介绍 Simulink 建立系统模型的基本步骤。

　　1. 启动 Simulink

　　在 MATLAB 的命令行窗口输入 simulink 命令，或选择 MATLAB 主窗口"主页"选项卡，单击 Simulink 命令组中的 Simulink 命令按钮，或者选择 MATLAB 主窗口"主页"选项卡，单击"文件"命令组中的"新建"命令按钮，再从下拉菜单中选择 Simulink Model 命令，即可进入 Simulink 起始页。

　　在 Simulink 起始页单击 Blank Model 按钮，打开一个名为 untitled 的模型编辑窗口，如图 1.17 所示。在模型编辑窗口中可以通过鼠标拖放操作创建一个仿真模型。

　　在 Simulink 模型编辑窗口单击 Library Browser 按钮　　，打开如图 1.18 所示的 Simulink Library Browser（Simulink 模型库浏览器）窗口。该窗口包含两个窗格，左侧的窗格以列表的形式列出了所有模块库。单击某个模块库，右侧的窗格便会出现该模块库的子模块库；单击某个子模块库，右侧的窗格便会出现该子模块库中的所有模块。

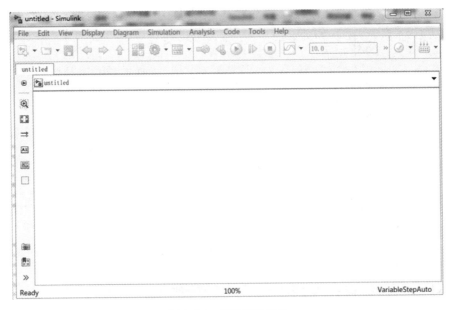

图 1.17　模型编辑窗口

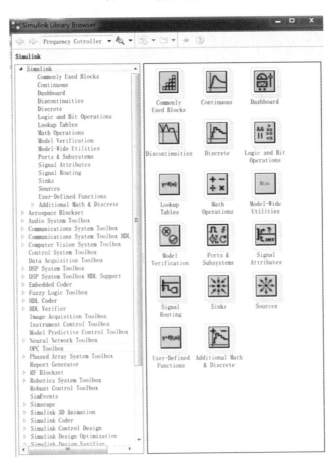

图 1.18　Simulink 模型库

2. 画出系统的各个模块

打开相应的子模块库，选择所需要的模块，用鼠标将其拖到模型编辑窗口的合适位置。

3. 给出各个模块参数

由于选中的各个模块只包含默认的模型参数，如默认的传递函数模型为 $1/(s+1)$ 的简单格式，因此必须通过修改得到实际的模块参数。要修改模块的参数，可以用鼠标双击该模块图标，则会出现一个相应的对话框，提示用户修改模块参数。

4. 画出连接线

当所有的模块都画出来之后，可以再画出模块间所需要的连线，以构成完整的系统。模块间连线的画法很简单，只需要用鼠标点击起始模块的输出端（三角符号）并拖动鼠标光标到终止模块的输入端，系统会自动地在两个模块间画出带箭头的连线。若需要从连线中引出节点，可在点击起始节点时按住 Ctrl 键，再将鼠标光标拖动到目的模块。

5. 指定输入和输出信号

Simulink 中有两类输入输出信号。第一类是仿真信号，其中输入信号在 Simulink 模型库的 Sources(输入源模块库)中，输出信号在 Simulink 模型库的 Sink(输出显示模块库)中，用户可根据需要自行选取所需要的输入输出信号；第二类是系统线性模型中的输入输出信号，系统线性模型在 Simulink 模型库的 Connection(连接模块库)中。

【例 1-1】 典型二阶系统的结构图如图 1.19 所示，用 Simulink 对系统进行仿真分析。

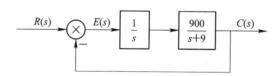

图 1.19 典型二阶系统结构图

按前面的步骤，启动 Simulink 并打开一个空白的模型编辑窗口。

(1) 画出所需模块，并给出正确的参数：

在 Sources 子模块库中选中阶跃输入(Step)图标并将其拖入编辑窗口，用鼠标左键双击该图标，打开参数设定的对话框，将参数 step time(阶跃时刻)设为 0。

在 Math Operations(数学运算)子模块库中选中加法器(Sum)图标并将其拖到编辑窗口中，双击该图标将参数 List of signs(符号列表)设为＋－(表示输入为正，反馈为负)。

在 Continuous(连续)子模块库中选中积分器(Integrator)和传递函数(Transfer Fcn)图标并拖到编辑窗口中，将传递函数分子(Numerator)改为〔900〕，分母(Denominator)改为〔1，9〕。

在 Sinks(输出)子模块库中选择 Scope(示波器)和 Out1(输出端口模块)图标并将之拖到编辑窗口中。

(2) 将画出的所有模块按图 1.19 所示用连接线连接起来，构成一个原系统的框图描述，如图 1.20 所示。

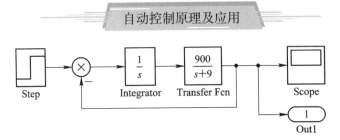

图 1.20　二阶系统的 Simulink 实现

（3）选择仿真算法和仿真控制参数，启动仿真过程。

在编辑窗口中点击 Simulation→Model Configuration Parameters 菜单，会出现一个参数对话框，在 solver 模板中设置响应的仿真范围 StartTime（开始时间）和 StopTime（终止时间），仿真步长范围 Maximum step size（最大步长）和 Minimum step size（最小步长）。对于本例，StopTime 可设置为 2。最后点击 Simulation→Start 菜单或相应的热键启动仿真。双击示波器，在弹出的图形上会"实时地"显示出仿真结果。输出结果如图 1.21 所示。

在命令窗口中键入 whos 命令，会发现工作空间中增加了两个变量——tout 和 yout，这是因为 Simulink 中的 Out1 模块自动将结果写到了 MATLAB 的工作空间中。利用 MATLAB 命令 plot(tout,yout)，可将结果绘制出来，如图 1.22 所示。比较图 1.21 和图 1.22，可以发现这两个输出结果是完全一致的。

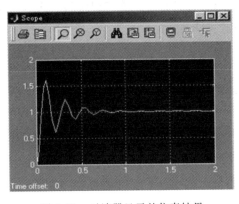

图 1.21　示波器显示的仿真结果

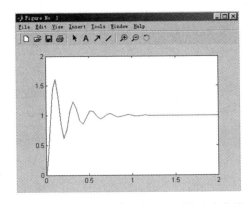

图 1.22　MATLAB 命令得出的系统响应曲线

本 章 小 结

本章主要讨论了自动控制系统的有关概念、自动控制系统的组成、自动控制系统的不同分类方法、工程上对于自动控制系统的要求以及自动控制系统的分析与设计工具，具体包括：

（1）自动控制系统是为实现某一控制目标所需的所有物理部件的有机组合体，其控制方式分为开环控制、闭环控制和复合控制。

（2）自动控制系统通常由给定元件、测量元件、比较元件、放大元件、校正元件、执行元件和被控对象组成。系统中传递的信号包括输入信号、输出信号、偏差信号、反馈信号、扰动信号等。

（3）自动控制系统的种类很多，其结构性能和完成的控制目的各不相同，因此有多种分类方法。

（4）工程上对自动控制系统性能的基本要求可以归结为稳（系统工作的首要条件）、准（以稳态误差衡量）、快（响应速度）三个方面，由于被控对象具体情况不同，各种系统对上述三个方面性能要求的侧重点也有所不同。

（5）MATLAB简介及使用。

习 题

1. 什么是自动控制系统？自动控制系统通常由哪些基本元件组成？各元件起什么作用？

2. 什么是开环控制系统？什么是闭环控制系统？试比较开环控制系统和闭环控制系统的区别及其优缺点。

3. 自动控制系统的性能要求是什么？

4. 下列电器哪些属于开环控制？哪些属于闭环控制？

家用电冰箱、家用空调、抽水马桶、电饭煲、多速电风扇、调光台灯、自动报时电子钟

5. 试列举几个日常生活中开环控制和闭环控制的实例，画出它们的示意图并说明其工作原理。

6. 图 1.23 所示为热处理炉温控制系统示意图。

（1）画出系统框图；

（2）说明该系统恒温控制的原理。

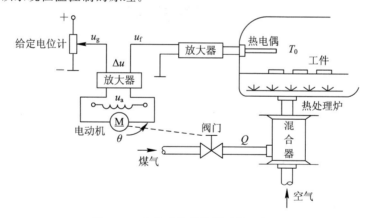

图 1.23 热处理炉温控制系统示意图

第2章 控制系统的数学模型

 知识目标

- 理解拉普拉斯变换的定义、性质。
- 掌握系统结构图的建立方法；熟练掌握系统结构图的等效变换方法及利用等效变换求系统闭环传递函数的方法；熟练掌握重要的传递函数，如控制输入下的闭环传递函数、扰动输入下的闭环传递函数、误差传递函数。
- 掌握信号流图的定义、组成方法、等效变换法则，以及简化图形结构的方法；掌握从信号流图求系统传递函数的方法。
- 理解数学模型的特点；掌握建立系统动态微分方程的一般方法。
- 熟练掌握运用梅森公式求闭环传递函数的方法。
- 牢固掌握传递函数的定义和性质；掌握典型环节的传递函数。

 2.1 拉普拉斯变换

要定量地分析和研究一个自动控制系统，首先要建立该系统的数学模型，这个数学模型往往是一个微分方程或传递函数。通过拉普拉斯变换（简称拉氏变换），可将微分方程转化为代数方程，简化微分方程的求解过程，另外，自动控制理论中使用的传递函数又是建立在拉氏变换的基础上的，因此拉氏变换是自动控制理论的数学基础。

2.1.1 拉普拉斯变换的定义

1. 拉普拉斯变换

一个定义在$[0，∞]$区间的函数 $f(t)$，它的拉普拉斯变换式 $F(s)$ 的定义为

$$F(s) = L[f(t)] = \int_0^\infty f(t) e^{-st} dt \tag{2-1}$$

式中：$s = \sigma + j\omega$，为复数；$F(s)$ 称为 $f(t)$ 的拉氏变换（或象函数），$f(t)$ 称为 $F(s)$ 的原函数。通常用"$L[\ ]$"表示对方括号内的函数做拉氏变换。

在工程中，以时间 t 为自变量的函数 $f(t)$ 通常都可以进行拉氏变换。

2. 几个常见函数的拉氏变换

下面按拉氏变换的定义式(2-1)来推导几个常用函数的拉氏变换：

（1）单位阶跃函数：

$$u(t) = \begin{cases} 0 & (t < 0) \\ 1 & (t \geqslant 0) \end{cases}$$

$$F(s) = L[u(t)] = \int_0^\infty 1 \times e^{-st} dt = -\frac{1}{s} e^{-st} \Big|_0^\infty = \frac{1}{s} \qquad (2-2)$$

（2）指数函数：

$$F(s) = L[e^{-\alpha t}] = \int_0^\infty e^{-\alpha t} e^{-st} dt = \int_0^\infty e^{-(s+\alpha)t} dt = -\frac{1}{s+\alpha} e^{-(\alpha+s)t} \Big|_0^\infty = \frac{1}{s+\alpha} \qquad (2-3)$$

（3）t^n（n 是正整数）：

$$F(s) = L[t^n] = \int_0^\infty t^n e^{-st} dt = \frac{n!}{s^{n+1}}$$

用分部积分法，得

$$\int_0^\infty t^n e^{-st} dt = -\frac{1}{s} \int_0^\infty t^n d(e^{-st}) = -\frac{1}{s} \left[t^n e^{-st} \Big|_0^\infty - \int_0^\infty n t^{n-1} e^{-st} dt \right]$$

$$= -\frac{t^n}{s} e^{-st} \Big|_0^\infty + \frac{n}{s} \int_0^\infty t^{n-1} e^{-st} dt = \frac{n}{s} \int_0^\infty t^{n-1} e^{-st} dt$$

所以

$$L(t^n) = \frac{n}{s} \cdot L(t^{n-1})$$

当 $n=1$ 时，

$$L(t) = \frac{1}{s^2}$$

当 $n=2$ 时，

$$L(t^2) = \frac{2}{s^3}$$

由数学归纳法得

$$L(t^n) = \frac{n!}{s^{n+1}} \qquad (2-4)$$

（4）单位脉冲函数：

$$\delta_\varepsilon(t) = \begin{cases} 0 & (t < 0) \\ \dfrac{1}{\varepsilon} & (0 < t < \varepsilon) \\ 0 & (t > \varepsilon) \end{cases}$$

$$F(s) = L[\delta_\varepsilon(t)] \int_0^\infty \delta(t) dt = \lim_{\varepsilon \to 0} \int_0^\infty \delta_\varepsilon(t) dt = 1 \qquad (2-5)$$

（5）正弦函数：

由欧拉公式可得

$$e^{j\omega_0 t} = \cos\omega_0 t + j\sin\omega_0 t$$

$$\sin\omega_0 t = \frac{1}{2j} \left[e^{j\omega_0 t} - e^{-j\omega_0 t} \right]$$

$$\cos\omega_0 t = \frac{1}{2}\left[e^{j\omega_0 t} + e^{-j\omega_0 t}\right]$$

所以

$$F(s) = L\left[\sin\omega_0 t\right] = \frac{1}{2j}\int_0^\infty \left[e^{j\omega_0 t} - e^{-j\omega_0 t}\right]e^{-st}\,dt = \frac{1}{2j}\int_0^\infty \left[e^{j\omega_0 t - st} - e^{-(j\omega_0 t + st)}\right]dt$$

$$= \frac{1}{2j}\left[\frac{1}{s - j\omega_0} - \frac{1}{s + j\omega_0}\right] = \frac{1}{2j} \cdot \frac{2j\omega_0}{s^2 + \omega_0^2} = \frac{\omega_0}{s^2 + \omega_0^2} \qquad (2-6)$$

（6）余弦函数：

$$F(s) = L\left[\cos\omega_0 t\right] = \frac{1}{2}\int_0^\infty \left[e^{j\omega_0 t} + e^{-j\omega_0 t}\right]e^{-st}\,dt = \frac{1}{2}\int_0^\infty \left[e^{j\omega_0 t - st} + e^{-(j\omega_0 t + st)}\right]dt$$

$$= \frac{1}{2}\left[\frac{1}{s - j\omega_0} + \frac{1}{s + j\omega_0}\right] = \frac{1}{2} \cdot \frac{2s}{s^2 + \omega_0^2} = \frac{s}{s^2 + \omega_0^2} \qquad (2-7)$$

2.1.2　拉普拉斯变换的基本性质

虽然根据拉氏变换的定义可以求得一些常用函数的拉氏变换，但在实际应用中并不用常去做这些积分运算，而是利用拉氏变换的一些基本性质和常用函数拉氏变换对照表，方便地得出它们的变换式。本节只介绍拉氏变换的性质，不作理论上的证明。

1. 线性性质

若 $L\left[f_1(t)\right] = F_1(s)$，$L\left[f_2(t)\right] = F_2(s)$，$a$ 和 b 是常数，则有

$$L\left[af_1(t) \pm bf_2(t)\right] = aL\left[f_1(t)\right] \pm bL\left[f_2(t)\right] = aF_1(s) \pm bF_2(s) \qquad (2-8)$$

【例 2-1】 求 $f(t) = -2t + 3e^{-t}$ 的拉氏变换 $F(s)$。

解　因为 $L\left[t\right] = \dfrac{1}{s^2}$，$L\left[e^{-t}\right] = \dfrac{1}{s+1}$，所以

$$F(s) = -\frac{2}{s^2} + \frac{3}{s+1}$$

2. 微分性质

若 $L\left[f(t)\right] = F(s)$，则

$$L\left[\frac{df(t)}{dt}\right] = sF(s) - f(0) \qquad (2-9)$$

式中：$f(0)$ 是 $f(t)$ 在 $t=0$ 时的初始值。

【例 2-2】 利用微分性质求 $f(t) = \cos\omega t$ 的拉氏变换 $F(s)$。

解　因为 $\dfrac{d}{dt}(\sin\omega t) = \omega\cos\omega t$，所以

$$L\left[\cos\omega t\right] = L\left[\frac{1}{\omega}\frac{d}{dt}(\sin\omega t)\right] = \frac{1}{\omega}\left(s \cdot L\left[\sin\omega t\right] - \sin\omega t\,\big|_{t=0}\right)$$

$$= \frac{1}{\omega}\left(s \cdot \frac{\omega}{s^2 + \omega^2}\right) = \frac{s}{s^2 + \omega^2}$$

由此推论，若 $L\left[f(t)\right] = F(s)$，则

$$L\left[\frac{d^n f(t)}{dt^n}\right] = s^n F(s) - s^{n-1}f(0) - s^{n-2}\dot{f}(0) - \cdots - f^{(n-1)}(0) \qquad (2-10)$$

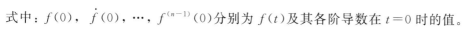

式中：$f(0)$，$\dot{f}(0)$，$\cdots$，$f^{(n-1)}(0)$分别为 $f(t)$ 及其各阶导数在 $t=0$ 时的值。

若初始值 $f(0)=\dot{f}(0)=\cdots=f^{(n-1)}(0)=0$，则有

$$L\left[\frac{\mathrm{d}f(t)}{\mathrm{d}t}\right]=sF(s)，\quad L\left[\frac{\mathrm{d}^2f(t)}{\mathrm{d}t^2}\right]=s^2F(s)，\quad\cdots，\quad L\left[\frac{\mathrm{d}^nf(t)}{\mathrm{d}t^n}\right]=s^nF(s)$$

利用这个性质可以将微分方程转化为代数方程，将会对分析线性系统起到非常重要的作用。

3. 积分性质

若 $L[f(t)]=F(s)$，则

$$L\left[\int_0^t f(t)\mathrm{d}t\right]=\frac{1}{s}F(s)+\frac{f^{-1}(0)}{s} \tag{2-11}$$

式中：$f^{-1}(0)=\int_{-\infty}^0 f(\tau)\mathrm{d}\tau$ 是 $f(t)$ 的积分式在 $t=0$ 时的取值。

【例 2-3】 求 $f(t)=t$ 的拉氏变换。

解　因为 $f(t)=t=\int_0^t 1(t)\mathrm{d}t$ ，所以

$$L[f(t)]=L\left[\int_0^t 1(t)\mathrm{d}t\right]=\frac{1}{s}L[1(t)]=\frac{1}{s^2}$$

4. 位移性质

若 $L[f(t)]=F(s)$，则

$$L[\mathrm{e}^{at}f(t)]=F(s-a) \tag{2-12}$$

【例 2-4】 求 $f(t)=\mathrm{e}^{-at}t^n$ 的拉氏变换。

解　因为 $L[t^n]=\dfrac{n!}{s^{n+1}}$，所以

$$F(s)=L[\mathrm{e}^{-at}t^n]=\frac{n!}{(s+a)^{n+1}}$$

5. 延迟性质

若 $L[f(t)]=F(s)$，则

$$L[f(t-\tau_0)]=\mathrm{e}^{-\tau_0 s}F(s) \tag{2-13}$$

式中：τ_0 为任意实数。

【例 2-5】 求 $u(t-\tau)=\begin{cases}0 & (t<\tau)\\ 1 & (t>\tau)\end{cases}$ 的拉氏变换。

解　因为 $L[u(t)]=\dfrac{1}{s}$，所以

$$L[u(t-\tau)]=\frac{1}{s}\mathrm{e}^{-\tau s}$$

6. 初值定理

若 $L[f(t)]=F(s)$，且$\lim\limits_{s\to\infty}sF(s)$存在，则

$$f(0_+)=\lim_{t\to 0_+}f(t)=\lim_{s\to\infty}sF(s) \tag{2-14}$$

【例 2 - 6】 若 $L[f(t)] = \dfrac{1}{s+a}$，求 $f(0_+)$。

解
$$f(0_+) = \lim_{s \to \infty} sF(s) = \lim_{s \to \infty} \frac{s}{s+a} = 1$$

7. 终值定理

若 $L[f(t)] = F(s)$，且 $\lim\limits_{t \to \infty} f(t)$ 存在，则

$$f(\infty) = \lim_{t \to \infty} f(t) = \lim_{s \to 0} sF(s) \tag{2-15}$$

终值定理应用条件：(1) 当 $t \to \infty$ 时，$f(t)$ 有意义（有极限）；(2) 若已知 $F(s)$，当 $sF(s)$ 的分母多项式的根处在虚轴左半 s 平面（原点除外）时，定理可用。

2.1.3　拉普拉斯反变换

由象函数 $F(s)$ 求取原函数 $f(t)$ 的运算称为拉氏反变换。拉氏反变换常用式(2-16)表示。

$$f(t) = L^{-1}[F(s)] \tag{2-16}$$

拉氏变换和反变换是一一对应的，所以通常可以通过查表来求取原函数。在自动控制理论中常遇到的象函数是 s 的有理分式，即

$$F(s) = \frac{B(s)}{A(s)} = \frac{b_m s^m + b_{m-1} s^{m-1} + \cdots + b_1 s + b_0}{s^n + a_{n-1} s^{n-1} + \cdots + a_1 s + a_0} \tag{2-17}$$

一般情况下，这种形式的原函数不能直接由拉氏变换对照表中查得，因此要用部分分式展开法先将 $B(s)/A(s)$ 化为一些简单分式之和，再查表得到。则所求原函数就等于各分式原函数之和。

展开部分分式的方法是先求出方程 $A(s) = 0$ 的根 $p_1, p_2, \cdots, p_n$。于是，$B(s)/A(s)$ 可以写为如下形式：

$$F(s) = \frac{B(s)}{A(s)} = \frac{B(s)}{(s - p_1)(s - p_2) \cdots (s - p_n)}$$

再将上式部分分式展开：

$$F(s) = \frac{B(s)}{A(s)} = \frac{k_1}{s - p_1} + \frac{k}{s - p_2} + \cdots + \frac{k_n}{s - p_n} = \sum_{i=1}^{n} \frac{k_i}{s - p_i} \tag{2-18}$$

式中：$k_1, k_2, \cdots, k_n$ 是待定系数。

求待定系数的方法有很多种，这里仅作简单介绍：

1. $A(s) = 0$ 且无重根

若 $A(s) = 0$ 且无重根，则 $F(s)$ 可展开成 n 个简单的部分分式之和，如式(2-18)所示，式中的待定系数 k_i 可按下式计算：

$$k_i = \lim_{s \to p_i} (s - p_i) F(s) \tag{2-19}$$

全部待定系数求出之后，运用线性性质即可求得原函数。

【例 2 - 7】 求 $F(s) = \dfrac{4s+5}{s^2+5s+6}$ 的原函数 $f(t)$。

解　将 $F(s)$ 写成部分分式展开形式，即

$$F(s)=\frac{4s+5}{(s+2)(s+3)}=\frac{k_1}{s+2}+\frac{k_2}{s+3}$$

根据待定系数的计算方法，得

$$k_1=\lim_{s\to-2}(s+2)F(s)=\lim_{s\to-2}\frac{4s+5}{s+3}=-3,\ k_2=\lim_{s\to-3}(s+3)F(s)=\lim_{s\to-3}\frac{4s+5}{s+2}=7$$

通过查表，可以求得原函数为

$$f(t)=-3\mathrm{e}^{-2t}+7\mathrm{e}^{-3t}$$

【例 2-8】 求 $F(s)=\dfrac{s}{s^2+2s+2}$ 的原函数 $f(t)$。

解 $F(s)$ 可写成部分分式展开形式，即

$$F(s)=\frac{s}{(s+1+\mathrm{j})(s+1-\mathrm{j})}=\frac{k_1}{s+1+\mathrm{j}}+\frac{k_2}{s+1-\mathrm{j}}$$

其中

$$k_1=\lim_{s\to-1-\mathrm{j}}(s+1+\mathrm{j})F(s)=\lim_{s\to-1-\mathrm{j}}\frac{s}{s+1-\mathrm{j}}=\frac{1-\mathrm{j}}{2}$$

$$k_2=\lim_{s\to-1+\mathrm{j}}(s+1-\mathrm{j})F(s)=\lim_{s\to-1+\mathrm{j}}\frac{s}{s+1+\mathrm{j}}=\frac{1+\mathrm{j}}{2}$$

则原函数为

$$f(t)=\frac{1-\mathrm{j}}{2}\mathrm{e}^{(-1-\mathrm{j})t}+\frac{1+\mathrm{j}}{2}\mathrm{e}^{(-1+\mathrm{j})t}=\mathrm{e}^{-t}(\cos t+\sin t)$$

2. $A(s)=0$ 且有重根

设 $A(s)=0$ 有 r 个重根 p_1，则 $F(s)$ 可写为

$$F(s)=\frac{B(s)}{A(s)}=\frac{k_1}{(s-p_1)^r}+\frac{k_2}{(s-p_1)^{r-1}}+\frac{k_3}{(s-p_1)^{r-2}}+\cdots+\frac{k_r}{s-s_1}+\frac{k_{r+1}}{s-p_{r+1}}+\cdots+\frac{k_n}{s-p_n}$$

$$(2-20)$$

待定系数按下式计算：

$$\begin{cases}k_1=\lim_{s\to p_1}(s-p_1)^rF(s)\\[2mm]k_2=\lim_{s\to p_1}\dfrac{\mathrm{d}}{\mathrm{d}s}\left[(s-p_1)^rF(s)\right]\\[2mm]\cdots\\[2mm]k_j=\dfrac{1}{j!}\lim_{s\to p_1}\dfrac{\mathrm{d}^j}{\mathrm{d}s^j}\left[(s-p_1)^rF(s)\right]\\[2mm]\cdots\\[2mm]k_r=\dfrac{1}{(r-1)!}\lim_{s\to p_1}\dfrac{\mathrm{d}^{r-1}}{\mathrm{d}s^{r-1}}\left[(s-p_1)^rF(s)\right]\end{cases}$$

$$(2-21)$$

【例 2-9】 求 $F(s)=\dfrac{s-2}{s(s+1)^3}$ 的原函数 $f(t)$。

解 将 $F(s)$ 写成部分分式展开的形式，即

$$F(s)=\frac{k_1}{(s+1)^3}+\frac{k_2}{(s+1)^2}+\frac{k_3}{s+1}+\frac{k_4}{s}$$

其中

$$k_1 = \lim_{s \to -1} (s+1)^3 F(s) = 3$$

$$k_2 = \lim_{s \to -1} \frac{\mathrm{d}}{\mathrm{d}s} \left[(s+1)^3 F(s) \right] = 2$$

$$k_3 = \frac{1}{2!} \lim_{s \to -1} \frac{\mathrm{d}^2}{\mathrm{d}s^2} \left[(s+1)^3 F(s) \right] = 2$$

$$k_4 = \lim_{s \to 0} s F(s) = -2$$

所以

$$f(t) = \left(\frac{3}{2} t^2 + 2t + 2 \right) \mathrm{e}^{-t} - 2$$

2.2　控制系统的时域数学模型

分析和设计控制系统时，要深入地研究系统的特性，就必须建立系统的数学模型。

控制系统的数学模型是描述系统内部物理量（或变量）之间关系的数学表达式。在静态条件下，描述变量之间关系的代数方程叫静态方程；而描述变量各阶导数之间关系的微分方程叫动态数学模型。如已知输入量及变量的初始条件，对微分方程求解，就可得到系统输出量表达式，并由此对系统进行性能分析。

建立控制系统数学模型的方法有分析法和实验法两种。

分析法是对系统各部分的运动机理进行分析，根据它们所依据的物理规律或化学规律分别列写相应的运动方程。

实验法是人为地给系统施加某种测试信号，记录其响应，并用适当的数学模型去逼近，这种方法称为系统辨识。

在自动控制理论中，数学模型有多种形式。时域中常用的数学模型有微分方程、差分方程和状态方程；复数域中有传递函数、结构图；频域中有频率特性等。本章只研究微分方程、传递函数和结构图等数学模型的建立和应用，其余几种数学模型将在后续章节予以详述。

在经典控制理论中采用对控制系统的输入-输出进行描述（或外部描述）的方式来建立数学模型，其目的在于通过该数学模型确定被控量与给定量或扰动量之间的关系，为分析和设计系统创造条件。给定量或扰动量称为系统的输入量，被控量则称为系统的输出量。

描述控制系统的动态过程或动态特性的最常用的方法是建立微分方程。建立控制系统微分方程的一般步骤如下：

（1）根据实际工作情况，确定系统的输入量和输出量。

（2）从输入端开始，按信号的传递顺序，依据各变量所遵循的物理（或化学）定律，列出它们在变化过程中的动态方程，一般为微分方程组。

（3）消去中间变量，写出输入、输出变量的微分方程。

（4）对方程进行标准化，即将与输入有关的各项放在等号右侧，与输出有关的各项放在等号左侧，并按照降阶排列。最后将系数规划为具有一定意义的形式。

下面通过几个不同的实际系统来说明通过分析法建立控制系统微分方程的过程。

2.2.1　机械系统

比较常见的、简单的机械系统有机械位移系统和机械旋转系统，应用定律主要有牛顿运动定律等。

【例 2 - 10】　图 2.1 所示是一个弹簧-质量-阻尼器机械位移系统。试列写 m 在外力 $F(t)$ 的作用下，位移 $y(t)$ 的运动方程。

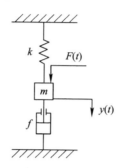

图 2.1　弹簧-质量-阻尼器机械位移系统

解　外力 $F(t)$ 和位移 $y(t)$ 可视作系统的输入量和输出量。f 为阻尼系数，k 为弹簧系数，一般情况下都可视为常数。m 在初始状态下的位移、速度、加速度分别为 $y(t)$，$\mathrm{d}y(t)/\mathrm{d}t$，$\mathrm{d}y^2(t)/\mathrm{d}t^2$，则阻尼器的阻尼力为

$$F_1(t) = f\,\frac{\mathrm{d}y(t)}{\mathrm{d}t}$$

弹簧的弹力为

$$F_2(t) = k y(t)$$

它们的方向与 m 的运动方向相反。

在平移系统中，牛顿运动定律可表示为

$$ma = \sum F$$

在此系统中可表示为

$$m\,\frac{\mathrm{d}y^2(t)}{\mathrm{d}t^2} = F(t) - F_1(t) - F_2(t)$$

整理可得该系统的微分方程为

$$\frac{\mathrm{d}y^2(t)}{\mathrm{d}t^2} + \frac{f}{m}\frac{\mathrm{d}y(t)}{\mathrm{d}t} + \frac{k}{m}y(t) = \frac{1}{m}F(t)$$

2.2.2　电路系统

【例 2 - 11】　图 2.2 所示是 R、L、C 元件组成的无源串联网络，其中 $u(t)$ 为输入电压，试列写出以 $u(t)$ 为输入量、$u_C(t)$ 为输出量的微分方程。

解　设回路电流为 $i(t)$，由基尔霍夫电压定律可写出回路电压方程为

$$L\,\frac{\mathrm{d}i(t)}{\mathrm{d}t} + u_C(t) + R i(t) = u(t)$$

而电容两端的电压为

$$u_C(t) = \frac{1}{C}\int i(t)\mathrm{d}t$$

将上面两式联立，消去中间变量 $i(t)$，便得到描述网络输入与输出之间关系的微分方程，即

$$LC\frac{\mathrm{d}^2 u_C(t)}{\mathrm{d}t^2} + RC\frac{\mathrm{d}u_C(t)}{\mathrm{d}t} + u_C(t) = u(t)$$

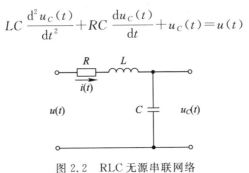

图 2.2 RLC 无源串联网络

从上述各控制系统的微分方程中可以发现，不同类型的系统可具有形式相同的数学模型。我们把数学模型相同的各种物理系统称为相似系统。在相似系统的数学模型中，作用相同的变量称为相似变量。相似系统揭示了不同物理现象之间的相似关系。利用相似系统这一概念，可以把一种物理系统研究的结论推广到其相似系统中去，便于我们用一个简单的、比较容易实现的模型去模拟研究与其相似的复杂系统，例如用电路系统模拟其他较难实现的系统。相似系统的概念也为控制系统的计算机数字仿真提供了理论基础。

2.3 控制系统的复数域数学模型

控制系统的微分方程是在时间域描述系统动态性能的数学模型，在给定外作用和初始条件的情况下，求解微分方程可以得到系统的输出响应。这种方法比较直观，特别是借助于电子计算机可以迅速而准确地求得结果。但是如果系统的结构改变或某个参数发生变化，就要重新列写并求解微分方程，不便于对系统进行分析和设计。

拉普拉斯变换是求解线性常微分方程的有力工具，它可以将时域的微分方程转化为复数域中的代数方程，并且可以得到控制系统在复数域的数学模型——传递函数。传递函数不仅可以表征系统的动态性能，而且可以用来研究系统的结构或参数变化对系统动态性能的影响。经典控制理论中广泛采用的频域法和根轨迹法，就是以传递函数为基础建立起来的。传递函数是经典控制理论中最基本和最重要的概念。

2.3.1 传递函数的定义和表达式

1. 定义

线性定常系统的传递函数定义为零初始条件下，系统输出量与输入量的拉氏变换之比。

2. 表达式

设线性定常系统由 n 阶线性常微分方程描述：

$$a_0 \frac{d^n}{dt^n} c(t) + a_1 \frac{d^{n-1}}{dt^{n-1}} c(t) + \cdots + a_{n-1} \frac{d}{dt} c(t) + a_n c(t)$$

$$= b_0 \frac{d^m}{dt^m} r(t) + b_1 \frac{d^{m-1}}{dt^{m-1}} r(t) + \cdots + b_{m-1} \frac{d}{dt} r(t) + b_m r(t) \qquad (2-22)$$

式中：$c(t)$ 是系统输出量；$r(t)$ 是系统输入量；$a_j (j=1, 2, \cdots, n)$ 和 $b_i (i=1, 2, \cdots, m)$ 是与系统结构和参数有关的常数。设 $r(t)$ 和 $c(t)$ 及其各阶导数在 $t=0$ 时的值均为零，即零初始条件下，对式(2-22)各项分别求拉氏变换，$R(s)=L[r(t)]$，$C(s)=L[c(t)]$，可得 s 的代数方程式为

$$[a_0 s^n + a_1 s^{n-1} + \cdots + a_{n-1} s + a_n] C(s) = [b_0 s^m + b_1 s^{m-1} + \cdots + b_{m-1} s + b_m] R(s)$$

于是，由定义得系统的传递函数为

$$G(s) = \frac{C(s)}{R(s)} = \frac{b_0 s^m + b_1 s^{m-1} + \cdots + b_{m-1} s + b_m}{a_0 s^n + a_1 s^{n-1} + \cdots + a_{n-1} s + a_n} = \frac{N(s)}{D(s)} \qquad (2-23)$$

式中：$N(s)$ 和 $D(s)$ 分别为传递函数的分子多项式和分母多项式。

式(2-23)称为传递函数的一般形式，从该式可以看出，有了描述系统动态过程的微分方程后，只要将微分方程中输入量和输出量的各阶导数用相应的复变量 s 代替，就可以容易地求出系统的传递函数。传递函数的分母多项式 $D(s)=0$ 称为特征方程式。分母多项式中 s 的最高阶次就是系统的阶次。

从式(2-23)还可以看出，传递函数 $G(s)$ 是复变量 s 的有理分式，因此总可以把分子多项式和分母多项式分解成一阶的因式相联乘，即可以把式(2-23)表示为零极点形式或者根的形式：

$$G(s) = \frac{N(s)}{D(s)} = \frac{b_0 (s - z_1)(s - z_2) \cdots (s - z_m)}{a_0 (s - p_1)(s - p_2) \cdots (s - p_n)} = K^* \frac{\prod_{i=1}^{m} (s - z_i)}{\prod_{j=1}^{n} (s - p_j)} \qquad (2-24)$$

式中：$z_i (i=1, 2, \cdots, m)$ 是分子多项式的根，称为传递函数的零点；$p_j (j=1, 2, \cdots, n)$ 是分母多项式的根，称为传递函数的极点；系数 K^* 称为传递系数或根轨迹增益。传递函数的零点和极点可以是实数，也可以是复数，若是复数，则它们必然成对出现。这种用零点和极点表示传递函数的方法在根轨迹法中使用较多。

在复数平面上表示传递函数零点和极点的图形称为传递函数的零极点分布图。在零极点分布图中，一般用"o"表示零点，用"×"表示极点。

传递函数的分子多项式和分母多项式经因式分解后也可以表示成时间常数形式：

$$G(s) = \frac{K(\tau_1 s + 1)(\tau_2^2 s^2 + 2\tau_2 s + 1) \cdots (\tau_i s + 1)}{s^v (T_1 s + 1)(T_2^2 s^2 + 2T_2 s + 1) \cdots (T_j s + 1)} \qquad (2-25)$$

式中：一次因式对应实零极点，二次因式对应共轭零极点；τ_i、T_j 为时间常数；K 可表示为

$$K = \frac{b_m}{a_n} = K^* \frac{\prod_{i=1}^{m} (-z_i)}{\prod_{j=1}^{n} (-p_j)} \qquad (2-26)$$

称为传递系数或增益。传递函数的这种表示形式在频域分析时应用较多。

2.3.2　传递函数的性质

传递函数主要有以下性质：

（1）传递函数是由线性定常系统的微分方程进行拉氏变换后得到的，因此它只适用于线性定常系统。

（2）传递函数是复变量 s 的有理真分式函数，分子多项式的次数 m 低于或等于分母多项式的次数 n，即 $m \leqslant n$，且所有系数均为实数。

（3）系统的传递函数完全由系统的结构和参数决定，而与输入信号的形式无关，也不反映系统内部的任何信息，不同的物理系统可具有完全相同的传递函数。

（4）传递函数是在零初始条件下得到的，即在未加入输入信号前，系统处于相对的静止状态或平衡状态。当初始条件不为零时，则必须考虑非零初始条件对输出变换的影响。

（5）传递函数与微分方程具有相通性，可经简单置换得到，即通过复数 s 与微分方程的算符 $\dfrac{\mathrm{d}}{\mathrm{d}t}$ 相互置换而得到。

（6）传递函数 $G(s)$ 的拉式反变换是系统的脉冲响应 $g(t)$。脉冲响应 $g(t)$ 是系统在单位脉冲 $\delta(t)$ 输入时的输出响应。

2.3.3　传递函数的求法

1. 根据系统（或元件）的微分方程求传递函数（时域中先得到微分方程）

若已知系统（或元件）的微分方程及输入、输出变量，可先分别对输入和输出变量求拉式变换，再求出输入变量拉氏变换和输出变量拉氏变换的比值，即可得到系统（或元件）的传递函数。

2. 用复阻抗的概念求电路的传递函数（针对电气环节）

由电路中的无源元件或有源元件构成的环节称为电气环节。建立电气环节的数学模型时，既可以从时域分析入手（列写微分方程），也可从频域分析入手（直接推导传递函数）。频域分析的特点是不列写电路中的微分方程而借助于所谓复阻抗的概念。通过频域分析可直接推导出传递函数。

由电路理论可知，电阻的复阻抗仍为 R，电容的复阻抗为 $1/Cs$，电感的复阻抗为 Ls。普通阻抗的串、并联计算方法完全可以用于复阻抗网络等效复阻抗的计算。用复阻抗的概念直接在频域中推导电气环节的传递函数是非常方便的。

2.3.4　典型环节的传递函数

控制系统从结构和组成上看，是由各种各样的元件组成的，这些元件可以是机械的、电子的、液压的或其他类型的，但从动态模型上来看，它们可以划分为若干个基本环节，这些基本环节称为典型环节。无论是何种元件，只要它们的数学模型一致，它们就属于同一种环节。这样的环节划分为分析和设计控制系统带来了很大的便利。如果知道了各基本环节的传递函数，在符合信号流通的约束关系下，将各基本环节的传递函数按照相应的关系进行组合，再消去中间变量，就可以得到控制系统的完整传递函数。

下面介绍几种典型环节及其传递函数。

1. 比例环节

比例环节又称放大环节，其输出量和输入量之间的关系为一种固定的比例关系。

比例环节的表达式为 $c(t) = Kr(t)$。

比例环节的传递函数为

$$G(s) = \frac{C(s)}{R(s)} = K \qquad (2-27)$$

式中：K 为比例系数或放大系数，有时也称开环增益。

比例环节的特点是输入量、输出量成比例，无失真和时间延迟。

比例环节的实例有电子放大器、齿轮、电阻(电位器)、感应式变送器等。

2. 惯性环节

惯性环节又称非周期环节，其输出量和输入量之间的关系可用微分方程描述为

$$T \frac{\mathrm{d}}{\mathrm{d}t} c(t) + c(t) = Kr(t)$$

对应的传递函数为

$$G(s) = \frac{C(s)}{R(s)} = \frac{K}{Ts+1} \qquad (2-28)$$

式中：T 为时间常数；K 为比例系数。

惯性环节的特点是含一个储能元件，且对于突变的输入，其输出不能立即复现，输出无振荡。

惯性环节的实例有直流伺服电动机的励磁回路。

3. 积分环节

积分环节的输出量和输入量的积分成正比，其动态方程为

$$c(t) = \frac{1}{T} \int_0^t r(t) \mathrm{d}t$$

式中：T 为积分时间常数。

积分环节的传递函数为

$$G(s) = \frac{C(s)}{R(s)} = \frac{1}{Ts} \qquad (2-29)$$

积分环节的特点是输出量与输入量的积分成正比例，当输入消失后，输出具有记忆功能。

积分环节的实例有电动机角速度与角度间的传递函数、模拟计算机中的积分器等。

4. 微分环节

理想微分环节的输出量与输入量对时间的导数成正比，即

$$c(t) = \tau \frac{\mathrm{d}}{\mathrm{d}t} r(t)$$

式中：τ 为微分时间常数。

微分环节的传递函数为

$$G(s) = \frac{C(s)}{R(s)} = \tau s \qquad\qquad (2-30)$$

微分环节的特点是输出量正比于输入量变化的速度,能预示输入信号的变化趋势。

在实际中的微分环节总是与其他环节并存的。

实际中可实现的微分环节都具有一定的惯性,其传递函数如下:

$$G(s) = \frac{C(s)}{R(s)} = \frac{Ts}{Ts+1}$$

5. 振荡环节

振荡环节的微分方程为

$$T^2 \frac{\mathrm{d}^2}{\mathrm{d}t^2} c(t) + 2T\xi \frac{\mathrm{d}}{\mathrm{d}t} c(t) + c(t) = r(t)$$

其传递函数为

$$G(s) = \frac{C(s)}{R(s)} = \frac{1}{T^2 s^2 + 2\xi Ts + 1} = \frac{\omega_n^2}{s^2 + 2\xi\omega_n s + \omega_n^2} \qquad (2-31)$$

式中：T 为时间常数；ξ 为阻尼系数(或阻尼比),$0 \leqslant \xi < 1$；$\omega_n = \dfrac{1}{T}$,表示无阻尼自然振荡角频率。

振荡环节的特点是环节中有两个独立的储能元件,并可进行能量交换,其输出出现振荡现象。

振荡环节的实例有 RLC 电路的输出与输入电压间的传递函数,以及机械阻尼系统的传递函数。

6. 滞后环节

滞后环节又称延迟环节。理想纯滞后环节的特点是：当输入信号变化时,其输出信号比输入信号滞后一定的时间,然后完全复现输入信号,其输出量与输入量的关系可表示为

$$c(t) = r(t-\tau)$$

式中：τ 为滞后环节的特征参数,称为滞后时间或延迟时间。由拉氏变换的延迟定理可得到滞后环节的传递函数为

$$G(s) = \mathrm{e}^{-\tau s} \qquad\qquad (2-32)$$

滞后环节的特点是输出量能准确复现输入量,但要延迟一个固定的时间间隔 τ。

滞后环节的实例包括对管道压力、流量等物理量的控制,其数学模型就包含延迟环节。

2.4　控制系统的结构图

控制系统都是由一些元件组成的,根据这些元件的功能,可将系统划分为若干环节或子系统,每个子系统的功能都可以用一个单向性的函数方框来表示。方框中填写表示这个子系统的传递函数,输入量加到方框上,那么输出量就是传递结果。根据系统中信号的传递方向,将各个子系统的函数方框用信号线顺序连接起来,就构成了系统的结构图,又称

系统的方框图。系统的结构图实际上是系统原理图与数学方程的结合，因此可以作为系统数学模型的一种图示方法。

控制系统的结构图是描述系统各个元件之间信号传递关系的数学图形，它能清楚地表示系统中各变量之间的因果关系以及对变量所进行的运算，优于抽象的数学表达式，是分析系统的有力工具。

2.4.1　结构图的组成与绘制

1. 结构图的组成

（1）结构图中的元部件用标有传递函数的方框表示，方框外面带箭头的线段表示这个环节的输入信号（箭头指向方框）和输出信号（箭头离开方框），其方向表示信号传递方向。箭头处标有代表信号物理量的符号字母。元部件的结构图如图 2.3 所示。

图 2.3　元部件的结构图

（2）将系统中的所有元件都用上述方框形式表示，按系统输入信号经过各元件的先后次序，依次将代表各元件的方框用连接线连接起来。显然，前后两方框连接时，前面方框输出信号必为后面方框的输入信号。

（3）对于闭环系统，需引入两个新符号，分别称为比较点和引出点。其中比较点如图 2.4(a)所示，它是系统的比较元件，表示两个以上信号的代数运算。箭头指向⊗的信号流线表示它的输入信号，箭头离开它的信号流线表示它的输出信号，⊗附近的＋、－号表示信号之间的运算关系是相加还是相减。在结构图中，可以从一条信号流线上引出另一条或几条信号流线，而信号引出的位置称为分支点或引出点，如图 2.4(b)所示。

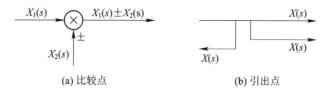

(a) 比较点　　　　　　　　　　　　　(b) 引出点

图 2.4　结构图的比较点和引出点

需要注意的是，无论从一条信号流线或一个分支点引出多少条信号流线，它们都代表同一个信号，即原始大小的信号。

2. 结构图的绘制

绘制系统结构图的根据是系统各环节的动态微分方程式（方程组）及其拉式变换。对于复杂的系统，为了方便起见，可按以下顺序绘制系统的结构图：

（1）列写系统的微分方程组，并求出其对应的拉氏变换方程组。

（2）从输出量开始，以系统输出量作为第一个方程左边的量。

（3）每个方程左边只有一个量。从第二个方程开始，每个方程左边的量是前面方程右边的中间变量。列写方程时尽量用已出现过的量。

（4）输入量至少要在一个方程的右边出现；除输入量外，在方程右边出现过的中间变量一定要在某个方程的左边出现。

（5）按照上述步骤整理拉氏变换方程组的顺序，从输出端开始绘制系统的结构图。

需要注意的是，对于不同的物理系统，只要它们的数学模型相同，就可以用同一个结构图来表示。此外，由于可以从不同的角度分析系统，因此对于同一个系统，也可以画出不同的结构图。

2.4.2　结构图的等效变换和简化

由控制系统的结构图通过等效变换或简化可以方便地求取闭环系统的传递函数或系统输出量的响应。对于复杂的系统结构图，其方框之间的连接可能是错综复杂的，但方框之间的基本连接方式只有串联、并联和反馈三种连接。因此，结构图简化的一般方法是移动引出点或比较点，进行方框运算，将串联、并联和反馈连接的方框合并。在简化过程中，应遵循变换前后变量关系保持等效的原则，具体而言，就是变换前后前向通路中传递函数的乘积必须保持不变，回路中传递函数的乘积必须保持不变。

1. 串联连接的等效变换

在系统结构图中，几个方框首尾相连，前一个方框的输出变量是后一个方框的输入变量，如图 2.5 所示，这种连接方式称为串联连接。

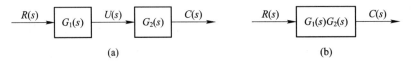

图 2.5　串联连接及其等效变换

由图 2.5(a)可知

$$U(s) = G_1(s)R(s)$$
$$C(s) = G_2(s)U(s)$$

消去中间变量后可得

$$C(s) = G_1(s)G_2(s)R(s)$$

则等效传递函数为

$$G(s) = \frac{C(s)}{R(s)} = G_1(s)G_2(s) \tag{2-33}$$

等效结构图如图 2.5(b)所示。

式(2-33)表明，若干环节串联可以用一个等效环节来代替，等效环节的传递函数为各个串联环节的传递函数之积，即

$$G(s) = \prod_{i=1}^{n} G_i(s) \tag{2-34}$$

应当指出，只有当无负载效应，即前一个环节的输出量不受后面环节的影响时，式(2-34)才有效，否则应考虑负载效应。

2. 并联连接的等效变换

两个或多个方框的输入变量相同，总的输出量等于各方框输出量的代数和，这种连接方式称为并联连接,如图 2.6(a)所示。

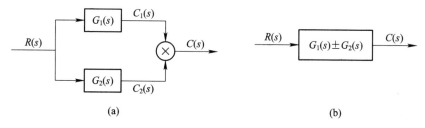

(a)　　　　　　　　　**(b)**

图 2.6　并联连接及其等效变换

由图 2.6(a)可知

$$C_1(s)=G_1(s)R(s)$$
$$C_2(s)=G_2(s)R(s)$$
$$C(s)=C_1(s)\pm C_2(s)$$

消去中间变量 $C_1(s)$ 和 $C_2(s)$,可得

$$C(s)=[G_1(s)\pm G_2(s)]R(s)=G(s)R(s)$$

由此可见,等效传递函数为

$$G(s)=\frac{C(s)}{R(s)}=G_1(s)\pm G_2(s) \tag{2-35}$$

其等效的结构图如图 2.6(b)所示。

由此可知,两个或两个以上的环节并联,其等效传递函数为各个环节传递函数的代数和。

3. 反馈连接的等效变换

若将环节的输出信号反馈到输入端,与输入信号进行比较(见图 2.7(a)),就构成了反馈连接。图 2.7(a)中比较点处的"+"号为正反馈,表示输入信号与反馈信号相加;"-"号为负反馈,表示输入信号与反馈信号相减。

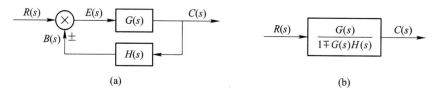

(a)　　　　　　　　　**(b)**

图 2.7　反馈连接及其等效变换

由图 2.7(a)可知

$$C(s)=G(s)E(s)$$
$$B(s)=H(s)C(s)$$
$$E(s)=R(s)\pm B(s)$$

消去中间变量 $E(s)$ 和 $B(s)$,可得

$$C(s)=G(s)[R(s)\pm B(s)]$$

于是有

$$C(s)=\frac{G(s)}{1\mp G(s)H(s)}R(s)=\Phi(s)R(s)$$

式中：

$$\Phi(s) = \frac{C(s)}{R(s)} = \frac{G(s)}{1 \mp G(s)H(s)} \qquad (2-36)$$

称为闭环传递函数，是反馈连接的等效传递函数，其中负号对应正反馈连接，正号对应负反馈连接。式(2-36)可用图 2.7(b)所示的方框表示。

4. 比较点和引出点的移动

在系统结构图简化过程中，有时为了便于方框的串联、并联或反馈连接，需要移动比较点或引出点的位置，这时应注意在移动前后必须保持信号的等效性，而且比较点和引出点之间一般不宜交换位置。

1) 比较点的移动

(1) 比较点的前移。比较点的前移如图 2.8 所示。

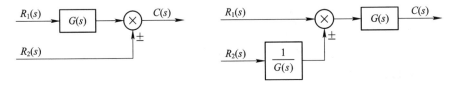

图 2.8　比较点前移

(2) 比较点的后移。比较点的后移如图 2.9 所示。

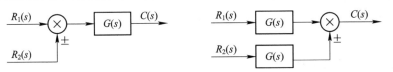

图 2.9　比较点后移

比较点前移时，必须在移动的相加支路中串入具有相同传递函数倒数的方框；比较点后移时，必须在移动的相加支路中串入具有相同传递函数的方框，这样才能保证比较点移动前后，分出支路的信号保持不变。

2) 引出点的移动

(1) 引出点的前移。引出点的前移如图 2.10 所示。

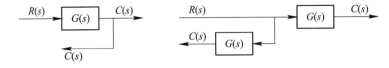

图 2.10　引出点前移

(2) 引出点的后移。引出点的后移如图 2.11 所示。

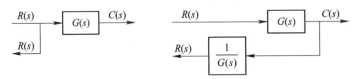

图 2.11　引出点后移

引出点前移时，必须在分出支路中串入具有相同传递函数的函数方框；引出点后移时，必须在分出支路中串入具有相同传递函数倒数的函数方框，这样在引出点移动前后，分出支路信号是保持不变的。

另外，相邻引出点之间可以任意互换位置，而完全不会改变引出的信号关系，即对这种移动不需做任何改动。

3）比较点的交换与合并（相邻比较点可交换位置）

两个相邻的比较点可以任意交换位置而不改变结构图输入和输出信号的关系，如图 2.12 所示，而且，多个输入信号的相加可以合并成一个多输入信号的比较点，一个多输入信号的比较点也可以分解成多个两输入的比较点。

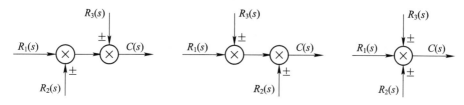

图 2.12 比较点的交换与合并

【例 2 - 12】 某系统结构图如图 2.13 所示，求系统的闭环传递函数 $\dfrac{C(s)}{R(s)}$（图中传递函数 $G(s)$ 均简写为 G）。

图 2.13 例 2 - 12 的系统结构图

解 在此结构图中，若不移动比较点的位置就无法进行方框的等效变换，为此，可将 G_1 和 G_2 两方框之间的比较点移到 G_2 方框的输出端（注意不宜前移），如图 2.14(a)所示。因为相邻的比较点可以交换位置，故得图 2.14(b)，此时，就能比较容易地根据框图串联、并联和反馈连接的规则进行简化，依次得图 2.14(c)和图 2.14(d)。最后可求得系统的闭环传递函数为

$$\Phi(s)=\frac{C(s)}{R(s)}=\frac{G_3(s)[G_1(s)G_2(s)+G_4(s)]}{1+G_2(s)G_3(s)H(s)}$$

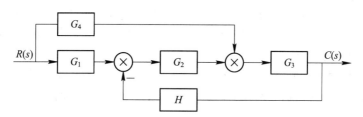

(a)

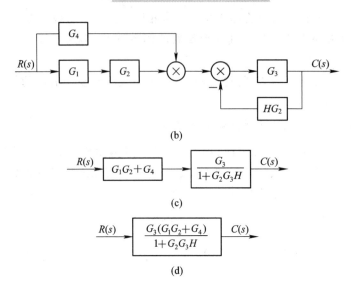

(b)

(c)

(d)

图 2.14　例 2-12 系统结构的简化图

2.4.3　闭环控制系统的传递函数

自动控制系统一般受到两类输入信号作用，一类是对系统有用的输入 $R(s)$，或称给定输入信号；另一类是扰动输入信号 $N(s)$。给定输入信号 $R(s)$ 通常加在控制装置的输入端；而扰动输入信号 $N(s)$ 一般作用在被控制对象上，也可能出现在其他元件上，甚至可能混在输入信号中。一个系统往往有多个扰动信号，但是一般只考虑其中最主要的。下面介绍闭环控制系统中比较常用的传递函数。

典型的闭环控制系统的结构图如图 2.15 所示，在该结构中，从给定输入信号 $R(s)$ 到输出信号 $C(s)$ 之间的通道称为前向通路；从输出信号 $C(s)$ 到反馈信号 $B(s)$ 之间的通路称为反馈通路。

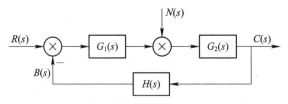

图 2.15　典型闭环控制系统的结构图

1. 闭环控制系统的开环传递函数

将图 2.15 中方框 $H(s)$ 的输出信号线断开，即断开系统的反馈通路。这时反馈信号 $B(s)$ 与给定输入信号 $R(s)$ 之比，就称为系统的开环传递函数，即

$$G_{\mathrm{K}}(s)=\frac{B(s)}{R(s)}=G_1(s)G_2(s)H(s) \tag{2-37}$$

也就是说，系统的开环传递函数等于前向通路传递函数与反馈通路传递函数的乘积。

2. 给定输入信号作用下系统的闭环传递函数

应用叠加定理，令 $N(s)=0$，那么给定输入信号 $R(s)$ 到输出信号 $C(s)$ 之间的闭环传

递函数为

$$\Phi(s)=\frac{C(s)}{R(s)}=\frac{G_1(s)G_2(s)}{1+G_1(s)G_2(s)H(s)} \tag{2-38}$$

式(2-38)称为给定输入信号作用下系统的闭环传递函数。此时的输出量为

$$C(s)=\Phi(s)R(s)=\frac{R(s)G_1(s)G_2(s)}{1+G_1(s)G_2(s)H(s)}$$

3. 扰动输入信号作用下系统的闭环传递函数

为了研究扰动作用对系统的影响，令 $R(s)=0$，并将图 2.15 改画为图 2.16。

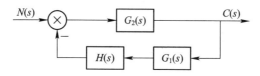

图 2.16　扰动作用下($R(s)=0$)的系统结构图

由图 2.16 可求得在扰动输入信号 $N(s)$ 单独作用下系统的闭环传递函数为

$$\Phi_N(s)=\frac{C(s)}{N(s)}=\frac{G_2(s)}{1+G_1(s)G_2(s)H(s)} \tag{2-39}$$

因此，在 $N(s)$ 单独作用下，系统的扰动输出为

$$C(s)=\Phi_N(s)N(s)=\frac{N(s)G_2(s)}{1+G_1(s)G_2(s)H(s)}$$

显然，根据线性系统叠加定理，当 $R(s)$ 和 $N(s)$ 同时作用时，系统的总输出为

$$C_{总}(s)=\Phi(s)R(s)+\Phi_N(s)N(s)=\frac{R(s)G_1(s)G_2(s)}{1+G_1(s)G_2(s)H(s)}+\frac{N(s)G_2(s)}{1+G_1(s)G_2(s)H(s)}$$

结构图在分析或研究控制系统时很有用，但随着系统越来越复杂，系统回路不断增多，结构图的转换和简化往往显得比较烦琐而费时。

2.5　信 号 流 图

比较复杂的控制系统的结构图往往是多回路的，并且是交叉的。在这种情况下，对结构图进行简化是很麻烦的，而且容易出错。如果把结构图变换为信号流图，再利用梅森(Mason)公式去求系统的传递函数，就比较方便了。

信号流图是由节点和支路组成的一种信号传递网络。节点表示方程中的变量，用"○"表示；连接两个节点的线段叫支路，支路是有方向性的，用箭头表示；箭头由自变量(因，输入变量)指向因变量(果，输出变量)，标在支路上的增益代表因果之间的关系，即方程中的系数。

例如：$x_2=a_{12}x_1$ 对应的信号流图为图 2.17，其中 a_{12} 表示支路的增益。

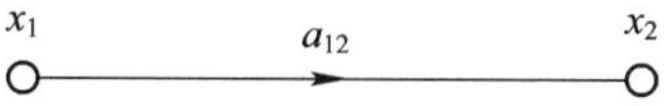

$$\underset{x_1}{\circ}\xrightarrow{\quad a_{12}\quad}\underset{x_2}{\circ}$$

图 2.17　信号流图的示意图

1. 信号流图中的术语

下面结合图 2.18 介绍信号流图的有关术语。

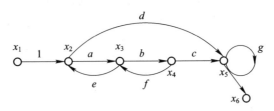

图 2.18 信号流图

输入节点(源)：只有输出的节点，代表系统的输入量，如图 2.18 中的 x_1。

输出节点：只有输入的节点，代表系统的输出量，如图 2.18 中的 x_6。

混合节点：既有输入又有输出的节点，如图 2.18 中的 x_2、x_3、x_4、x_5。

通路：沿箭头方向穿过各相连支路的路径。如果通路与任一节点相交不多于一次，就叫开通路；如果通路的终点就是起点，并且与任何其他节点相交不多于一次，就称为闭通路。

前向通路：输入到输出通路上通过任何节点仅一次的通路，如 $x_1 \rightarrow x_2 \rightarrow x_3 \rightarrow x_4 \rightarrow x_5 \rightarrow x_6$。

前向通路增益：前向通路上各支路增益之乘积，用 P_k 表示。

回路：起点终点重合，过任何节点仅一次的闭合通路。

回路增益：回路中所有支路增益的乘积，用 L_a 表示。

不接触回路：相互间没有任何公共节点的回路。在信号流图中，可以有两个或两个以上的不接触回路，例如 $x_2 \rightarrow x_3 \rightarrow x_2$ 和 $x_5 \rightarrow x_5$、$x_3 \rightarrow x_4 \rightarrow x_3$ 和 $x_5 \rightarrow x_5$。

上述定义可以类推到系统的结构图中，从而采用梅森公式(后面将介绍)求由结构图表示的系统的闭环传递函数。

2. 信号流图的性质

(1) 信号流图适用于线性系统。

(2) 支路表示一个信号对另一个信号的函数关系，信号只能沿支路上的箭头方向传递。

(3) 在节点上可以把所有输入支路的信号叠加，并把相加后的信号送到所有的输出支路。

(4) 对于具有输入和输出支路的混合节点，通过增加一个具有单位增益的支路可以把它作为输出节点来处理。

(5) 对于一个给定的系统，其信号流图不是唯一的。由于描述同一个系统的方程可以表示为不同的形式，因此可以画出不同的信号流图。

3. 梅森公式及其应用

利用梅森公式，可以不经结构图的变换，直接写出系统的闭环传递函数。梅森公式的表达式为

$$\Phi(s) = \frac{1}{\Delta} \sum_{k=1}^{n} P_k \Delta_k \qquad\qquad (2-40)$$

式中：$\Phi(s)$ 为系统从输入信号到输出信号的闭环传递函数；n 为从输入端到输出端的前向通路总条数；P_k 为从输入端到输出端第 k 条前向通路的总传递函数（即前向通路增益）；Δ_k 为余子因式，将 Δ 中与第 k 条前向通路 P_k 相接触的回路 L 项去除后所余下的部分；Δ 为特征式，其表达式为

$$\Delta = 1 - \sum L_a + \sum L_b L_c - \sum L_d L_e L_f + \cdots \tag{2-41}$$

其中特征式 $\sum L_a$ 为所有单独回路的"回路传递函数"之和；$\sum L_b L_c$ 为每两个互不接触的回路的"回路传递函数的乘积"之和；$\sum L_d L_e L_f$ 为每三个互不接触回路的"回路传递函数的乘积"之和；这里所说的"回路传递函数"，是指反馈回路的前向通路和反馈通路的传递函数的乘积，包括代表极性的正负号。

【例 2-13】　已知某系统的结构图如图 2.19 所示，求系统的传递函数 $\dfrac{C(s)}{R(s)}$。

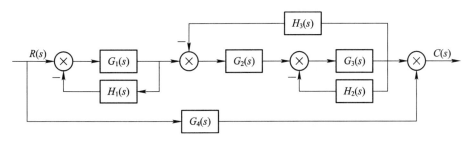

图 2.19　例 2-13 系统的结构图

解　由图可知

（1）输入信号 $R(s)$ 到输出信号 $C(s)$ 之间共有两条前向通路，这两条前向通路的传递函数分别是

$$P_1 = G_1 G_2 G_3 \quad P_2 = G_4$$

（2）图 2.19 中共有 3 条单独回路，其回路传递函数分别是

$$L_1 = -G_1 H_1 \quad L_2 = -G_3 H_2 \quad L_3 = -G_2 G_3 H_3$$

（3）上述 3 个回路中，L_1 和 L_2、L_1 和 L_3 是互不接触的，所以特征式 Δ 为

$$\begin{aligned}
\Delta &= 1 - \sum L_a + \sum L_b L_c \\
&= 1 - (L_1 + L_2 + L_3) + L_1 L_2 + L_1 L_3 \\
&= 1 + G_1 H_1 + G_3 H_2 + G_2 G_3 H_3 + G_1 H_1 G_3 H_2 + G_1 H_1 G_2 G_3 H_3
\end{aligned}$$

（4）因为前向通路 P_1 与 3 个回路都相接触，所以 $\Delta_1 = 1$；前向通路 P_2 与 3 个回路都不接触，所以 $\Delta_2 = \Delta$。

因此，由梅森公式可得系统的传递函数为

$$\begin{aligned}
\frac{C(s)}{R(s)} &= \frac{1}{\Delta}(P_1 \Delta_1 + P_2 \Delta_2) \\
&= \frac{G_1 G_2 G_3}{1 + G_1 H_1 + G_3 H_2 + G_2 G_3 H_3 + G_1 H_1 G_3 H_2 + G_1 H_1 G_2 G_3 H_3} + G_4
\end{aligned}$$

2.6　基于 MATLAB 的线性系统数学模型分析

控制系统的数学模型非常重要，要想对系统进行仿真处理，必须首先建立系统的数学模型。利用 MATLAB 可以建立线性定常系统的四类数学模型，即传递函数模型（TF，Transfer Function Model）、零极点增益模型（ZPK，Zero-pole-k Model）、状态空间模型（SS，State Space Model）和频率响应数据模型（FRD，Frequency Response Data Model）。

1. 利用 MATLAB 建立系统数学模型的方法

下面通过一些示例说明利用 MATLAB 建立线性定常系统的数学模型的方法。

【例 2 - 14】　若给定系统的传递函数为

$$G(s) = \frac{12s^3 + 24s^2 + 12s + 20}{2s^4 + 4s^3 + 6s^2 + 2s + 2}$$

试用 MATLAB 语句表示该传递函数。

解　输入上述传递函数的 MATLAB 程序如下：

```
%ex_2-14
num=[12 24 12 20];
den=[2 4 6 2 2];
G=tf(num,den)
```

程序第一行是注释语句，不执行；第二、三行分别按降幂顺序输入给定传递函数的分子和分母多项式的系数；第四行建立系统的传递函数模型。

运行结果显示如下：

```
Transfer function
12s^3+24s^2+12s+20
——————————————————————————
2s^4+4s^3+6s^2+2s+2
```

注意：如果给定的分子或分母多项式缺项，则所缺项的系数用 0 补充，例如一个分子多项式为 $3s^2 + 1$，则相应的 MATLAB 输入为

```
num=[3 0 1];
```

如果分子或分母多项式是多个因子的乘积，则可以调用 MATLAB 提供的多项式乘法处理函数 conv( )。

【例 2 - 15】　已知系统的传递函数为

$$G(s) = \frac{4(s+2)(s^2+6s+6)^2}{s(s+1)^3(s^3+3s^2+2s+5)}$$

试用 MATLAB 实现此传递函数。

解　输入上述传递函数的 MATLAB 程序如下：

```
%ex_2-15
num=4 * conv([1 2],conv([1 6 6],[1 6 6]));
den=conv([1 0],conv([1 1],conv([1 1],conv([1,1],[1 3 2 5]))));
G=tf(num,den)
```

程序中的 conv() 表示两个多项式的乘法，并且可以嵌套。运行结果为

Trasfer function

$$\frac{4s^5+56s^4+288s^3+672s^2+720s+288}{s^7+6s^6+14s^5+21s^4+24s^3+17s^2+5s}$$

【**例 2 - 16**】　已知系统的零极点分布和增益，试用 MATLAB 建立系统模型。系统零点为 −2 和 −3，系统极点为 −3、−4+j5 和 −4−j5，增益为 10。

解　用 MATLAB 建立上述系统零极点增益模型的程序如下：

```
%ex_2-16
z=[-2 -3];
p=[-3 -4+j*5 -4-j*5];
k=10;
G=zpk(z, p, k)
```

运行结果显示为

Zero/pole/gain：

$$\frac{10(s+2)(s+3)}{(s+3)(s^2+8s+41)}$$

2. 模型之间的转换

为了分析系统的特性，有时需要在不同模型之间进行转换。MATLAB 中提供了传递函数模型、零极点增益模型和状态空间模型三者之间的转换函数命令。常用的传递函数模型与零极点增益模型之间模型转换的函数命令有 tf2zp、zp2tf、tf、zpk 等。

例如将 ZPK 或 SS 模型转化为 TF 模型的函数格式为 m=tf(sys)，其中 sys 是 ZPK 模型或 SS 模型，m 为转换后的 TF 模型。其他的转换函数用法与此类似。

【**例 2 - 17**】　试将例 2 - 14 的传递函数转化为 ZPK 模型。

解　模型转化的程序为

```
Gzpk=zpk(G)
```

程序运行结果如下：

Zero/pole/gain：

$$\frac{6(s+1.929)(s^2+0.07058s+0.8638)}{(s^2+0.08663s+0.413)(s^2+1.913s+2.421)}$$

3. 模型的变换与简化

模型简化主要是将复杂模型转化为标准模型或具有简洁结构的模型，以方便系统的分析和设计。利用 MATLAB 的常用函数命令或专用函数命令可实现模型的变换与简化，使用方法比较灵活。

1）模型的串联等效

格式 1：

```
[num, den]=series(num1, den1, num2, den2)
G=tf(num, den)
```

格式 2：

$\quad$ $G_1 = \text{tf}(\text{num1, den1})$；$G_2 = \text{tf}(\text{num2, den2})$；

$\quad$ $G = G_1 * G_2$ 或 $G = \text{series}(G1, G2)$

【例 2 - 18】 已知传递函数 G_1 和 G_2 分别为

$$G_1(s) = \frac{3}{s+3}, \quad G_2(s) = \frac{9}{s^2 + 2s + 1}$$

试求串联后的等效传递函数 G。

解 程序如下：

```
clear；
num1=3；den1=[1 3]；num2=9；den2=[1 2 1]；%G1 和 G2 的分子分母系数向量
[num, den]=series(num1, den1, num2, den2)    %将 G1 和 G2 串联
G=tf(num, den)
```

运行结果如下：

$\quad$ G =

$\qquad\qquad$ 27

$\quad$ ————————————————————

$\quad$ s^3 + 5 s^2 + 7 s + 3

$\quad$ Continuous-time transfer function.

即得串联后的等效传递函数为

$$G(s) = \frac{27}{s^3 + 5s^2 + 7s + 3}$$

2）模型的并联等效

格式 1：

$\quad$ [num, den]=parallel(num1, den1, mum1, den2)

$\quad$ G=tf(num, den)

格式 2：

$\quad$ $G_1 = \text{tf}(\text{num1, den1})$；$G_2 = \text{tf}(\text{num2, den2})$；

$\quad$ $G = G_1 + G_2$ 或 $G = \text{parallel}(G1, G2)$

【例 2 - 19】 已知传递函数 G_1 和 G_2 分别为：

$$G_1(s) = \frac{3s+5}{4s^2 + 3s + 6}, \quad G_2(s) = \frac{9}{s^2 + 2s + 1}$$

试求并联后的等效传递函数 G。

解 仿照串联求解思路，利用并联函数命令可实现并联系统的等效传递函数。

程序如下：

```
>> clear
num1=[3, 5]；den1=[4, 3, 6]；num2=9；den2=[1, 2, 1]；%G1 和 G2 的分子分母系数向量
[num, den]=parallel(num1, den1, num2, den2)%将 G1 和 G2 并联
```

运行结果如下：

$\quad$ num =

$\qquad$ 0   3   15   30

```
den =
    1   5   7   3
>> G=tf(num，den)

G =
    3 s^2 + 15 s + 30
    ——————————————————————————
    s^3 + 5 s^2 + 7 s + 3
```
Continuous-time transfer function.

即得并联后的等效传递函数为

$$G(s)=\frac{3s^2+15s+30}{s^3+5s^2+7s+3}$$

4. 反馈系统的等效

反馈系统包括单位反馈和非单位反馈，反馈信号的极性分为正反馈和负反馈。

1）两个系统的反馈连接

格式 1：
```
[num，den]=feedback(num1，den1，num2，den2 sign)
G=tf(num，den)
```
格式 2：
```
G=feedback(G1，G2，sign)或 Gc(s)=G1/(1±G1*G2)
```
其中，G1 为前向通路传递函数，G2 为反馈通路传递函数。当 sign 为 1 时，为正反馈系统模型；sign 为 -1 或缺省时，为负反馈系统模型。

2）单位反馈系统

格式 1：
```
[numc，denc]=cloop(num，den，sign)
Gc(s)=tf(numc，denc)
```
格式 2：
```
Gc(s)=feedback(G，1，sign)或 Gc(s)=G1/(1±G1)
```
其中，G1 为前向通路传递函数，1 为反馈通路传递函数（单位反馈），相当于 G2＝1。当 sign＝1 时，为单位正反馈模型；当 sign＝-1 或默认时，为单位负反馈模型。

【例 2 - 20】　已知传递函数 G_1 和 G_2 分别为

$$G_1=\frac{s+11}{s^2+3s+21}，G_2(s)=\frac{2s+1}{3s^2+5s+17}$$

试求以 G_1 作为前向通路，以 G_2 作为反馈通路时的负反馈等效闭环模型 G。

解　实现反馈的等效传递函数程序如下：
```
>>clear；
num1=[1，11]；den1=[1，3，21]；
num2=[2，1]；den2=[3，5，17]；sign=-1   %参数设置
[num，den]=feedback(num1，den1，num2，den2，sign)；   %负反馈后的闭环系统多项式系
G=tf(num，den)   %闭环后的系统模型
```

运行结果如下：

G =

3 s^3 + 38 s^2 + 72 s + 187
— —
3 s^4 + 14 s^3 + 79 s^2 + 179 s + 368

Continuous-time transfer function.

即得闭环后的等效传递函数为

$$G(s) = \frac{3s^3 + 38s^2 + 72s + 187}{3s^4 + 14s^3 + 79s^2 + 179s + 368}$$

本 章 小 结

分析和设计控制系统，需先建立系统的数学模型。本章介绍了建立数学模型的一般原理和方法、模型的类型及特点，其主要内容是：

（1）数学模型形式很多，常用的有微分方程、传递函数、结构图、频率特性和状态方程等，本章只研究微分方程、传递函数和结构图等数学模型的建立和应用。

（2）建立系统数学模型的方法有分析法和实验法两种。本章重点研究用机理分析法建立数学模型。建模时，应仔细分析研究，抓住本质，忽略次要因素，才能建立既简单又能基本反映实际物理过程的数学模型。

（3）实际控制系统是非线性的，但是许多系统在一定条件下可以近似地视为线性系统。线性系统具有齐次性和叠加性，有比较完整的统一分析和设计的方法。

（4）对于线性定常系统，在零初始条件下，对系统微分方程作拉普拉斯变换，即可求得系统的传递函数。

（5）根据运动规律和数学模型的共性，能将比较复杂的系统划分为几种典型环节的组合，再利用传递函数和图解方法比较方便地建立数学模型。

（6）结构图是研究控制系统的一种较为实用的图解方法，对于较为复杂的系统，应用梅森公式能直接求得系统中任意两个变量之间的关系。

习 题

1．求下列函数的拉氏变换：

（1）$t\mathrm{e}^{-at}$；

（2）$\dfrac{1}{a}(at-1+\mathrm{e}^{-at})$。

2．求下列函数的拉氏反变换：

（1）$\dfrac{s+3}{s(s+1)(s+2)}$；

（2）$\dfrac{s+1}{s^2+4s+5}$。

3. 求图 2.20 所示机械系统的微分方程式和传递函数。图中 $F(t)$ 为输入量，$x(t)$ 为输出量，m 为物体质量，k 为弹簧的弹力系数。

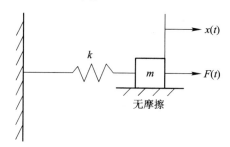

图 2.20　机械系统

4. 假设图 2.21 所示的运算放大器均为理想放大器，试写出以 u_i 为输入、u_o 为输出的传递函数。

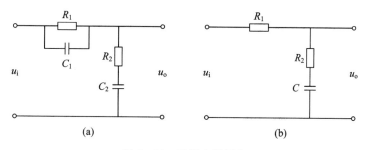

图 2-21　无源电器网络

5. 试简化图 2.22 所示的系统结构图，并求系统的传递函数 $\dfrac{C(s)}{R(s)}$。

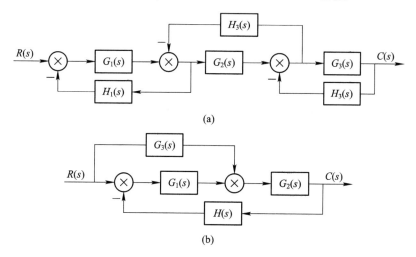

图 2.22　系统结构图

6. 试用梅森公式求图 2.22 中各系统信号流图的系统传递函数 $\dfrac{C(s)}{R(s)}$。

7. 图 2.23 为一调速系统结构图,其中 $U_i(s)$ 为给定量,$\Delta U(s)$ 为扰动量(电网电压波动)。求转速 $N(s)$ 对给定量的闭环传递函数 $\dfrac{N(s)}{U_i(s)}$ 和转速对扰动量的闭环传递函数 $\dfrac{N(s)}{\Delta U(s)}$。

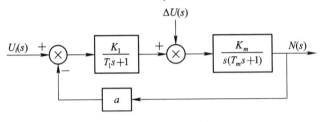

图 2.23　调速系统结构图

8. 飞机俯仰角控制系统结构图如图 2.24 所示。试简化结构图并求出闭环传递函数 $\dfrac{C(s)}{R(s)}$。

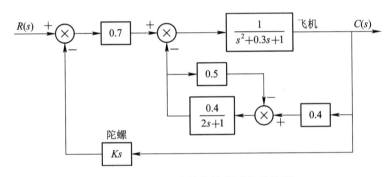

图 2.24　飞机俯仰角控制系统结构图

9. 在 MATLAB 环境中输入下列模型:

$$G_1(s)=\frac{s^3+4s^2+3s+1}{s^2(s+3)\left[(s+2)^2+5\right]}$$

$$G_2(s)=\frac{4s+3}{(s+1)(s+2)+5}$$

$$G_3(s)=\frac{s^2+5s+1}{s(3s+1)+2}$$

10. 试用 MATLAB 将第 9 题的传递函数分别转化为零极点增益模型。

第3章 线性系统的时域分析

知识目标

- 了解改善系统动态性能及提高系统控制精度的措施。
- 熟练掌握一阶系统的数学模型和阶跃响应的特点，并能熟练计算其性能指标和结构参数。
- 熟练掌握二阶系统的数学模型和阶跃响应的特点，并能熟练计算其欠阻尼时域性能指标和结构参数。
- 正确理解稳定性、时域性能指标（$\sigma\%$、t_s、t_r、t_p、e_{ss} 等）、系统型别和静态误差系数等。
- 正确理解线性定常系统的稳定条件，熟练应用劳斯稳定判据判断系统的稳定性。
- 正确理解稳态误差的定义并能熟练掌握 e_{ssr}、e_{ssn} 的计算方法，明确终值定理的使用条件。

分析和设计控制系统的首要工作是确定系统的数学模型，在获得系统的数学模型后，就可以采用不同的方法去分析控制系统的性能，这些方法主要有时域分析法、频域分析法、根轨迹分析法等。本章主要研究线性控制系统动态性能和稳态性能的时域分析法。时域分析法是一种直接又比较准确的分析方法，它通过拉式反变换求出系统输出量的表达式，提供系统时间响应的全部信息。

在分析和设计控制系统时，对各种控制系统动态性能要有评判、比较的依据。这个依据可以通过对这些系统加上各种输入信号，并比较它们对特定的输入信号的响应来建立。因为系统对典型试验信号的响应特性与系统对实际输入信号的响应特性之间存在着一定的关系，所以采用一些典型信号来评价系统性能是合理的。线性控制系统的稳定判定是一个重要的问题，本章主要论述了如何采用劳斯(Routh)稳定判据来检验系统的稳定性。

对于稳定的控制系统，其稳态性能一般是根据系统在典型输入信号作用下引起的稳态误差来评价的。因此，稳态误差是系统控制准确度（即控制精度）的一种度量。一个控制系统，只有在满足要求的控制精度的前提下，再对它进行过渡过程分析才有实际意义。本章将着重建立有关稳态误差的概念，介绍稳态误差的计算方法，讨论消除或减小稳态误差的途径。

3.1　性　能　指　标

控制系统的性能评价指标分为动态性能指标和稳态性能指标两类。为了求解系统的时间响应，必须了解输入信号（即外作用）的解析表达式。然而，在一般情况下，控制系统的外加输入信号是随机的而且无法预先确定，例如火炮随动系统在跟踪敌机的过程中，由于敌机可以做任意机动飞行，致使飞行规律无法事先确定，因此火炮随动系统的输入信号便是一个随机信号。为了对各种控制系统的性能进行比较，就要有一个共同的基础，为此需预先规定一些特殊的实验信号作为系统的输入，即需要选择若干典型的输入信号，然后比较各种系统对这些输入信号的响应。

3.1.1　典型输入信号

控制系统的响应不仅与系统的参数、结构和初始状态有关，而且和系统的输入信号有关。实际上，控制系统的输入信号常常是未知的、随机的，因此自动控制系统外加输入信号是时间的随机函数，难以用简单的数学形式来表示。为了便于进行分析和设计，同时对各种控制系统的性能进行比较，我们规定了一些典型的实验信号，即典型输入信号，它们具有以下特点：

（1）能够反映系统的实际工作情况，或者比系统可能遇到的更恶劣的情况；

（2）这些信号可以用简单的数学形式来描述；

（3）这些信号易于通过实验产生。

经常用来评价和比较控制系统性能的典型输入实验信号有单位阶跃信号、单位斜坡信号、单位加速度信号、单位脉冲信号、正弦信号等，如表 3-1 所示。

表 3-1　典型输入信号

序号	典型信号	时域表达式	复数域表达式	工程中的信号描述
1	单位阶跃信号	$1(t) = \begin{cases} 0, & t < 0 \\ 1, & t \geq 0 \end{cases}$	$L[1(t)] = \dfrac{1}{s}$	电流突然接通负载突变
2	单位斜坡信号	$y(t) = \begin{cases} 0, & t < 0 \\ t, & t \geq 0 \end{cases}$	$L[t] = \dfrac{1}{s^2}$	船闸升降、机床加工斜面
3	单位加速度信号	$y(t) = \begin{cases} 0, & t < 0 \\ \dfrac{1}{2}t^2, & t \geq 0 \end{cases}$	$L\left[\dfrac{1}{2}t^2\right] = \dfrac{1}{s^3}$	航天飞行器

序号	典型信号	时域表达式	复数域表达式	工程中的信号描述
4	单位脉冲信号 	$y(t)=\begin{cases} \infty, & t=0 \\ 0, & t\neq 0 \end{cases}$	$L[\delta(t)]=1$	脉冲电压信号 冲击力
5	正弦信号 	$y=A\sin\omega t$	$L[A\sin\omega t]=\dfrac{A\omega}{s^2+\omega^2}$	海浪的扰动力

3.1.2 动态性能和稳态性能

在典型输入信号作用下，任何一个控制系统的时间响应都由动态过程和稳态过程两部分组成。

1. 动态过程及其性能指标

动态过程又称为过渡过程或瞬态过程，是指系统在典型输入信号作用下，系统输出量从初始状态到最终状态的响应过程。由于实际控制系统具有惯性、摩擦、阻尼等原因，系统的输出量不可能完全复现输入量的变化。根据系统结构和参数选择情况，动态过程表现为衰减、发散或等幅振荡形式。一个稳定的系统即可以实际运行的控制系统，其动态过程必须是衰减的。

一般认为，阶跃输入对系统来说是最严峻的工作状态。如果系统在阶跃函数作用下的动态性能满足要求，那么系统在其他形式的函数作用下，其动态性能也能令人满意。因此，通常在阶跃函数作用下测定或计算系统的动态性能。

线性运动系统在零初始条件和单位阶跃函数作用下的响应称为单位阶跃响应。其典型形状如图 3.1 所示(用 MATLAB 绘制)，图中反映了阶跃响应的各项主要动态性能指标。

(1)延迟时间 t_d：响应曲线第一次达到终值一半所需的时间。

(2)上升时间 t_r：响应曲线从稳态值的 10% 上升到 90% 所需的时间。有振荡的系统定义为从零第一次上升到终值所需的时间。

(3)峰值时间 t_p：响应曲线超过稳态值达到第一个峰值所需的时间。

(4)调节时间 t_s：响应曲线达到并永远保持在一个允许误差范围(终值的 2% 或 5%)内所需的最短时间。

(5)超调量 $\sigma\%$：最大偏离量 $c(t_p)$ 与终值 $c(\infty)$ 之差的百分比，即

$$\sigma\%=\frac{c(t_p)-c(\infty)}{c(\infty)}\times 100\% \tag{3-1}$$

式中：$c(t_p)$ 是响应的最大瞬时值；$c(\infty)$ 是响应的稳态值。

t_r 或 t_p 可以用来评价系统的响应速度；t_s 是同时反映响应速度和阻尼程度的综合性指标；$\sigma\%$ 可以评价系统的阻尼程度。

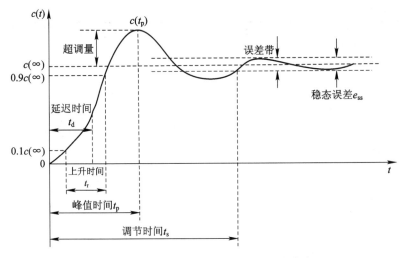

图 3.1　表示性能指标的单位阶跃响应曲线

2. 稳态过程及其性能指标

稳态过程是指时间 t 趋于无穷大时系统的输出状态。

当时间 t 趋于无穷大时，系统的单位阶跃响应的实际值与期望值之差定义为稳态误差 e_{ss}，它反映了系统最终实际输出量与希望值之间的差值，是系统控制精度高低的标志。

3.2　一阶系统的时域分析

可以用一阶微分方程表示输入量与输出量之间关系的控制系统称为一阶系统。在工程实践中，一阶系统的例子很多。有些高阶系统的特性，也可以用一阶系统的特性来近似表示。

3.2.1　一阶系统的数学模型

图 3.2 所示为一阶系统典型结构图。在物理上，该系统可以表示为一个 RC 电路。

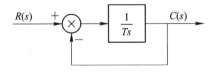

图 3.2　一阶系统典型结构图

描述时间常数为 T 的一阶系统的微分方程和传递函数分别如下：

微分方程：

$$T\frac{\mathrm{d}c(t)}{\mathrm{d}t}+c(t)=r(t)$$

开环传递函数：

$$G_\mathrm{K}(s)=\frac{1}{Ts} \tag{3-2}$$

闭环传递函数：

$$\Phi(s)=\frac{C(s)}{R(s)}=\frac{1}{Ts+1} \tag{3-3}$$

3.2.2　一阶系统的单位阶跃响应

对于单位阶跃输入

$$r(t)=1(t)\quad R(s)=\frac{1}{s}$$

有

$$C(s)=\Phi(s)R(s)=\frac{1}{Ts+1}\cdot\frac{1}{s}=\frac{1}{s}-\frac{1}{Ts+1}$$

由拉氏反变换可以得到一阶系统的单位阶跃响应 $c(t)$ 为

$$c(t)=1-\mathrm{e}^{-\frac{t}{T}}\quad(t\geqslant0) \tag{3-4}$$

式中：1 是稳态分量，由输入信号决定；$\mathrm{e}^{-\frac{t}{T}}$ 是瞬态分量，它的变化规律由传递函数的极点 $s=-1/T$ 决定，当 $t\to\infty$ 时，瞬态分量按指数规律衰减到零。以下是一阶系统单位阶跃响应的典型数值。

$$c(0)=1-\mathrm{e}^0=0$$
$$c(T)=1-\mathrm{e}^{-1}=0.632$$
$$c(2T)=1-\mathrm{e}^{-2}=0.865$$
$$c(3T)=1-\mathrm{e}^{-3}=0.95$$
$$c(4T)=1-\mathrm{e}^{-4}=0.982$$
$$c(5T)=1-\mathrm{e}^{-5}=0.993$$
$$c(\infty)=1$$

所以，一阶系统的单位阶跃响应是一条指数上升、渐近趋于稳态值的曲线，如图 3.3 所示。

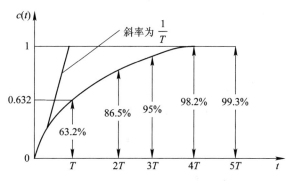

图 3.3　一阶系统的单位阶跃响应曲线

图 3.3 中 $c(T)=1-\mathrm{e}^{-1}=0.632$ 是通过实验方法求取一阶系统时间常数 T 的重要特征点。$c(3T)=1-\mathrm{e}^{-3}=0.95$ 和 $c(4T)=1-\mathrm{e}^{-4}=0.982$，表明系统时间响应进入稳态值的

5%和2%允许误差带的过渡过程时间分别为 $t_s = 3T$ 和 $t_s = 4T$，$t_r = 2.2T$。t_p 和 $\sigma\%$ 不存在。

3.2.3　一阶系统的单位斜坡响应

对于单位斜坡函数

$$r(t) = t \quad R(s) = \frac{1}{s^2}$$

可求得系统输出信号的拉氏变换为

$$C(s) = \Phi(s)R(s) = \frac{1}{Ts+1} \cdot \frac{1}{s^2} = \frac{1}{s^2} - \frac{T}{s} + \frac{T^2}{1+Ts}$$

取拉氏反变换可得系统的单位斜坡响应为

$$c(t) = t - T(1 - e^{-\frac{1}{T}t}) = t - T + Te^{-\frac{1}{T}t} \qquad (3-5)$$

式中：$c_{ss} = t - T$ 响应的稳态分量，它是一个与输入信号等斜率的斜坡函数，但时间上滞后一个时间常数 T；$Te^{-\frac{1}{T}t}$ 为暂态分量，当 $t \rightarrow \infty$ 时，暂态分量衰减为零，衰减速度由极点 $s = -1/T$ 决定。单位斜坡响应也可由单位阶跃响应积分得到，其中初始条件为零。

系统误差信号 $e(t)$ 为

$$e(t) = r(t) - c(t) = T(1 - e^{-t/T})$$

当 $t \rightarrow \infty$ 时，$e(\infty) = \lim\limits_{t \to \infty} e(t) = T$。这表明一阶系统的单位斜坡响应在过渡过程结束后存在常值误差，其值等于时间常数 T。

一阶系统的单位斜坡响应曲线如图 3.4 所示。由图可知，时间常数越小，响应越快，跟踪误差越小，输出信号的滞后时间也越短。

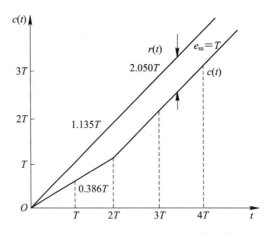

图 3.4　一阶系统的单位斜坡响应曲线

3.2.4　一阶系统的单位脉冲响应

如果输入信号为理想单位脉冲函数，即

$$r(t) = \delta(t) \quad R(s) = 1$$

则输出量的拉氏变换与系统的传递函数相同，即

$$C(s) = \Phi(s)R(s) = \frac{1}{Ts+1} \cdot 1$$

取拉氏反变换可得系统的单位脉冲响应为

$$c(t) = \frac{1}{T}\mathrm{e}^{-\frac{t}{T}} \quad (t \geqslant 0) \tag{3-6}$$

可见，单位脉冲响应只包含瞬态分量。一阶系统对于脉冲扰动信号具有自动调节能力，经过有限时间之后，可以使得脉冲式扰动信号对于系统的影响衰减到允许误差之内。

单位脉冲响应可由单位阶跃响应求导获得，并且单位脉冲响应对应系统传递函数反变换，这一结论对于所有系统都成立。

3.3　二阶系统的时域分析

在分析或设计系统时，二阶系统的响应特性常被视为一种基准。虽然实际中三阶或更高阶系统更常见，但是它们有可能用二阶系统去近似，或者其响应可以表示为一、二阶系统响应的合成。因此，对二阶系统的响应进行重点讨论。

3.3.1　二阶系统的数学模型

二阶系统的数学模型为二阶微分方程，即

$$\frac{\mathrm{d}^2 c(t)}{\mathrm{d}t^2} + 2\xi\omega_n \frac{\mathrm{d}c(t)}{\mathrm{d}t} + \omega_n^2 c(t) = \omega_n^2 r(t)$$

其传递函数为

$$\Phi(s) = \frac{C(s)}{R(s)} = \frac{\omega_n^2}{s^2 + 2\xi\omega_n s + \omega_n^2} = \frac{1}{T^2 s^2 + 2\xi Ts + 1} \tag{3-7}$$

式中：ξ 为典型二阶系统的阻尼比；ω_n 为无阻尼振荡频率或自然振荡角频率。它们是二阶系统的两个重要参数，系统的响应特性完全由这两个参数来描述。

标准形式的二阶系统结构图如图 3.5 所示，二阶系统的开环传递函数为

$$G_K(s) = \frac{\omega_n^2}{s^2 + 2\xi\omega_n s} \tag{3-8}$$

二阶系统的特征方程为

$$s^2 + 2\xi\omega_n s + \omega_n^2 = 0 \tag{3-9}$$

方程的特征根为

$$s_{1,2} = -\xi\omega_n \pm \omega_n \sqrt{\xi^2 - 1} = -\xi\omega_n \pm \mathrm{j}\omega_n \sqrt{1-\xi^2} \tag{3-10}$$

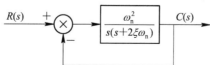

图 3.5　二阶系统的典型结构图

当 $0<\xi<1$ 时，特征方程是一对实部为负的共轭复数，称为欠阻尼状态。

当 $\xi=1$ 时，特征根为两个相等的负实数，称为临界阻尼状态。

当 $\xi>1$ 时，特征根为两个不相等的负实数，称为过阻尼状态。

当 $\xi=0$ 时，特征根为一对纯虚数，称为无阻尼状态。

3.3.2　二阶系统的单位阶跃响应

令 $r(t)=1(t)$，$R(s)=1/s$。所以二阶系统在单位阶跃函数作用下输出信号的拉氏变换为

$$C(s)=\Phi(s)R(s)=\frac{\omega_n^2}{s^2+2\xi\omega_n s+\omega_n^2}\cdot\frac{1}{s}$$

对上式求拉氏反变换，可得二阶系统在单位阶跃函数作用下的过渡过程为

$$c(t)=L^{-1}[C(s)]$$

1. 欠阻尼状态二阶系统的单位阶跃响应$(0<\xi<1)$

在这种情况下，采用部分分式展开法，进行拉氏反变换：

$$C(s)=\Phi(s)\cdot R(s)=\frac{\omega_n^2}{s^2+2\zeta\omega_n s+\omega_n^2}\cdot\frac{1}{s}$$

$$=\frac{1}{s}-\frac{s+\zeta\omega_n}{(s+\zeta\omega_n)^2+\omega_d^2}-\frac{\zeta\omega_n}{(s+\zeta\omega_n)^2+\omega_d^2}$$

式中：$\omega_d=\omega_n\sqrt{1-\xi^2}$，为阻尼自然振荡角频率。

$$c(t)=L^{-1}[C(s)]=1-e^{-\xi\omega_n t}\left(\cos\omega_d t+\frac{\xi}{\sqrt{1-\xi^2}}\sin\omega_d t\right)$$

上式可以改写为

$$c(t)=1-\frac{e^{-\xi\omega_n t}}{\sqrt{1-\xi^2}}\sin(\omega_n\sqrt{1-\xi^2}\,t+\varphi) \tag{3-11}$$

式中：$\varphi=\arctan\dfrac{\sqrt{1-\xi^2}}{\xi}=\arccos\xi$。二阶系统的单位阶跃响应曲线如图 3.6 所示。

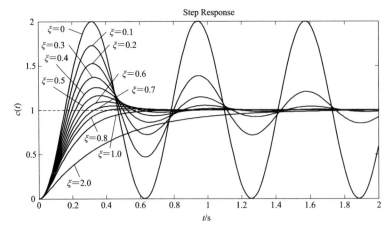

图 3.6　二阶系统的单位阶跃响应曲线

二阶系统欠阻尼状态下单位阶跃响应的特点如下：

（1）由稳态和瞬态两部分组成，稳态部分等于 1，表明不存在稳态误差；瞬态部分是阻尼振荡，阻尼的大小由 $\xi\omega_n$（即特征根实部 $\xi\omega_n=\sigma$）决定。

（2）ω_d 为阻尼自然振荡角频率，由阻尼比 ξ 和无阻尼自然振荡角频率 ω_n 决定。

（3）衰减系数为 $\xi\omega_n$。

（4）滞后角 $\varphi=\arctan\dfrac{\sqrt{1-\xi^2}}{\xi}$。

（5）无稳态误差。

（6）在欠阻尼情况下，二阶系统的单位阶跃响应是衰减的正弦振荡曲线。

2. 无阻尼状态二阶系统的单位阶跃响应（$\xi=0$）

无阻尼状态与欠阻尼状态相似。将 ξ 用零代替，即可得到无阻尼状态下二阶系统的单位阶跃响应，如图 3.7 所示，其响应表达式如式（3-12）所示。

$$c(t)=1-\sin(\omega_n t+90°)=1-\cos(\omega_n t) \tag{3-12}$$

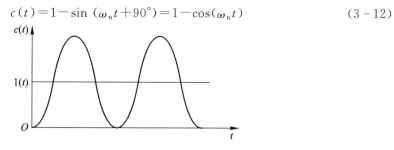

图 3.7　无阻尼状态下二阶系统的单位阶跃响应曲线

系统以无阻尼自然振荡角频率做等幅振荡，是不稳定系统。在实际中，或大或小都存在黏滞阻尼效应，故阻尼不可能为零，所以振荡角频率总是小于无阻尼自然振荡角频率，振幅总是衰减的。

3. 临界阻尼状态二阶系统的单位阶跃响应（$\xi=1$）

当 $\xi=1$ 时，有

$$C(s)=\frac{\omega_n^2}{s(s+\omega_n)^2}=\frac{1}{s}-\frac{\omega_n}{(s+\omega_n)^2}-\frac{1}{s+\omega_n}$$

对上式进行拉氏反变换，得

$$c(t)=1-e^{-\omega_n t}(1+\omega_n t) \tag{3-13}$$

所以，二阶系统临界阻尼状态下的单位阶跃响应是稳态值为 1 的无超调单调上升过程，响应过程趋于常值 1，如图 3.8 所示。

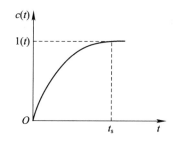

图 3.8　临界阻尼状态下二阶系统的单位阶跃响应曲线

4. 过阻尼状态二阶系统的单位阶跃响应($\xi > 1$)

当 $\xi > 1$ 时，二阶系统的闭环特征方程有两个不相等的负实根，可表示为

$$s^2 + 2\xi\omega_n s + \omega_n^2 = \left(s + \frac{1}{T_1}\right)\left(s + \frac{1}{T_2}\right) = 0$$

式中：$T_1 = \dfrac{1}{\omega_n(\xi - \sqrt{\xi^2 - 1})}$，$T_2 = \dfrac{1}{\omega_n(\xi + \sqrt{\xi^2 - 1})}$，且 $T_1 > T_2$，于是闭环传递函数为

$$\frac{C(s)}{R(s)} = \frac{\omega_n^2}{\left(s + \dfrac{1}{T_1}\right)\left(s + \dfrac{1}{T_2}\right)}$$

可以看出，过阻尼二阶系统可以看成是两个时间常数不同的惯性环节的串联。

当输入信号为单位阶跃信号时，系统的输出为

$$c(t) = 1 + \frac{e^{-\frac{t}{T_1}}}{\frac{T_2}{T_1} - 1} + \frac{e^{-\frac{t}{T_2}}}{\frac{T_1}{T_2} - 1} \tag{3-14}$$

过阻尼状态二阶系统的单位阶跃响应曲线如图 3.9 所示。

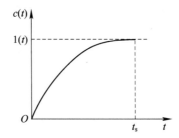

图 3.9　过阻尼状态下二阶系统的单位阶跃响应曲线

从上式可以看出，过阻尼状态的单位阶跃响应是非振荡单调上升过程，不会超过稳态值。

总结：

(1) 阻尼比决定了系统的振荡特性：

$\xi < 0$ 时，响应发散，系统不稳定；

$\xi = 0$ 时，等幅振荡；

$0 < \xi < 1$ 时，有振荡，ξ 愈小，振荡愈严重，但响应愈快；

$\xi \geqslant 1$ 时，无振荡、无超调。

(2) 除了不允许产生振荡的系统，通常采用欠阻尼状态，阻尼比选择在 0.4～0.8 之间，可保证系统有好的运动动态。

(3) ξ 一定时，ω_n 越大，瞬态分量衰减越快，系统能更快达到稳态值，系统的快速性越好。

3.3.3　典型二阶系统的性能指标

在实际情况下，控制系统动态性能的好坏是通过系统中反映单位阶跃函数的过渡过程

的特征量来表示的。一般情况下，希望二阶系统工作在 $0.4 < \xi < 0.8$ 的欠阻尼状态下，因此，下面有关性能指标的定义和定量关系的推导主要是针对二阶系统的欠阻尼工作状态进行的。另外，系统在单位阶跃函数作用下的过渡过程和初始条件有关，为了便于比较各种系统的过渡过程性能，通常假设系统的初始条件为零。本节主要介绍欠阻尼状态下二阶系统的性能指标。

欠阻尼二阶系统的特征参量关系如图 3.10 所示。其中衰减系数 $\sigma = \xi\omega_n$ 是闭环极点到虚轴的距离；自然振荡角频率 $\omega_d = \omega_n\sqrt{1-\xi^2}$ 是闭环极点到实轴之间的距离；无阻尼自然振荡角频率 ω_n 是闭环极点到原点的距离；ω_n 与负实轴的夹角的余弦是阻尼比，即 $\xi = \cos\varphi$，其中 φ 就是欠阻尼二阶系统单位阶跃响应的滞后角。

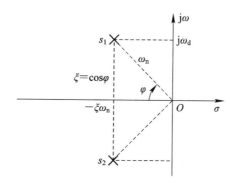

图 3.10　欠阻尼二阶系统的特征参量

1. 上升时间 t_r

根据定义，当 $t = t_r$ 时，$c(t_r) = 1$。由欠阻尼系统的单位阶跃响应式(3-11)，可得

$$c(t) = 1 - \mathrm{e}^{-\zeta\omega_n t} \frac{1}{\sqrt{1-\zeta^2}} \sin(\omega_d t + \varphi) \Big|_{t=t_r} = 1$$

即

$$\mathrm{e}^{-\zeta\omega_n t_r} \frac{1}{\sqrt{1-\zeta^2}} \sin(\omega_d t_r + \varphi) = 0$$

由于 $\mathrm{e}^{-\zeta\omega_n t_r} \neq 0$，所以

$$\sin(\omega_d t_r + \varphi) = 0$$

即

$$\omega_d t_r + \varphi = \pi$$

得上升时间为

$$t_r = \frac{\pi - \varphi}{\omega_n\sqrt{1-\xi^2}} = \frac{\pi - \varphi}{\omega_d} \tag{3-15}$$

由式(3-15)可知，增大 ω_n 或减小 ξ，均能减小 t_r，从而加快系统的初始响应速度。

2. 峰值时间 t_p

将式(3-11)的两边对时间求导，并令其等于零，可得

$$\frac{\mathrm{d}}{\mathrm{d}t}\big[c(t)\big]\Big|_{t=t_p} = 0$$

$$\frac{d}{dt}\left[1-\frac{1}{\sqrt{1-\zeta^2}}e^{-\zeta\omega_n t}\sin(\omega_d t+\varphi)\right]\Bigg|_{t=t_p}=0$$

$$\frac{1}{\sqrt{1-\zeta^2}}\xi\omega_n e^{-\zeta\omega_n t_p}\sin(\omega_d t_p+\varphi)-\omega_n e^{-\zeta\omega_n t_p}\cos(\omega_d t_p+\varphi)=0$$

移项得

$$\tan(\omega_d t_p+\varphi)=\frac{\sqrt{1-\xi^2}}{\xi}$$

由于 $\tan\varphi=\dfrac{\sqrt{1-\xi^2}}{\xi}$，故 $\omega_d t_p=k\pi(k=1,2,3,\cdots)$。

由定义可知，t_p 为第一个峰值所需的时间，因而取第一周期 $k=1$，$\omega_d t_p=\pi$。则得到

$$t_p=\frac{\pi}{\omega_n\sqrt{1-\xi^2}}=\frac{\pi}{\omega_d} \tag{3-16}$$

式(3-16)表明，ξ 一定时，ω_n 越大，t_p 越小；ω_n 一定时，ξ 越大，t_p 越大。

3. 最大超调量 $\sigma\%$

因为超调量发生在峰值时间上，所以将式(3-16)代入式(3-11)，得到输出量的最大值为

$$c(t_p)=1-\frac{1}{\sqrt{1-\zeta^2}}e^{-\zeta\omega_n t_p}\sin(\omega_d t_p+\varphi)\Bigg|_{t_p=\frac{\pi}{\omega_d}}=1-\frac{1}{\sqrt{1-\zeta^2}}e^{-\frac{\zeta}{\sqrt{1-\zeta^2}}\pi}\sin(\pi+\varphi)$$

又因为

$$\sin(\pi+\varphi)=-\sin\varphi=-\sqrt{1-\zeta^2}$$

所以

$$c(t_p)=1+e^{-\frac{\zeta}{\sqrt{1-\zeta^2}}\pi}$$

$$\sigma\%=\frac{c(t_p)-c(\infty)}{c(\infty)}\times100\%=e^{-\xi\pi/\sqrt{1-\xi^2}}100\% \tag{3-17}$$

式(3-17)表明，超调量 $\sigma\%$ 仅是阻尼比 ξ 的函数，而与 ω_n 无关。阻尼比越大，超调量越小，反之亦然。一般当选取 $\xi=0.4\sim0.8$ 时，$\sigma\%$ 介于 1.5% 至 25.4% 之间。

4. 调节时间 t_s

根据调节时间的定义，t_s 应由下式求得：

$$\left|\frac{1}{\sqrt{1-\zeta^2}}e^{-\zeta\omega_n t_s}\sin(\omega_d t_s+\varphi)\right|\leqslant\Delta \tag{3-18}$$

但是由式(3-18)求解 t_s 十分困难，我们用衰减振荡的包络线 $1\pm\dfrac{1}{\sqrt{1-\zeta^2}}e^{-\zeta\omega_n t_s}$ 近似代替正弦衰减振荡，响应曲线总是在上下包络线之间，可将式(3-18)近似表示为

$$\left|\frac{1}{\sqrt{1-\zeta^2}}e^{-\zeta\omega_n t_s}\right|\leqslant\Delta$$

即

$$t_s=-\frac{1}{\xi\omega_n}\ln(\Delta\sqrt{1-\xi^2})$$

若阻尼比较小，$\sqrt{1-\xi^2} \approx 1$，则

$$t_s = -\frac{1}{\xi\omega_n}\ln\Delta$$

当 $\Delta = 0.05$ 时：

$$t_s = \frac{3}{\xi\omega_n} \tag{3-19}$$

当 $\Delta = 0.02$ 时：

$$t_s = \frac{4}{\xi\omega_n} \tag{3-20}$$

式（3-19）、（3-20）表明，调节时间与闭环极点的实部数值成反比。闭环极点离虚轴的距离越远，系统的调节时间越短。由于阻尼比主要根据对系统超调量的要求来确定，所以调节时间主要由无阻尼自然振荡角频率决定。

【例 3-1】 单位负反馈系统，其开环传递函数为 $G(s) = \dfrac{5K}{s(s+34.5)}$，计算当 K 分别等于 1500、200 时，系统的 t_p、t_s、$\sigma\%$，并进行比较。

解 因为是单位负反馈系统，所以系统的闭环传递函数为

$$\Phi(s) = \frac{G(s)}{1+G(s)} = \frac{5K}{s^2 + 34.5s + 5K}$$

当 $K = 1500$ 时：

$$\Phi(s) = \frac{7500}{s^2 + 34.5s + 7500}$$

$$\omega_n = \sqrt{7500} = 86.6s^{-1}$$

$$\xi = \frac{34.5}{2\omega_n} = 0.2$$

$$t_p = \frac{\pi}{\omega_n\sqrt{1-\xi^2}} = 0.037s$$

$$t_s = \frac{3}{\xi\omega_n} = 0.17s$$

$$\sigma\% = e^{-\xi\pi/\sqrt{1-\xi^2}} \times 100\% = 52.7\%$$

当 $K = 200$ 时：

$$\omega_n = \sqrt{1000} = 31.6s^{-1}$$

$$\xi = \frac{34.5}{2\omega_n} = 0.545$$

同理可求得 $t_p = 0.12s$，$t_s = 0.17s$，$\sigma\% = 13\%$。

可见，K 由 200 增大到 1500 时，使 ξ 减小而 ω_n 增大，因而使 $\sigma\%$ 增大，t_p 减小，而调节时间 t_s 则没有多大变化。系统在不同 K 下的阶跃响应如图 3.11 所示。

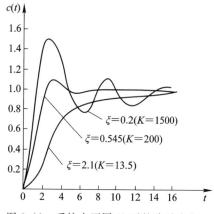

图 3.11 系统在不同 K 下的阶跃响应

3.4　高阶系统的时域分析

凡是用高阶微分方程描述的系统，称为高阶系统。在控制工程中，几乎所有的控制系统都是高阶系统，对于不能用一阶、二阶系统近似的高阶系统来说，其动态性能指标的确定是比较复杂的。工程上常采用闭环主导极点对高阶系统进行近似时域分析，从而得到高阶系统动态性能指标的估算公式，或直接应用 MATLAB 软件进行高阶系统的分析。

设高阶系统闭环传递函数的一般形式为

$$\Phi(s) = \frac{C(s)}{R(s)} = \frac{b_0 s^m + b_1 s^{m-1} + \cdots + b_{m-1}s + b_m}{s^n + a_1 s^{n-1} + \cdots a_{n-1}s + a_n} \quad (n \geqslant m)$$

将上式的分子与分母进行因式分解，可得

$$\Phi(s) = \frac{C(s)}{R(s)} = \frac{K \prod\limits_{i=1}^{m}(s - z_i)}{\prod\limits_{j=1}^{n}(s - p_j)} \quad (n \geqslant m)$$

式中：$z_i(i=1,2,3,\cdots,m)$ 为闭环传递函数零点；$p_j(j=1,2,3,\cdots,n)$ 为闭环传递函数极点。

令系统所有的零点、极点互不相同，且其极点有实数极点和复数极点，零点则均为实数零点。$\Phi(s)$ 的分子与分母多项式均为实数多项式，故 z_i 和 p_j 只可能是实数或共轭复数。设系统输入信号为单位阶跃信号，即 $R(s)=1/s$，则有

$$C(s) = \frac{K \prod\limits_{i=1}^{m}(s - z_i)}{s \prod\limits_{j=1}^{q}(s - p_j) \prod\limits_{k=1}^{r}(s^2 - 2\xi_k \omega_{nk}s + \omega_{nk}^2)}$$

式中：$n = q + 2r$，q 为实极点的个数，r 为复数极点的对数。

将上式用部分分式展开，得

$$C(s) = \frac{A_0}{s} + \sum\limits_{j=1}^{q}\frac{A_j}{s - p_j} + \sum\limits_{k=1}^{r}\frac{B_k s + C_k}{s^2 - 2\xi_k \omega_{nk}s + \omega_{nk}^2}$$

对上式求拉氏反变换，得到系统单位阶跃响应的一般表达式为

$$c(t) = A_0 + \sum\limits_{j=1}^{q}A_j e^{p_j t} + \sum\limits_{k=1}^{r}B_k e^{\xi_k \omega_{nk}t}\cos(\omega_{nk}\sqrt{1-\xi_k^2})t +$$

$$\sum\limits_{k=1}^{r}\frac{C_k - B_k \xi_k \omega_{nk}}{\omega_{nk}\sqrt{1-\xi_k^2}}e^{\xi_k \omega_{nk}t}\sin(\omega_{nk}\sqrt{1-\xi_k^2})t \quad (t \geqslant 0)$$

由此可见，单位阶跃函数作用下高阶系统的稳态分量为 A_0，其瞬态分量是一阶和二阶系统瞬态分量的合成。分析表明，高阶系统有如下结论：

（1）高阶系统瞬态响应各分量的衰减快慢由指数衰减系数 $-p_j$ 和 $-\xi_k \omega_{nk}$ 决定。如果某极点远离虚轴（对应的衰减系数大），那么其相应的瞬态分量比较小，且持续时间较短。

（2）高阶系统各瞬态分量的系数 A_0、B_k 和 C_k 与系统零极点的位置有关。如果闭环传

递函数中某一个极点与某一个零点十分接近(称为偶极子),则该极点对应的瞬态分量幅值很小,因而它在系统响应中所占的百分比很小,可忽略不计。于是,高阶系统的响应就可以用低阶系统的响应去近似。

(3) 如果系统中有一个极点或一对复数极点距离虚轴最近,且附近没有闭环零点,而其他闭环极点与虚轴的距离都比该极点与虚轴距离大 5 倍以上,则此系统的响应可近似地视为由这个(或这对)极点所产生。这是因为这种极点所决定的瞬态分量不仅持续时间最长,而且其初始幅值也大,充分体现了它在系统响应中的主导作用,故称其为系统的主导极点。高阶系统的主导极点通常为一对复数极点。

3.5　线性系统稳定性分析

一个自动控制系统正常运行的首要条件是它必须是稳定的。反馈控制的严重缺点是容易产生振荡,因此,判别系统的稳定性和使系统处于稳定的工作状态是自动控制的基本课题之一。

3.5.1　稳定的基本概念

控制系统在实际工作过程中,总会受到各种各样的扰动,如果系统在受到扰动时偏离了平衡状态,而当扰动消失后,系统仍能逐渐恢复到原平衡状态,则系统是稳定的;如果系统不能恢复或者更加偏离平衡状态,则系统是不稳定。稳定性是扰动消失后系统自身的一种恢复能力,是系统的一种固有特性。

系统的稳定性又分为两种:一是大范围的稳定,即初始偏差可以很大,但系统仍稳定;另一种是小范围的稳定,即初始偏差必须在一个限定值内系统才稳定,超出了这个限定值则不稳定。对于线性系统,如果小范围内是稳定的,则它一定也是大范围稳定的。而非线性系统不存在类似结论。

通常而言,线性定常系统的稳定性表现为其时域响应的收敛性。当把控制系统的响应分为过渡状态和稳定状态来考虑时,若随着时间的推移,其过渡过程会逐渐衰减,系统的响应最终收敛到稳定状态,则称该控制系统是稳定的;而如果过渡过程是发散的,则称该系统是不稳定的;若过渡过程是等幅振荡的,则称该系统是临界稳定的。

线性系统的特性或状态是由线性微分方程来描述的,而微分方程的解通常就是系统输出量的时间表达式,它包含两个部分:稳态部分(稳态分量)和瞬态部分(瞬态分量)。其中稳态分量对应微分方程的特解,与外部输入有关;瞬态分量对应微分方程的通解,只与系统本身的参数、结构和初始条件有关,而与外部作用无关。研究系统的稳定性,就是研究系统输出量中瞬态分量的运动形式。这种运动形式完全取决于系统的特征方程,即齐次微分方程,这个特征方程反映了扰动消除之后输出量的运动情况。

单输入、单输出线性定常系统传递函数的一般形式为

$$G(s) = \frac{C(s)}{R(s)} = \frac{b_0 s^m + b_1 s^{m-1} + \cdots + b_{m-1} s + b_m}{a_0 s^n + a_1 s^{n-1} + \cdots + a_{n-1} s + a_n} \quad (n \geqslant m)$$

系统的特征方程为

$$a_0 s^n + a_1 s^{n-1} + \cdots + a_{n-1} s + a_n = 0 \qquad (3-21)$$

此方程的根称为特征根，它由系统本身的参数和结构所决定。

从常微分方程理论可知，微分方程解的收敛性完全取决于其相应特征方程的根。如果特征方程的所有根都是负实数或实部为负的复数，则微分方程的解是收敛的；如果特征方程存在正实数根或者正实部根，则微分方程的解中就会出现发散项。

由上述讨论可以得出如下结论：线性定常系统稳定的充分必要条件是，特征方程的所有根均为负实根或其实部为负的复数根，即特征方程的根均在 s 左半平面。由于系统特征方程的根就是系统的极点，因此也可以说，线性定常系统稳定的充分必要条件是系统的极点均在 s 左半平面。

s 右半平面没有极点，但虚轴上存在极点的线性定常系统是临界稳定的，该系统在扰动消除后的响应通常是等幅振荡的。在工程上，临界稳定属于不稳定，因为参数的微小变化就会使极点具有正实部，从而导致系统不稳定。

3.5.2 劳斯判据

分析系统的稳定性必须解出系统特征方程式的全部根，再按照上述稳定的充分必要条件，判别系统的稳定性。但是，对于高阶系统，解特征方程式的根是件很麻烦的事情，而著名的劳斯判据则提供了一个比较简单的判据，它使人们有可能在不分解多项式因式的情况下，就能够确定出位于复平面右半平面内闭环极点的个数。

1. 劳斯判据的概念

劳斯判据是一种代数判据，不但能提供线性定常系统稳定性的信息，而且还能指出在 s 平面虚轴上和右半平面特征根的个数。

劳斯判据是基于系统特征方程式的根与系数的关系而建立的。

设线性系统的特征方程为

$$D(s) = a_0 s^n + a_1 s^{n-1} + \cdots + a_{n-1} s + a_n = 0 \quad (a_0 > 0)$$

为判断系统稳定与否，将系统特征方程式中的 s 各次项系数排列成如下的劳斯表形成（即劳斯阵列）：

s^n	a_0	a_2	a_4	a_6	$\cdots$
s^{n-1}	a_1	a_3	a_5	a_7	$\cdots$
s^{n-2}	b_1	b_2	b_3	b_4	$\cdots$
$\vdots$					
s^2	d_1	d_2	d_3		
s^1	e_1	e_2			
s^0	f_1				

$$b_1 = \frac{a_1 a_2 - a_0 a_3}{a_1}, \quad b_2 = \frac{a_1 a_4 - a_0 a_5}{a_1}, \quad b_3 = \frac{a_1 a_6 - a_0 a_7}{a_1}, \quad \cdots$$

$$c_1 = \frac{b_1 a_3 - a_1 b_2}{b_1}, \quad c_2 = \frac{b_1 a_5 - a_1 b_3}{b_1}, \quad c_3 = \frac{b_1 a_7 - a_1 b_4}{b_1}, \quad \cdots$$

$$\vdots$$

$$f_1 = \frac{e_1 d_2 - d_1 e_2}{e_1}$$

凡在运算过程中出现的空位，均置为零。

劳斯稳定判据是根据所列劳斯表第一列系数符号的变化，去判别特征方程式根在 s 平面上的具体分布的，过程如下：

（1）如果劳斯表中第一列的系数均为正值，则其特征方程式的根都在 s 左半平面，相应的系统是稳定的。

（2）如果劳斯表中第一列系数的符号有变化，其变化的次数等于该特征方程式在 s 右半平面的根个数，相应系统是不稳定的。

【例 3 - 2】　设线性系统特征方程式为

$$D(s) = s^4 + 2s^3 + 3s^2 + 4s + 5 = 0$$

试判断系统的稳定性。

解　建立劳斯表如下：

s^4	1	3	5
s^3	2	4	0
s^2	1	5	
s^1	-6	0	
s^0	5		

由上面劳斯表可见第一列系数符号改变了 2 次，系统是不稳定的，有两个根位于 s 右半平面。

2. 劳斯判据中的特殊情况

（1）劳斯表某一行中的第一项等于零，而该行的其余各项不等于零或没有余项。解决的办法是以一个很小的正数来代替为零的这项，据此算出其余的各项，完成劳斯表的排列。

【例 3 - 3】　系统的特征方程为

$$D(s) = s^4 + 2s^3 + 3s^2 + 6s + 1 = 0$$

列其劳斯表如下：

s^4	1	3	1
s^3	2	6	
s^2	ε	1	
s^1	$\dfrac{6\varepsilon - 2}{\varepsilon}$		
s^0	1		

因为劳斯表第一列元素的符号改变了两次，所以系统不稳定，且有两个正实部的特征根。

（2）劳斯表中出现全零行，表示相应方程中含有一些大小相等符号相反的实根或共轭复根。这种情况可利用系数全为零的上一行系数构造一个辅助多项式，并以这个辅助多项式导数的系数来代替表中系数全为零的行，完成劳斯表的排列。这些大小相等、径向位置相反的根可以通过求解这个辅助方程式得到，而且其根的数目总是偶数的。

【例 3 - 4】　系统的特征方程为

$$D(s)=s^3+2s^2+s+2=0$$

劳斯表为

s^3	1	1	
s^2	2	2	→辅助方程 $2s^2+2=0$
s^1	4	0	←辅助方程求导后的系数
s^0	2		

可以看出，劳斯表第一列符号没有改变，但系统不稳定，说明不稳定的根在虚轴上，其可由辅助方程 $2s^2+2=0$ 求得 $s_{1,2}=\pm j$。

特别指出：若出现劳斯判据中的两种特殊情况，则系统是不稳定的，将劳斯表进行下去的目的是为了判断位于 s 右半平面根的个数。

3.5.3　劳斯判据的应用

（1）利用劳斯判据，可以判断系统的稳定性，确定参数的取值范围。

（2）利用劳斯判据，可以判断系统的稳定裕度。

系统稳定时，要求所有闭环极点在 s 左半平面，闭环极点离虚轴越远，系统稳定性越好，闭环极点离开虚轴的距离可以作为衡量系统的稳定裕度。在系统的特征方程 $D(s)=0$ 中，令 $s=s_1-a$ 得到 $D(s_1)=0$，利用劳斯判据，若 $D(s_1)=0$ 的所有解都在 s_1 左半平面，则原系统的特征根在 $s=-a$ 的左边。

【例 3 - 5】　设单位负反馈系统，开环传递函数为

$$G(s)=\frac{K}{s(0.05s^2+0.4s+1)}$$

（1）试确定系统稳定时 K 的取值范围；

（2）若要求闭环极点在 $s=-1$ 的左边，试确定 K 的取值范围。

解　（1）系统的特征方程为

$$0.05s^3+0.4s^2+s+K=0$$

因为是三阶多项式，所以可以不用列劳斯表，只要 $K>0$，且 $0.4>0.05K$，得到系统稳定的 K 的取值范围为 $0<K<8$。

（2）令 $s=s_1-1$，则有

$$0.05(s_1-1)^3+0.4(s_1-1)^2+s_1-1+K=0$$
$$0.05s_1^3+0.25s_1^2+0.35s_1+K-0.65=0$$

列劳斯表如下：

s_1^3	0.05	0.35
s_1^2	0.25	$K-0.65$
s_1^1	$0.12-0.05K$	
s_1^0	$\dfrac{K-0.65}{0.12-0.05K}$	

可得 K 的取值范围为 $0.65<K<2.4$。

3.6　线性系统的稳态误差分析

在稳态条件下输出量的希望值与稳态值之间存在的偏差，称为系统稳态误差。稳态误差是衡量系统稳态性能的重要指标。影响系统稳态误差的因素很多，如系统的结构、参数以及输入量的形式等。必须指出的是，这里所说的稳态误差并不包括由于元件的不灵敏区、零点漂移、老化等原因所造成的永久性的误差。

为了分析方便，常把系统的稳态误差分为扰动稳态误差和给定稳态误差。扰动稳态误差是由外部扰动而引起的，常用这一误差来衡量恒值系统的稳态品质，因为对于恒值系统，给定量是不变的。而对于随动系统，给定量是变化的，要求输出量以一定的精度跟随给定量的变化，因此给定稳态误差就成为衡量随动系统稳态品质的指标。应当强调的是，只有当系统稳定时，才可以分析系统的稳态误差。

3.6.1　误差与稳态误差

设系统的结构图为如图 3.12 所示的反馈控制系统，常用的误差定义有两种：从输入端定义和从输出端定义。下面分别讨论。

1. 误差

1）输入端定义

把系统的输入信号 $r(t)$ 作为被控量的希望值，而把主反馈信号 $b(t)$（通常是被控量的测量值）作为被控量的实际值，定义误差为

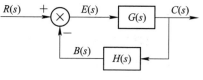

$$e(t)=r(t)-b(t) \qquad (3-22)$$

这种定义的误差在实际系统中是可以测量的。

图 3.12　典型系统结构

2）输出端定义

设被控量（输出值）的希望值为 $c_r(t)$（与给定信号 $r(t)$ 具有一定的关系），被控量的实际值为 $c(t)$，定义误差为

$$e'(t)=c_r(t)-c(t) \qquad (3-23)$$

这种定义在性能指标中经常使用，但在实际中有时无法测量，因而一般只具有数学意义。
当图 3.12 中反馈为单位反馈，即 $H(s)=1$ 时，上述两种定义是相同的。
下面只讨论输入端定义的误差。

2. 稳态误差

由图 3.12 可知

$$E(s)=R(s)-H(s)C(s)$$

其误差传递函数为

$$\Phi_e(s)=\frac{E(s)}{R(s)}=\frac{1}{1+H(s)G(s)}$$

$$E(s)=\Phi_e(s)R(s)=\frac{R(s)}{1+H(s)G(s)}$$

$$e(t)=L^{-1}[\Phi_e(s)R(s)]$$

稳态误差是指误差信号的稳态值,即

$$e_{ss}=\lim_{t\to\infty}e(t) \tag{3-24}$$

若 $E(s)$ 满足拉氏变换终值定理的条件(要求系统稳定,且 $R(s)$ 的所有极点在左半 s 开区间),则可以利用终值定理来求稳态误差,即

$$e_{ss}=\lim_{s\to0}sE(s)=\lim_{s\to0}\frac{sR(s)}{1+H(s)G(s)} \tag{3-25}$$

式(3-25)表明,系统的稳态误差不仅与开环传递函数 $H(s)G(s)$ 的结构有关,还与输入 $R(s)$ 形式密切相关。

由式(3-25)可知,对于一个给定的稳定系统,当输入信号形式一定时,系统是否存在稳态误差就取决于开环传递函数所描述的系统结构。因此,按照控制系统跟踪不同输入信号的能力来进行系统分类是必要的。

【例 3-6】 设单位负反馈系统的开环传递函数为 $G(s)=\dfrac{1}{Ts}$,求 $r(t)=1(t)$,$r(t)=t$,$r(t)=\dfrac{t^2}{2}$,$r(t)=\sin\omega t$ 时系统的稳态误差。

解 误差传递函数为

$$\Phi_e(s)=\frac{1}{1+G(s)}=\frac{Ts}{Ts+1}$$

系统是稳定的。

$r(t)=1(t)$ 时,

$$R(s)=\frac{1}{s},\quad e_{ss}=\lim_{s\to0}sE(s)=\lim_{s\to0}s\,\frac{Ts}{Ts+1}\cdot\frac{1}{s}=0$$

$r(t)=t$ 时,

$$R(s)=\frac{1}{s^2},\quad e_{ss}=\lim_{s\to0}sE(s)=\lim_{s\to0}s\,\frac{Ts}{Ts+1}\cdot\frac{1}{s^2}=T$$

$r(t)=\dfrac{t^2}{2}$ 时,

$$R(s)=\frac{1}{s^3},\quad e_{ss}=\lim_{s\to0}sE(s)=\lim_{s\to0}s\,\frac{Ts}{Ts+1}\cdot\frac{1}{s^3}=\infty$$

若输入信号为正弦信号,则不能应用拉氏变换终值定理。

$r(t)=\sin\omega t$ 时,

$$R(s)=\frac{\omega}{s^2+\omega^2}$$

$$E(s)=\frac{Ts}{Ts+1}\cdot\frac{\omega}{s^2+\omega^2}$$

$$=-\frac{T\omega}{(T\omega)^2+1}\cdot\frac{1}{s+1/T}+\frac{T\omega}{(T\omega)^2+1}\cdot\frac{s}{s^2+\omega^2}+\frac{(T\omega)^2}{(T\omega)^2+1}\cdot\frac{\omega}{s^2+\omega^2}$$

$$e(t) = -\frac{T\omega}{(T\omega)^2 + 1} e^{-\frac{t}{T}} + \frac{T\omega}{(T\omega)^2 + 1} \cos\omega t + \frac{(T\omega)^2}{(T\omega)^2 + 1} \sin\omega t$$

$$e_{ss}(t) = \frac{T\omega}{(T\omega)^2 + 1} \cos\omega t + \frac{(T\omega)^2}{(T\omega)^2 + 1} \sin\omega t$$

3.6.2　系统的型别

由于稳态误差与系统开环结构有关，因此下面介绍控制系统按其开环结构特点的分类方法。

设控制系统的开环传递函数为

$$G(s)H(s) = \frac{K \prod\limits_{i=1}^{m}(\tau_i s + 1)}{s^v \prod\limits_{j=1}^{n-v}(T_j s + 1)} \quad (n \geqslant m) \tag{3-26}$$

式中：K 为系统开环增益；$\tau_i(i=1,2,3,\cdots,m)$、$T_j(j=1,2,3,\cdots,n)$为时间常数；v 为系统中所含有的积分环节数(开环系统在坐标原点的重极点数)。

系统常按开环传递函数中含有的积分环节的个数 v 来分类。

$$\begin{cases} v=0 & 0 \text{ 型系统} \\ v=1 & \text{I 型系统} \\ v=2 & \text{II 型系统} \end{cases}$$

$v>2$ 时，II 型以上的系统(复合系统)实际上很难稳定，所有这种类型的系统在控制工程中一般不会碰到。开环传递函数中的其他零点、极点对系统的类型无影响。

3.6.3　典型输入信号作用下的稳态误差

1. 阶跃信号作用下系统的稳态误差

设 $r(t)=R$ 为常数，则 $R(s)=\dfrac{R}{s}$，利用式(3-25)可得

$$e_{ss} = \lim_{s\to 0} sE(s) = \lim_{s\to 0} s\frac{R(s)}{1+H(s)G(s)} = \frac{R}{1+\lim\limits_{s\to 0}H(s)G(s)} = \frac{R}{1+K_P} \tag{3-27}$$

令

$$K_P = \lim_{s\to 0} G(s)H(s) = \begin{cases} K & (v=0) \\ \infty & (v\geqslant 1) \end{cases} \tag{3-28}$$

式中：K_P 为静态位置误差系数。

由式(3-27)可知

$$e_{ss} = \frac{R}{1+K_P} = \begin{cases} \dfrac{R}{1+K} & (v=0) \\ 0 & (v\geqslant 1) \end{cases}$$

如果要求阶跃作用下不存在稳态误差，则必须选用 I 型及 I 型以上的系统。

2. 斜坡信号作用下系统的稳态误差

设 $r(t)=v_0 t$，$R(s)=\dfrac{v_0}{s^2}$，v_0 为常数，由式(3-25)可得

$$e_{ss} = \lim_{s \to 0} sE(s) = \lim_{s \to 0} s\frac{R(s)}{1+H(s)G(s)} = \lim_{s \to 0} \frac{v_0}{s+sH(s)G(s)} = \frac{v_0}{\lim_{s \to 0} sH(s)G(s)} = \frac{v_0}{K_v} \quad (3-29)$$

令

$$K_v = \lim_{s \to 0} sG(s)H(s) = \lim_{s \to 0} \frac{K}{s^{v-1}} = \begin{cases} 0 & (v=0) \\ K & (v=1) \\ \infty & (v \geqslant 2) \end{cases} \quad (3-30)$$

式中：K_v 为静态速度误差系数。

由式(3-29)可得

$$e_{ss} = \frac{v_0}{K_v} = \begin{cases} \infty & (v=0) \\ \dfrac{v_0}{K} & (v=1) \\ 0 & (v \geqslant 2) \end{cases}$$

3. 加速度信号作用下系统的稳态误差

设 $r(t) = \dfrac{1}{2}a_0 t^2$，$R(s) = \dfrac{a_0}{s^3}$，$a_0$ 为常数，由式(3-25)可得

$$e_{ss} = \lim_{s \to 0} sE(s) = \lim_{s \to 0} s\frac{R(s)}{1+H(s)G(s)} = \lim_{s \to 0} \frac{a_0}{s^2+s^2 H(s)G(s)} = \frac{a_0}{\lim_{s \to 0} s^2 H(s)G(s)} = \frac{a_0}{K_a}$$

$$(3-31)$$

令

$$K_a = \lim_{s \to 0} s^2 G(s)H(s) = \lim_{s \to 0} \frac{K}{s^{v-2}} = \begin{cases} 0 & (v=0,1) \\ K & (v=2) \\ \infty & (v \geqslant 3) \end{cases} \quad (3-32)$$

式中：K_a 为静态加速度误差系数。

由式(3-31)可得

$$e_{ss} = \frac{a_0}{K_a} = \begin{cases} \infty & (v=0,1) \\ \dfrac{a_0}{K} & (v=2) \\ 0 & (v \geqslant 3) \end{cases}$$

同一系统在不同输入信号作用下的稳态误差如表 3-2 所示。

表 3-2　同一系统在不同输入信号作用下的稳态误差

输　入	类　别		
	0 型系统	Ⅰ 型系统	Ⅱ 型系统
$R \cdot 1(t)$	$\dfrac{R}{1+K}$	0	0
$v_0 t$	∞	$\dfrac{v_0}{K}$	0
$\dfrac{a_0 t^2}{2}$	∞	∞	$\dfrac{a_0}{K}$

注意使用以上结论的条件如下：

（1）系统稳定。

（2）只适用于 $r(t)$ 作用下的稳态误差，不适用于干扰 $n(t)$。

（3）开环增益 K 的求取：开环传递函数中各因式的 s 零阶项系数换算为 1 后的总比例系数。

3.6.4　扰动作用下的稳态误差

前文讨论了系统在参考输入作用下的稳态误差。事实上，控制系统除了受到参考输入的作用外，还会受到来自系统内部和外部各种扰动的影响。例如负载力矩的变化，放大器的零点漂移、电网电压波动和环境温度的变化等，这些都会引起稳态误差。这种误差称为扰动稳态误差，它的大小反映了系统抗干扰能力的强弱。对于扰动稳态误差的计算，可以采用前文参考输入的方法。但是，由于参考输入和扰动输入作用于系统的位置不同，因而系统就有可能会产生在某种形式的参考输入下，其稳态误差为零，而在同一形式的扰动作用下，系统的稳态误差不为零的情况。因此，就有必要研究由扰动作用引起的稳态误差和系统结构的关系。

图 3.13 中 $R(s)$ 为系统的参考输入，$N(s)$ 为系统的扰动作用。为了计算由扰动引起的系统稳态误差，假设 $R(s)=0$，则输出对扰动的传递函数结构图如图 3.14 所示。

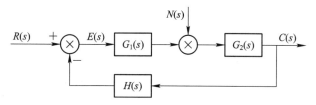

图 3.13　控制系统结构图

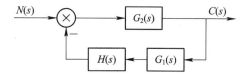

图 3.14　传递函数结构图

从输出端定义的误差信号，可以求出传递函数为

$$M_N(s)=\frac{C(s)}{N(s)}=\frac{G_2(s)}{1+G_1(s)G_2(s)H(s)} \tag{3-33}$$

由扰动产生的输出为

$$C_n(s)=M_N(s)N(s)=\frac{G_2(s)}{1+G_1(s)G_2(s)H(s)}N(s) \tag{3-34}$$

系统的理想输出为零，故该非单位反馈系统响应扰动的输出端误差信号为

$$E_n(s)=0-C_n(s)=-\frac{G_2(s)}{1+G_1(s)G_2(s)H(s)}N(s) \tag{3-35}$$

根据终值定理和式（3-35），求得在扰动作用下的稳态误差为

$$e_{ssn}=\lim_{s\to 0}sE_n(s)=-\lim_{s\to 0}\frac{sG_2(s)}{1+G_1(s)G_2(s)H(s)}N(s) \tag{3-36}$$

从输入端定义误差，系统如图 3.14 所示，由扰动信号 $n(t)$ 作用下的误差函数为

$$E_n(s) = -\frac{G_2(s)H(s)}{1+G_1(s)G_2(s)H(s)}N(s) \qquad (3-37)$$

稳态误差为

$$e_{ssn} = -\lim_{s \to 0}\frac{sG_2(s)H(s)}{1+G_1(s)G_2(s)H(s)}N(s) \qquad (3-38)$$

由以上公式可知，扰动信号作用下产生的稳态误差 e_{ssn} 除了与扰动信号的形式有关外，还与扰动作用点之前(扰动点与误差点之间)的传递函数的结构及参数有关，但与扰动作用点之后的传递函数无关。

【例 3 - 7】 系统如图 3.14 所示，若 $G_1(s) = K_1$，$G_2(s) = \dfrac{K_2}{s(Ts+1)}$，$H(s) = 1$，$N(s) = \dfrac{1}{s}$，则稳态误差为

$$e_{ssn} = -\lim_{s \to 0}\frac{sG_2(s)H(s)}{1+G_1(s)G_2(s)H(s)}N(s) = \frac{1}{K_1}$$

扰动作用点之间的增益 K_1 越大，扰动产生的稳态误差越小，而稳态误差与扰动作用点之后的增益 K_2 无关。

【例 3 - 8】 系统如图 3.14 所示，若 $G_1(s) = \dfrac{K_1}{s}$，$G_2(s) = \dfrac{K_2}{Ts+1}$，$H(s) = \dfrac{1}{s}$，则扰动信号产生的稳态误差

$$e_{ssn} = -\lim_{s \to 0}\frac{sG_2(s)H(s)}{1+G_1(s)G_2(s)H(s)}N(s) = 0$$

比较上述两例可以看出，扰动信号作用下的 e_{ssn} 与扰动信号作用点之后的积分环节无关，而与误差信号到扰动点之间的前向通路中的积分环节有关，要想消除稳态误差，则应在误差信号到扰动点之间的前向通路中增加积分环节。

为了减小扰动作用引起的稳态误差，可以提高扰动作用点之前传递函数中积分环节的个数和增益，但这样会降低系统的稳定性，提高开环增益，会使系统动态性能变差。有些控制系统既要求有较高的稳态精度，又要求良好的动态性能，利用上述方法难以兼顾。为此，我们使用下列方法来减小或消除稳态误差。

系统总的稳态误差包括输入作用下的稳态误差和扰动作用下的稳态误差两部分。要减小或消除稳态误差，应分别从减小或消除这两部分稳态误差入手，可采取以下措施：

(1) 增大系统开环增益或扰动作用点之前系统的前向通路增益。在输入信号作用下的稳态误差与系统开环增益成反比，增大系统开环增益，有利于减小在输入信号作用下的稳态误差；在扰动信号作用下的稳态误差与扰动作用点之前系统的前向通路增益成反比，增大该增益，有利于减小扰动信号作用下的稳态误差。应当注意，在大多数情况下，对于高阶系统，增加系统的开环增益有可能使系统不稳定。

(2) 在系统前向通路或主反馈通路中设置串联积分环节。在系统前向通路中设置串联积分环节可提高系统型别，有利于减小或消除输入信号作用下的稳态误差。为了减小或消除扰动作用下的稳态误差，串联积分环节的位置应加在扰动作用点之前的前向通路或反馈通路中。

（3）采用复合控制方法。采用复合控制也可以减小或消除稳态误差，详细内容请参阅有关参考书。

3.7　基于 MATLAB 的线性系统时域分析

利用 MATLAB 不仅可以方便地求出系统在阶跃函数、脉冲函数作用下的输出响应，还可以通过求解系统特征方程的根来分析系统的稳定性。

1. 用 MATLAB 进行动态响应分析

1）阶跃响应

阶跃响应常用格式如下：

（1）step（mum，den）或 step（G）。

【例 3 - 9】　设系统的闭环传递函数为 $G(s) = \dfrac{s+4}{s^2+2s+8}$，求系统的时域响应图。

解　使用专用函数命令来实现，程序如下：

```
>> num=[1, 4];
   den=[1, 2, 8];
   step(num, den)
```

运行结果如图 3.15 所示。

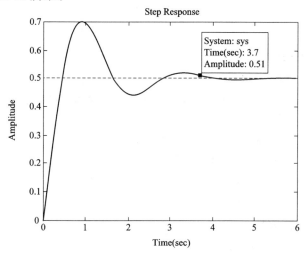

图 3.15　系统的时域响应图

（2）step（mum，den，t）或者 step（G，t），表示时间范围向量 *t* 指定。

（3）[y，x，t]＝step（num，den），返回变量格式，不作图。

2）脉冲响应

脉冲响应函数常用格式如下：

（1）impulse（num，den）。

（2）impulse（num，den，Tn）；
　　impulse（num，den，T）。

（3）Y＝impulse(num，den，T)。

【**例 3 - 10**】 已知系统传递函数为 $G(s) = \dfrac{3}{s^2 + s + 3}$，试求其单位脉冲响应。

解 使用专用函数命令来实现，程序如下：

  >> clear；n＝3；d＝[1, 1, 3]；

  >> Gs＝tf(n, d)；

  >> impulse(Gs)

运行结果如图 3.16 所示。

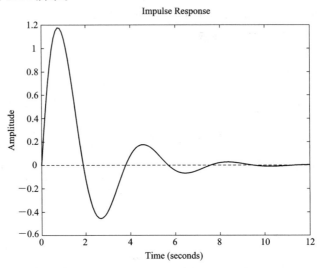

图 3.16　例 3 - 10 单位脉冲响应曲线

2. 分析系统稳定性

分析系统稳定性的方法有以下五种：

（1）利用 step(num，den)得出系统的阶跃响应，观察响应曲线是否发散，以此来判断稳定性；

（2）利用 pzmap(G)绘制连续系统的零极点分布图；

（3）利用[p z]＝pzmap(G)求出系统零极点；

（4）利用 r＝roots(den)求分母多项式的根来确定系统的极点；

（5）利用 p＝pole(G)计算系统极点。

3. 系统的动态特性分析

MATLAB 提供了求取连续系统的单位阶跃响应函数 step、单位脉冲响应函数 impulse、零输入响应函数 initial 以及任意输入下的仿真函数 lsim。

对于二阶系统 $G(s) = \dfrac{w_n^2}{s^2 + 2\xi w_n s + w_n^2}$，求阻尼比与无阻尼自然振荡角频率时可利用 [wn，ξ，p]＝damp(G)函数。

4. 求阶跃响应的性能指标

MATLAB 提供了强大的绘图计算功能，可以用多种方法求系统的动态响应指标。下面首先介绍一种最简单的方法——游动鼠标法。在程序运行完毕后，用鼠标左键点击时域响应图线任意一点，系统会自动跳出一个小方框，小方框显示了这一点的横坐标（时间）和纵坐标(幅值)。按住鼠标左键在曲线上移动,可以找到曲线幅值最大的一点,即曲线最大峰值,此时小方框中显示的时间就是此二阶系统的峰值时间,根据观察到的稳态值和峰值可以计算出系统的超调量。系统的上升时间和稳态响应时间可以以此类推。这种方法简单易用,但同时应注意它不适用于用 plot() 命令画出的图形。

　　另一种方法是得到系统的单位阶跃响应曲线后,在图形窗口上右击,在 characteristics 下的子菜单中可以选择 Peak Response(峰值响应)、Settling Time(调整时间)、Rise Time (上升时间)和 Steady State(稳态)等参数进行显示。

【例 3 - 11】　系统传递函数为 $G(s)=\dfrac{3s^4+2s^3+5s^2+4s+6}{s^5+3s^4+4s^3+2s^2+7s+2}$,试判断其稳定性。

Matlab 计算程序如下:

```
num=[3 2 5 4 6];
den=[1 3 4 2 7 2];
G=tf(num, den);
pzmap(G);
p=roots(den)
```

运行结果如下:

```
p =
    -1.7680 + 1.2673i
    -1.7680 - 1.2673i
     0.4176 + 1.1130i
     0.4176 - 1.1130i
    -0.2991
```

零极点分布图如图 3.17 所示。

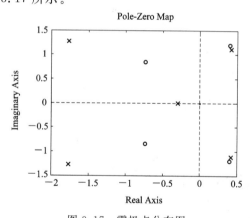

图 3.17　零极点分布图

由计算结果可知,该系统的两个极点具有正实部,故系统不稳定。

【例 3 - 12】　用 MATLAB 求二阶系统 $G(s)=\dfrac{120}{s^2+12s+120}$ 和 $G(s)=\dfrac{0.01}{s^2+0.002s+0.01}$ 的峰值时间 t_p、上升时间 t_r、调整时间 t_s、超调量 $\sigma\%$。

　　G1 阶跃响应 Matlab 计算程序如下:

```
G1=tf([120], [1 12 120]);
step(G1);
```

```
grid on；
title('Step Response of G1(s)＝120/(s~2＋12s＋120)')；
```

运行结果如图 3.18 所示。

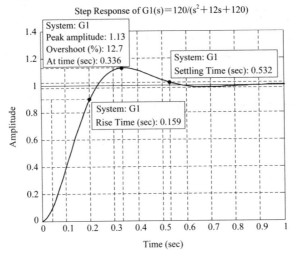

图 3.18 $G(s)=\dfrac{120}{s^2+12s+120}$ 阶跃响应曲线

由图可知 $t_p=0.336s$，$t_r=0.159s$，$t_s=0.532s$，超调量 $\sigma\%=12.7\%$。

G2 单位阶跃响应 Matlab 计算程序如下：

```
G2＝tf([0.01]，[1 0.002 0.01])；
step(G2)；
grid on；
title('Step Response of G2(s)＝0.01/(s~2＋0.002s＋0.01)')；
```

运行结果如图 3.19 所示。

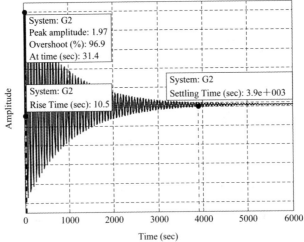

图 3.19 $G(s)=\dfrac{0.01}{s^2+0.002s+0.01}$ 阶跃响应曲线

本 章 小 结

本章阐述了通过系统的时间响应去分析系统的稳定性以及暂态和稳态响应性能的问题，主要内容如下：

（1）系统的稳定性及响应性能都由描述系统的微分方程的解所确定。

（2）线性定常一、二阶系统的时间响应不难由解析方法求得，并且能够得出系统的结构及参量与系统性能之间明确的解析关系式，这些解析式能用来设计系统、分析系统的性能。

（3）线性定常高阶系统的时间响应可表示为一、二阶系统响应的合成。其中远离虚轴的极点对高阶系统的响应影响甚微，所以引入高阶系统主导极点的概念，不用直接求解，而是借用二阶系统的理论去分析设计高阶系统。

（4）线性定常系统稳定的充要条件是：特征方程的根全部位于 s 左半平面。但判断系统的稳定性并不需要求解特征根，判断的间接方法是劳斯判据。

（5）稳定的控制系统存在控制精度问题，这个控制精度通常用稳态误差来描述。本章给出了控制系统稳态误差的定义、计算方法以及减小稳态误差的途径。

（6）通过例题介绍了 MATLAB 在线性系统的时域分析中的应用。

习　　题

1. 在零初始条件下对单位负反馈系统施加设定的输入信号 $r(t)=1(t)+t$，测得系统的输出响应为 $c(t)=t-0.8\mathrm{e}^{-5t}+0.8$。试求系统的开环传递函数。

2. 典型二阶系统的单位阶跃响应为
$$c(t)=1-1.25\mathrm{e}^{-1.2t}\sin(1.6t+53.1°)$$
试求系统的最大超调量 σ_{p}、峰值时间 t_{p} 和调节时间 t_{s}。

3. 一阶系统结构图如图 3.20 所示。要求系统闭环增益 $K_{\Phi}=2$，调节时间 $t_{\mathrm{s}}\leqslant0.4s$，试确定参数 K_1 和 K_2 的值。

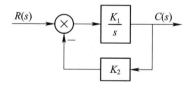

图 3.20　一阶系统结构图

4. 设二阶控制系统的单位阶跃响应曲线如图 3.21 所示。如果该系统为单位反馈控制系统，试确定其开环传递函数。

5. 单位反馈控制系统开环传递函数为 $G(s)=\dfrac{K}{s(Ts+1)}$，设 $K=16s^{-1}$，$T=0.25s$。

（1）试求动态性能指标 σ_p、$t_s(\Delta=0.05)$；

（2）欲使 $\sigma_p=16\%$，当 T 不变时，K 应取何值。

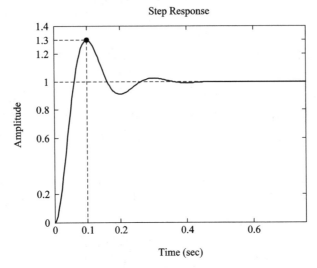

图 3.21 二阶控制系统的单位阶跃响应曲线

6. 设角速度指示随动系统结构图如图 3.22 所示。若要求系统单位阶跃响应无超调量，且调节时间尽可能短，问开环增益 K 应取何值？调节时间 t_s 是多少？（提示：当 $\xi=1$ 时，调节时间 $t_s=4.75T$，特征根 $\lambda=-\dfrac{1}{T}$。）

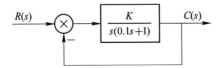

图 3.22 角速度指示随动系统结构图

7. 某系统结构图如图 3.23 所示，试判断系统的稳定性。

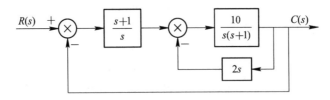

图 3.23 某系统结构图

8. 已知系统特征方程如下：

（1）$s^5+3s^4+12s^3+24s^2+32s+48=0$；

（2）$s^5+3s^4+12s^3+20s^2+35s+25=0$；

（3）$s^6+4s^5-4s^4+4s^3-7s^2-8s+10=0$；

（4）$s^6+s^5-2s^4-3s^3-7s^2-4s-4=0$。

试用劳斯判据判断系统的稳定性，若不稳定，求在 s 右半平面的根数及虚根值。另外，用 MATLAB 软件直接求特征根并加以验证。

9. 已知单位反馈系统的开环传递函数为 $G(s)=\dfrac{K(0.5s+1)}{s(s+1)(0.5s^2+s+1)}$，试确定系统稳定时的 K 值范围。

10. 已知系统特征方程为 $s^3+13s^2+40s+40K=0$，试确定系统稳定时的 K 值范围，若要求闭环系统的极点均位于 $s=-1$ 垂线之左，则 K 值该如何调整？

11. 控制系统特征方程如下，试确定其特征根大于等于 -4 的根的数目。

(1) $s^3+2s^2+5s+24=0$；

(2) $s^4+3s^3+4s^2+6s=0$；

(3) $s^4+2s^3+6s^2+2s+5=0$。

12. 已知单位负反馈开环传递函数 $G(s)=\dfrac{2}{s(s+1)(0.5s+1)}$，求 $r(t)=1(t)+5t+\dfrac{t^2}{2}$ 作用下的稳态误差。

13. 已知单位负反馈开环传递函数 $G(s)=\dfrac{8(s+1)}{s^2(0.1s+1)}$，求 $r(t)=1(t)+t+t^2$ 作用下的稳态误差。

14. 单位负反馈系统的开环传递函数为

$$G(s)=\dfrac{s^2+2}{s^3+2s^2+3s+1}$$

先利用 MATLAB 函数求其闭环传递函数，再用三种时域稳定分析法来判别闭环系统的稳定性。

第4章　线性系统的根轨迹分析

知识目标

- 掌握根轨迹的概念、根轨迹的相角条件与幅值条件，熟悉根轨迹绘制法则。
- 熟练绘制以开环增益为变量的根轨迹（正反馈和负反馈），了解参数根轨迹的含义。
- 了解控制系统性能与系统闭环传递函数零点、极点在 s 平面分布的密切关系。初步掌握根轨迹分析法在控制系统分析与设计中的应用。
- 了解利用根轨迹估算阶跃响应的性能指标的方法。

通过前面几章的学习，我们知道了反馈控制系统暂态响应的基本特性与闭环极点的位置紧密相关，而系统的稳定性则由闭环极点所决定，因此知道闭环极点在 s 平面上的分布就显得十分重要。闭环极点即闭环系统特征方程的根，欲求这些根，应用传统的方法必须求解特征方程，但当特征方程是三阶或三阶以上时，求解通常是比较困难的。若特征方程中各系数再有变化，则求解更困难。对此，伊凡思在 1948 年提出了一种简单实用的求特征根的图解法——根轨迹法。

所谓根轨迹法，就是先用图解的方法在 s 平面上画出当系统特征方程中某个参数（如 K、T）连续由零变化到无穷大时，特征根连续变化而形成的若干条曲线，然后再用图解的方法确定，当该参数为某一特定值时的一组闭环特征根，即闭环极点，并依此分析系统所具有的性能；或者在根轨迹上先确定符合系统性能要求的闭环特征根，再用图解的方法求出对应的参数值。可见，此方法避免了求解系统高阶特征方程的困难，因而在控制工程中获得了广泛的应用，但采用该方法仍较为费时。

目前，由于 MATLAB 语言及其相应工具箱提供了强大的数值计算和图形绘制功能，因此利用 MATLAB 语言相关函数绘制系统根轨迹及求解闭环特征根等变得非常方便。本章在介绍传统的根轨迹法的同时，还介绍与 MATLAB 语言相关的根轨迹函数及其应用。

4.1　根轨迹的概念

4.1.1　系统的根轨迹

下面先以一个标准的二阶系统为例来说明什么是系统的根轨迹。系统如图 4.1 所示，

图中 $p=1$，则其开环传递函数为

$$G(s)=\frac{K}{s(s+1)}$$

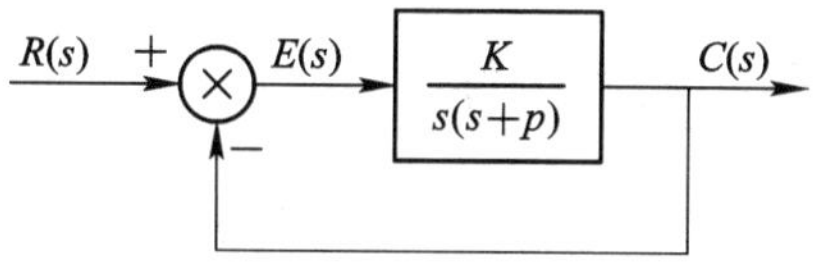

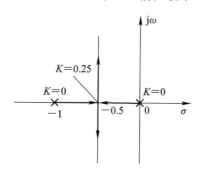

图 4.1　标准二阶系统

其对应的闭环传递函数为

$$\Phi(s)=\frac{C(s)}{R(s)}=\frac{K}{s^2+s+K}$$

系统的特征方程为

$$D(s)=s^2+s+K=0$$

因此，系统的特征根为

$$s_{1,2}=-\frac{1}{2}\pm\frac{1}{2}\sqrt{1-4K}$$

由上式可知，特征根 s_1、s_2 都将随参变量 K 的变化而变化。

以 K 为参变量，将所求得的特征根画在 s 平面上，并将它们连成光滑的曲线，就得到了如图 4.2 所示的标准二阶系统的根轨迹（粗线）。图 4.2 中，×表示开环极点 $(0,-1)$，也就是 $K=0$ 时的特征根；○表示开环零点（本例无）；箭头表示 K 增大时根的移动方向。

图 4.2　二阶系统根轨迹图

根据图 4.2，对于不同的 K 值，系统有下列三种不同的工作状态：

(1) 当 $0\leqslant K<0.25$ 时，$s_{1,2}$ 为两个不相等的实数根，此时系统工作在过阻尼状态。

(2) 当 $K=0.25$ 时，$s_{1,2}=-0.5$ 为两相等实数根，此时系统工作在临界阻尼状态。

(3) 当 $0.25<K<\infty$ 时，$s_{1,2}$ 为一对共轭复数根，其实部始终为 -0.5，此时系统工作在欠阻尼状态。

可见，随着 K 的增大，系统的响应由单调上升变为衰减振荡，且振荡的幅度随着 K 的增大而增大。

此外，根据图 4.2 所示的根轨迹图，还可以分析系统的其他性能，如稳定性等。由于根轨迹即闭环极点全部位于 s 左半平面，因此当 $0<K<\infty$ 时，闭环系统均稳定。

应当指出，上述二阶系统的根轨迹是通过对 $D(s)=0$ 直接求解而作出的，这显然不是一种最佳的方法，尤其对于三阶以上的复杂系统将更为困难。因此，实用中更多的是采用伊凡思提出的基本规则绘制根轨迹。当然，在某些特殊情况下，如果系统的特征根能轻易求得，也就不需要用根轨迹了。

4.1.2 根轨迹的幅值条件和相角条件

为了绘制根轨迹，需要分析系统的闭环特征方程。设闭环控制系统的一般结构如图4.3所示，则系统的闭环特征方程为

$$1+G(s)H(s)=0 \quad 或 \quad G(s)H(s)=-1 \qquad (4-1)$$

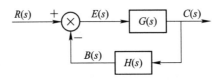

图 4.3　反馈控制系统

由根轨迹的定义可知，满足式(4-1)的 s 值就是特征方程的根，也是根轨迹上的一个点。由于式(4-1)为复数方程，因此根据式子两边幅值和相角分别相等的条件，可以得到

$$\angle G(s)H(s)=\pm(2k+1)\pi \quad (k=0,1,2,\cdots) \qquad (4-2)$$

$$|G(s)H(s)|=1 \qquad (4-3)$$

式(4-2)和式(4-3)分别为根轨迹的相角条件和幅值条件。

绘制根轨迹的基本方法是根据系统的开环零点、开环极点以及根轨迹增益 K^* 来获得闭环极点的轨迹，因此，通常用开环传递函数的零极点形式来绘制根轨迹，如式(4-4)所示。式(4-4)称为系统的根轨迹方程。

$$G(s)H(s)=\frac{K^*(s-z_1)(s-z_2)\cdots(s-z_m)}{(s-p_1)(s-p_2)\cdots(s-p_n)}=-1 \qquad (4-4)$$

若把式(4-4)中分子、分母中的各因式以极坐标形式来表示，即令

$$s-z_i=\rho_i e^{j\varphi_i} \quad (i=1,2,\cdots,m)$$

$$s-p_j=\gamma_j e^{j\theta_j} \quad (j=1,2,\cdots,n)$$

$$G(s)H(s)=K^*\frac{\prod_{i=1}^{m}\rho_i}{\prod_{j=1}^{n}\gamma_j}e^{j\left(\sum_{i=1}^{m}\varphi_i-\sum_{j=1}^{n}\theta_j\right)}=-1$$

则可求得根轨迹的具体的幅值条件和相角条件为

$$K^*\frac{\prod_{i=1}^{m}\rho_i}{\prod_{j=1}^{n}\gamma_j}=1 \qquad (4-5)$$

$$\sum_{i=1}^{m}\varphi_i-\sum_{j=1}^{n}\theta_j=\pm(2k+1)\pi \quad (k=0,1,2,\cdots) \qquad (4-6)$$

由式(4-5)、式(4-6)可见，幅值条件与 K^* 有关，而相角条件与 K^* 无关。因此，把满足相角条件的值代入幅值条件中，一定能求得一个与之相对应的 K^* 值。这就是说，相角

条件是确定 s 平面上的根轨迹的充分必要条件。换言之,凡是满足相角条件的点必然也同时满足幅值条件;反之,满足幅值条件的点未必都能满足相角条件。

而式(4-5)所示的幅值条件,一般可用于确定根轨迹上特定点相对应的增益值 K^*。根轨迹上凡是满足幅值条件的点,就是相应 K^* 值所对应的系统的闭环极点,反之亦然。从幅值条件可知,当 K^* 值改变时,其相对应的闭环极点也在变。

综上所述,绘制根轨迹的一般步骤是:

(1) 找出 s 平面上满足相角条件的点,并把它们连成光滑曲线;

(2) 根据需要,用幅值条件确定相应点对应的 K^* 值或闭环极点。

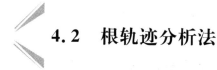

4.2 根轨迹分析法

4.2.1 绘制根轨迹的基本规则

如前文所述,我们可以根据相角条件,采用试探法绘制根轨迹,但该方法有些麻烦且不实用。因此,为了有效快捷地画出根轨迹,通常可借助伊凡思以相角条件为基础推证出的若干条作图规则。

下面简要阐述绘制根轨迹的基本规则,并假设 K^* 值由 0 变化到 ∞。

1. 根轨迹是连续的

当 K^* 由 0 连续变化到 ∞ 时,其闭环特征根也一定是连续变化的,所以根轨迹也必然是连续的。

2. 根轨迹的对称性

实际系统的闭环特征方程均为实系数代数方程,因而相对应的特征根或为实数,或为共轭复数,或两者兼有。因此根轨迹一定是对称于实轴的。这样,在画根轨迹时,只需先画出 s 上半平面的根轨迹,然后利用对称性原理画出另一半即可。

3. 根轨迹起点、终点和分支数

当参变量 K^* 由 0 变化到 ∞ 时,特征方程中的任一个根由起点连续向其终点变化的轨迹称为根轨迹的一条分支。

根轨迹的分支数为特征方程 $D(s)$ 中 s 的最高阶次,一般为开环极点数 n。

n 条轨迹起始于 n 个开环极点,其中 m 条终止于 m 个开环零点,另 $n-m$ 条终止于 s 平面无穷远处,即当增益 $K^*=0$ 时,闭环极点等于开环极点;而当增益 $K^* \to \infty$ 时,闭环极点等于开环零点。

证明 将式(4-4)整理后得

$$\frac{\prod\limits_{i=1}^{m}(s-z_i)}{\prod\limits_{j=1}^{n}(s-p_j)} = \frac{-1}{K^*} \tag{4-7}$$

根轨迹的起点为 $K^* = 0$ 时的闭环极点。当 $K^* = 0$ 时，式(4-7)等号右边为无穷大，而等号左边只有当 $s \to p_j$ 时，才为无穷大。所以当 $K^* = 0$ 时，根轨迹分别从开环 n 个极点开始，即根轨迹起始于开环极点。

根轨迹的终点为 $K^* \to \infty$ 时的闭环极点。由式(4-7)可知，当 $K^* \to \infty$ 时，等号右边为 0，而等号左边只有当 $s \to z_i$ 时，才为 0。所以当 $K^* \to \infty$ 时，根轨迹终止于各开环零点。

当 $n > m$ 时，只有 m 条根轨迹趋向于开环零点，其余 $n-m$ 条根轨迹趋向如何？

由于当 $n > m$，$s \to \infty$ 时，z_i，p_j 可忽略不计，式(4-7)可写成

$$\frac{1}{s^{n-m}} \to 0 \tag{4-8}$$

所以，当 $K^* \to \infty$ 时，有 $n-m$ 条根轨迹趋于 ∞。

4. 根轨迹在实轴上的分布

若某线段右边实轴上的开环零点、极点数目之和为奇数，则该线段就是根轨迹。即实轴上根轨迹的分布完全取决于实轴上开环零点、极点的分布。根据相角条件，很容易得到上述结论。

证明 设开环零点、极点分布如图 4.4 所示，图中，s_0 是实轴上的某一测试点，$\varphi_i (i=1, 2, 3)$ 是各开环零点到 s_0 点的向量相角，$\theta_j (j=1,2,3,4)$ 是各开环极点到 s_0 点的向量相角。

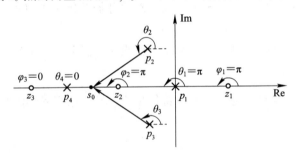

图 4.4 实轴上的根轨迹

由图 4.4 可见，复数共轭极点到实轴上任意一点(包括 s_0)的向量相角和为 2π，如果开环系统存在复数共轭零点，情况同样如此。因此，在确定实轴上的根轨迹时，可以不考虑复数开环零极点的影响。由图 4.4 还可见，s_0 点左边的开环实数零、极点到 s_0 点的向量相角为零，而 s_0 右边的开环实数零点、极点到 s_0 点的向量相角均等于 π。如果令 $\sum \varphi_i$ 代表 s_0 点之右所有开环实数零点到 s_0 的向量相角和，$\sum \theta_j$ 代表 s_0 点之右所有开环实数极点到 s_0 点的向量相角和，那么 s_0 点位于根轨迹上的充要条件是下列相角条件成立：

$$\sum \varphi_i - \sum \theta_j = (2k+1)\pi$$

式中：$2k+1$ 为奇数。

在上述相角条件中，考虑到这些相角中的每一个相角都等于 π，而 π 与 $-\pi$ 代表相同的角度，因此减去 π 角就相当于加上 π 角。于是，s_0 位于根轨迹上的等效条件为

$$\sum \varphi_i + \sum \theta_j = (2k+1)\pi$$

式中：$2k+1$ 为奇数。于是本规则得到证明。

【例 4-1】 已知一单位负反馈系统的开环传递函数为

$$G(s) = \frac{K(\tau s + 1)}{s(Ts + 1)}$$

式中：$\tau > T$。试大致绘出其根轨迹。

解　首先将开环传递函数化为如下的零极点形式：

$$G(s) = \frac{k(s + 1/\tau)}{s(s + 1/T)}$$

式中：$k = \tau K / T$。

系统有两个开环极点 $p_1 = 0$、$p_2 = -1/T$ 和一个开环零点 $z_1 = -1/\tau$，所以系统的根轨迹有两条分支。当 $k = 0$ 时，两条根轨迹从开环极点开始；当 $k \to \infty$ 时，一条根轨迹终止于开环零点 z_1，另一条趋于无穷远处。并且根据开环零极点的位置，可知实轴上的 $[z_1, p_1]$ 和 $(-\infty, p_2]$ 区间为根轨迹的区段。系统的根轨迹如图 4.5 所示，其中×表示开环极点，O 表示开环零点。

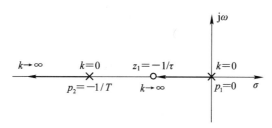

图 4.5　例 4-1 根轨迹图

5. 根轨迹趋向于无穷远的渐近线

如前文所述，当 $n > m$ 时，应有 $n - m$ 条根轨迹分支的终点趋向于无穷远。凡是趋向无穷远零点的根轨迹，都存在渐近线（直线）。

渐近线从实轴上某点对称于实轴发散出 $n - m$ 条直线。这样，当 K^* 趋于无穷大时，其根轨迹分支的位置或趋向就可由渐近线确定了。

渐近线有两个参数，即渐近线与实轴的交点 σ_a 和渐近线的倾角 φ_a。下面给出确定这两个参数的公式：

$$\sigma_a = \frac{\displaystyle\sum_{j=1}^{n} p_j - \sum_{i=1}^{m} z_i}{n - m} \tag{4-9}$$

$$\varphi_a = \frac{\pm(2k+1)\pi}{n - m} \quad (k = 0, 1, 2, \cdots) \tag{4-10}$$

尽管这里假设 k 可以取无限大，但随着 k 值的增加，渐近线与实轴的正方向的夹角会重复出现，并且独立的渐近线只有 $n - m$ 条。

【**例 4-2**】 已知一四阶系统的特征方程为

$$1 + G(s)H(s) = 1 + \frac{K(s+1)}{s(s+2)(s+4)^2} = 0$$

试大致绘制其根轨迹。

解　先在复平面上标出开环零点和开环极点的位置，极点用×表示，零点用O表示，并根据实轴上根轨迹的确定方法绘制系统在实轴上的根轨迹（如图 4.6(a) 所示）。

根据式(4-9)和式(4-10)确定系统渐近线与实轴的交点和夹角：

$$\sigma_a = \frac{(-2) + 2 \times (-4) - (-1)}{4-1} = -3$$

$$\varphi_a = \frac{\pi}{3}, \ \pi, \ \frac{5\pi}{3} \quad (k = 0, 1, 2)$$

结合实轴上的根轨迹，绘制系统的根轨迹，如图4.6(b)所示。

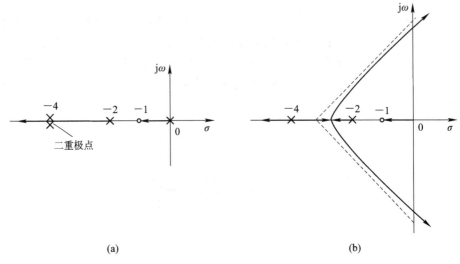

(a)   (b)

图4.6 例4-2根轨迹图

6. 根轨迹的分离点与汇合点

两条以上根轨迹分支的交点称为根轨迹的分离点或汇合点。由于根轨迹具有共轭对称性，因此分离点和汇合点或位于实轴上，或产生于共轭复数对中。如果根轨迹位于实轴上两个相邻的开环极点之间，则在这两个极点之间至少存在一个分离点——根轨迹的走向是从实轴到复平面。如果根轨迹位于实轴上两个相邻的开环零点(一个零点可以位于无穷远处)之间，则在这两个相邻的零点之间至少存在一个汇合点——根轨迹的走向是从复平面到实轴。如果根轨迹位于实轴上一个开环极点与一个开环零点之间，则在这两个相邻的极点、零点之间，要么既不存在分离点也不存在汇合点，要么既存在分离点又存在汇合点。

由于分离点或汇合点实质上就是特征方程的重根，因此一般可用求解方程式重根的方法来确定它们在s平面上的位置。下面直接给出求取分离点和汇合点的方法。

当特征方程表示为$1 + \dfrac{K^* B(s)}{A(s)} = 0$时，分离点和汇合点的值可由下式来确定

$$\frac{\mathrm{d}K^*}{\mathrm{d}s} = 0 \tag{4-11}$$

或

$$\sum_{j=1}^{n} \frac{1}{d - p_j} = \sum_{i=1}^{m} \frac{1}{d - z_i} \tag{4-12}$$

式中，d为所求的分离点或汇合点；p_j为各开环极点的数值；z_i为各开环零点的数值。

需要注意的是，式(4-11)和式(4-12)只是用来确定分离点和汇合点的必要条件，而

不是充分条件。只有位于根轨迹上的那些重根才是实际的分离点或汇合点。

【例 4 - 3】　对于例 4 - 2 给出的四阶系统，试确定其分离点坐标。

解　利用式(4 - 11)或式(4 - 12)可以求出分离点为

$$d_1 = -4, d_2 = -2.5994, d_{3,4} = -0.7003 \pm j0.7317$$

将这四个值代入闭环系统方程，可知 $d_{3,4}$ 对应的 K 不满足大于零的要求，所以将其舍去。另外可以发现 $d_1 = -4$ 正是系统的开环极点(对应 $K = 0$ 时系统的闭环极点)，是一个重根。所以此系统的分离点坐标为(-2.5994, j0)和(-4, j0)。

7. 根轨迹的出射角和入射角

根轨迹起始于开环复数极点处的切线与实轴正方向的夹角称为根轨迹的出射角，根轨迹终止于开环复数零点处的切线与实轴正方向的夹角称为入射角。为了便于较准确地画出根轨迹，有必要了解开环复数极点和开环复数零点附近的根轨迹的变化趋势。

如果在非常靠近开环复数极点(或复数零点)的位置选一个试验点，则可近似认为该点与开环复数极点(或复数零点)的连线所成的角度即为出射角(入射角)。图 4.7 是一控制系统的开环零点、极点分布图，s_d 是所选的一个试验点，则 Λ_4 角就是极点 p_4 处的出射角。

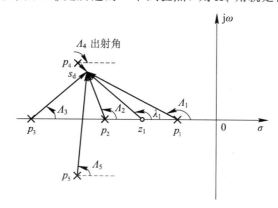

图 4.7　出射角示意图

由相角条件可知，计算开环复数极点 p_p 的出射角 φ_p 的一般表达式为

$$\varphi_p = \mp(2k+1)\pi + \sum_{i=1}^{m}\lambda_i - \sum_{\substack{j=1 \\ j \neq p}}^{n}\Lambda_j \tag{4 - 13}$$

同理，计算开环复数零点 z_z 入射角 φ_z 的一般表达式为

$$\varphi_z = \pm(2k+1)\pi + \sum_{j=1}^{n}\Lambda_j - \sum_{\substack{i=1 \\ i \neq z}}^{m}\lambda_i \tag{4 - 14}$$

8. 根轨迹与虚轴的交点

若根轨迹与虚轴相交，说明特征方程有纯虚根存在，此时系统处于临界稳定状态，即等幅振荡状态，这对分析系统性能十分重要。

根轨迹与虚轴的交点常用两种方法求得：

(1)采用劳斯判据求临界稳定时的特征根；

(2)令特征方程中的 $s = j\omega$，可求得 ω 和 K^*，其中 ω 就是根轨迹与虚轴交点处的振荡频率，K^* 值为对应的临界稳定增益。

【例 4 - 4】 求例 4 - 2 给出的系统根轨迹与虚轴的交点坐标。

解 将 $s = j\omega$ 代入例 4 - 2 给出的系统的特征方程，可得

$$\omega^4 - j10\omega^3 - 32\omega^2 + j(32 + K)\omega + K = 0$$

写出实部和虚部方程：

$$\omega^4 - 32\omega^2 + K = 0$$

$$10\omega^3 - (32 + K)\omega = 0$$

由此求得根轨迹与虚轴的交点坐标为

$$\omega_{1,2} = \pm 4.5204, \quad \omega_{3,4} = \pm 1.2514$$

因为 $\omega_{3,4}$ 对应的 K 小于零，所以舍去。因此，系统根轨迹与虚轴的交点坐标为 $(0, \pm j4.5204)$。

利用上面提到的八条规则可以给出根轨迹的大致走向和一些关键点。如果需要精确绘制根轨迹图，可以使用 MATLAB 实现。

【例 4 - 5】 设一单位反馈控制系统的开环传递函数如下，试绘制该系统的根轨迹。

$$G(s) = \frac{K^*}{s(s+1)(s+2)}$$

解 根据绘制根轨迹的规则，可知该系统的根轨迹绘制步骤如下：

（1）根轨迹的起点、终点和分支数。由开环传递函数可知 $n = 3$，$m = 0$，系统有三条根轨迹分支，它们的起始点为开环极点 $p_1 = 0$，$p_2 = -1$，$p_3 = -2$。因为没有开环零点，所以三条根轨迹分支均沿着渐近线趋向 s 平面无限远处。

（2）实轴上的根轨迹。由规则 4 可知，实轴上的 $[-1, 0]$ 和 $(-\infty, -2]$ 间的线段是根轨迹。

（3）渐近线。由规则 5 可知，本系统根轨迹的渐近线有三条。渐近线与实轴的夹角为

$$\varphi = \frac{(2k+1)\pi}{3} = \frac{\pi}{3}, \ \pi, \ \frac{5\pi}{3} \quad (k = 0, 1, 2)$$

渐近线与实轴的交点为

$$\sigma_a = \frac{-1-2}{3} = -1$$

据此，可作出根轨迹的渐近线，如图 4.8 中的虚线所示。

（4）分离点与汇合点。起始于开环极点 0，-1 的两条根轨迹，在 K^* 从 0 向 ∞ 增大的过程中，存在某个 K^*，会使根轨迹从实轴上分离而进入复平面，因此系统存在分离点。

系统特征方程为

$$s(s+1)(s+2) + K^* = 0$$

则

$$K^* = -s(s+1)(s+2)$$

根据公式

$$\frac{\mathrm{d}K^*}{\mathrm{d}s} = 0$$

有

$$\frac{\mathrm{d}K^*}{\mathrm{d}s} = -(3s^2 + 6s + 2) = 0$$

得
$$s_1 = -0.423, s_2 = -1.577$$

根据上述分析，可知 s_2 不是实际的分离点，$s_1 = -0.423$ 才是真正的分离点。

（5）根轨迹与虚轴的交点。

令特征方程中的 $s = j\omega$，得
$$(j\omega)^3 + 3(j\omega)^2 + 2(j\omega) + K^* = 0$$

即
$$(K^* - 3\omega^3) + j(2\omega - \omega^3) = 0$$

令上述方程中的实部和虚部分别等于零，可得
$$K^* - 3\omega^3 = 0$$
$$2\omega - \omega^3 = 0$$

联立方程可得
$$\omega = \pm\sqrt{2}$$
$$K^* = 6$$

因此根轨迹在 $\omega = \pm\sqrt{2}$ 时与虚轴相交，交点处对应的 $K^* = 6$。

（6）综上分析，系统完整的根轨迹如图 4.8 所示，据此可进一步分析系统的性能。

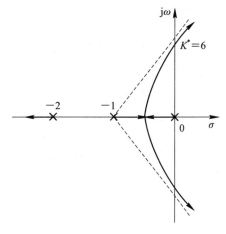

图 4.8 例 4-5 的根轨迹图

【例 4-6】 设反馈控制系统中
$$G(s) = \frac{K^*}{s^2(s+2)(s+5)}, \quad H(s) = 1$$

要求：（1）绘制系统根轨迹图，判断系统的稳定性。

（2）如果改变反馈通路传递函数使 $H(s) = 1 + 2s$，试判断 $H(s)$ 改变后系统的稳定性，研究 $H(s)$ 改变所产生的效应。

解 （1）系统无开环零点，开环极点为 $p_1 = p_2 = 0$，$p_3 = -2$，$p_4 = -5$。

实轴上根轨迹区间为 $[-5, -2]$，$[0, 0]$。

根轨迹渐近线条数为 4，且
$$\sigma_a = -1.75$$

$$\phi_a = \frac{\pi}{4},\ \frac{3}{4}\pi,\ \frac{5}{4}\pi,\ \frac{7}{4}\pi \quad (k=0,1,2,3)$$

由分离点方程

$$\frac{2}{d} + \frac{1}{d+2} + \frac{1}{d+5} = 0$$

得

$$(4d+5)(d+4) = 0$$

$$d_1 = -4,\ d_2 = -1.25(舍去)$$

根据以上内容，绘制系统根轨迹图，如图4.9所示。

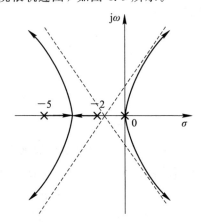

图4.9　例4-6(1)的根轨迹图

从图4.9可知，无论K^*取何值，闭环系统恒不稳定。

(2) 当$H(s)=1+2s$时，系统开环传递函数为

$$G(s)H(s) = \frac{K_1^*(s+0.5)}{s^2(s+2)(s+5)}$$

式中：$K_1^* = 2K^*$。$H(s)$的改变使系统增加了一个开环零点。

实轴上的根轨迹区间为$(-\infty, -5]$，$[-2, -0.5]$，$[0, 0]$。

根轨迹渐近线条数为3，且

$$\sigma_a = -2.17$$

$$\phi_a = \frac{\pi}{3},\ \pi,\ \frac{5}{3}\pi \quad (k=0,1,2)$$

系统闭环特征方程为

$$D(s) = s^4 + 7s^3 + 10s^2 + 2K^*s + K^* = 0$$

列劳斯表如下：

s^4	1	10	K^*
s^3	7	$2K^*$	
s^2	$\dfrac{70-2K^*}{7}$	K^*	
s^1	$\dfrac{K^*(91-4K^*)}{70-2K^*}$		
s^0	K^*		

当 $K^* = 22.75$ 时，劳斯表 s^1 行的元素全为零。由辅助方程

$$A(s) = (70 - 2K^*)s^2 + 7K^* = 24.5s^2 + 159.25 = 0$$

解得根轨迹与虚轴的交点为 $s_{1,2} = \pm j2.55$。

根据以上内容，绘制系统根轨迹图，如图 4.10 所示。

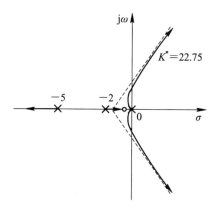

图 4.10　例 4-6(2)的根轨迹图

由图 4.10 可知，当 $0 < K^* < 22.75$ 时，闭环系统稳定。

4.2.2　参数根轨迹和多回路系统的根轨迹

1. 参数根轨迹

前文在讨论系统根轨迹时，都以增益 K^* 为可变参量，这在工程中是最常见的。这种以增益 K^* 为可变参量绘制的根轨迹称为常规根轨迹。实际上，可变参量可以是系统开环传递函数中的任何参数，如开环零点、极点，时间常数和反馈系数等，这种以增益 K^* 以外的系统的其他参量作为可变参量绘制的根轨迹称为参数根轨迹，又称广义根轨迹。用参数根轨迹可以分析系统中各种参数对系统性能的影响。

绘制常规根轨迹的各种规则完全适用于绘制参数根轨迹，只是在绘制参数根轨迹时，需对系统的特征方程作一个等效变换，使得所选择的可变参量在等效传递函数中的位置相当于原开环传递函数中 K^* 的位置。其变换方法是：方程两边同时除以不含所选参数的各项，使原方程变为 $1 + G_1(s)H_1(s) = 0$ 的形式，其中 $G_1(s)H_1(s)$ 就是系统的等效传递函数。经过上述处理后，就可按照 $G_1(s)H_1(s)$ 的零、极点去绘制某一参变量的根轨迹。

【例 4-7】　已知系统开环传递函数为

$$G(s)H(s) = \frac{K(Ts+1)}{s(s+1)(s+2)}$$

试绘制 $K = 6$，T 从零到无穷大变化时该系统的根轨迹。

解　系统特征方程为

$$s^3 + 3s^2 + 2s + KTs + K = 0$$

方程两边同时除以 $s^3 + 3s^2 + 2s + K$，得

$$1 + \frac{KTs}{s^3 + 3s^2 + 2s + K} = 0$$

则等效开环传递函数为

$$G_1(s)H_1(s) = \frac{KTs}{s^3 + 3s^2 + 2s + K}$$

当 $K = 6$ 时，有

$$G_1(s)H_1(s) = \frac{6Ts}{s^3 + 3s^2 + 2s + 6} = \frac{K's}{(s+3)(s^2+2)}$$

式中：$K' = 6T$，由于 K' 所处的位置与 $G(s)H(s)$ 中 K^* 所处的位置相当，因而可以按以 K^* 为参变量绘制根轨迹的方法来绘制以 $K' = 6T$ 为参变量的根轨迹。

根据前面介绍的绘制规则可得系统的根轨迹如图 4.11 所示。

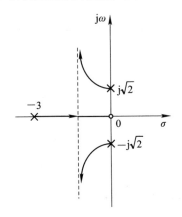

图 4.11　例 4 - 7 的系统的根轨迹

2. 多回路系统的根轨迹

前文介绍的绘制方法不仅适用于单回路系统，也适用于多回路系统。多回路系统根轨迹的绘制方法是先作内环根轨迹，然后利用幅值条件求出内环的闭环极点，并将其作为外环的一部分开环极点，再画出外环的根轨迹。当然，也可以将多回路系统简化为单回路系统，再画根轨迹。

4.2.3　正反馈回路

前面介绍的绘制根轨迹的规则都适用于负反馈系统。在复杂的系统中，可能会遇到具有正反馈的内回路。对于正反馈，则需要对某些规则进行修改，才可用来绘制系统的根轨迹。

根据正反馈系统的特点，相应的特征方程为

$$1 - G(s)H(s) = 0 \quad 或 \quad G(s)H(s) = 1 \tag{4-15}$$

由此可见，正反馈回路根轨迹的幅值条件与负反馈系统一样，但相角条件不同，应为

$$\angle G(s)H(s) = \pm 2k\pi \quad (k = 0, 1, 2, \cdots) \tag{4-16}$$

故正反馈回路根轨迹又称为零度根轨迹。

由于正反馈回路根轨迹与负反馈回路根轨迹的差异在于相角条件发生了变化，因而有关涉及相角的作图规则需作如下修改，其他规则不变。

(1) 实轴上的线段成为根轨迹的条件是：线段右边实轴上的开环零点、极点数之和为偶数。

（2）$n-m$ 条渐近线倾角为

$$\varphi = \frac{\pm 2k\pi}{n-m} \quad (k=0,1,2,\cdots) \tag{4-17}$$

（3）根轨迹的出射角、入射角分别为

$$\varphi_p = \mp 2k\pi + \sum_{i=1}^{m}\lambda_i - \sum_{\substack{j=1 \\ j \neq p}}^{n}\Lambda_j \tag{4-18}$$

$$\varphi_z = \pm 2k\pi + \sum_{j=1}^{n}\Lambda_j - \sum_{\substack{i=1 \\ i \neq z}}^{m}\lambda_i \tag{4-19}$$

零度根轨迹的绘制步骤同负反馈。

4.3　用根轨迹分析法分析系统的性能

应用根轨迹分析法可以迅速确定系统在根轨迹增益或其他某一参数变化时闭环极点的位置，从而得到相应的闭环传递函数，同时可以较为简单地计算（或估算）出系统的各项性能指标，包括系统的稳定性、瞬态性能指标和稳态性能指标。

闭环极点位于 s 平面左半平面是系统稳定的充分必要条件，据此可以根据根轨迹图来判定系统稳定的情况（根据根轨迹是否与虚轴相交，是否进入右半 s 平面可判定系统的稳定性）。

系统的稳态性能即稳态误差，与系统的型别和开环增益有关，它们均可从根轨迹中得到，从而求出系统对给定输入的稳态误差。

关于系统的动态性能，通过下面几小节讨论。

4.3.1　增加开环零点、极点对根轨迹的影响

由于根轨迹是由系统的开环零点、极点确定的，因此在系统中增加开环零点、极点或改变开环零点、极点在 s 平面上的位置，都可以改变根轨迹的形状，从而校正系统性能。

实际上，增加开环零点就是在系统中加入超前环节，产生微分作用，改变开环零点在 s 平面上的位置就是改变微分强弱。同理，增加开环极点就是在系统中加入滞后环节，产生积分作用，改变开环极点在 s 平面上的位置，就可以改变积分强弱。

1. 增加开环零点对根轨迹的影响

设开环传递函数为

$$G(s)H(s) = \frac{K^*}{s(s+0.8)}$$

其根轨迹如图 4.12（a）所示。

如果在系统中分别加入一对复数开环零点 $-2 \pm j4$ 或一个实数开环零点 -4，则系统开环传递函数分别成为

$$G(s)H(s) = \frac{K^*(s+2+j4)(s+2-j4)}{s(s+0.8)}$$

自动控制原理及应用

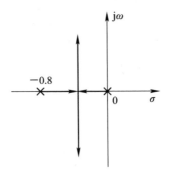

(a) 原系统的根轨迹图

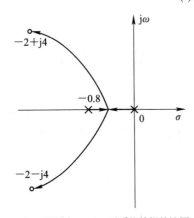

(b) 加开环零点−2±j4后系统的根轨迹图

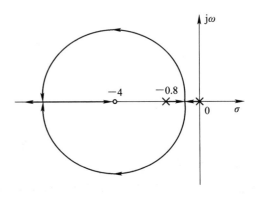

(c) 加开环零点−4后系统的根轨迹图

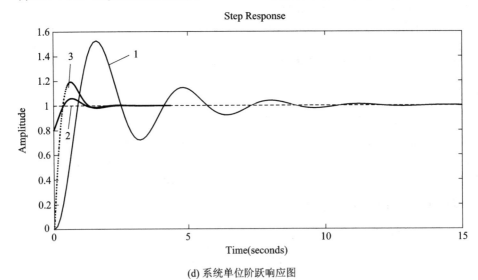

(d) 系统单位阶跃响应图

图 4.12　增加开环零点后系统的根轨迹图及其响应曲线

和

$$G(s)H(s) = \frac{K^*(s+4)}{s(s+0.8)}$$

系统的闭环传递函数分别为

$$\Phi(s) = \frac{K^*(s^2+4s+20)}{(1+K^*)s^2+(0.8+4K^*)s+20K^*}$$

和

$$\Phi(s) = \frac{K^*(s+4)}{s^2+(0.8+K^*)s+4K^*}$$

对应的根轨迹分别如图 4.12(b) 和图 4.12(c) 所示。可以看出，加入开环零点后可以减少渐近线的条数，改变渐近线的倾角；随着 K^* 的增加，根轨迹的两条分支向 s 左半平面弯曲或移动，这相当于增大了系统阻尼，使系统的瞬态过程时间减小，提高了系统的相对稳定性。另外，加入的开环零点越接近虚轴，对系统的影响越大。上述结论可以从这三个系统的单位阶跃响应曲线上得到印证，如图 4.12(d) 所示。图中绘出了当 $K^*=4$ 时三个系统的单位阶跃响应曲线，曲线 1、2、3 分别为原系统、加入开环零点 $-2\pm j4$ 和 -4 以后系统的单位阶跃响应曲线。综上所述，增加合适的开环零点，可以改善系统的性能。

2. 增加开环极点对根轨迹的影响

同样利用上例进行讨论。在原系统上分别增加一对复数开环极点 $-2\pm j4$ 和一个实数开环极点 -4，则系统的开环传递函数分别为

$$G(s)H(s) = \frac{K^*}{s(s+0.8)(s+2+j4)(s+2-j4)}$$

和

$$G(s)H(s) = \frac{K^*}{s(s+0.8)(s+4)}$$

系统的闭环传递函数分别为

$$\Phi(s) = \frac{K^*}{s^4+4.8s^3+23.2s^2+16s+K^*}$$

和

$$\Phi(s) = \frac{K^*}{s^3+4.8s^2+3.2s+K^*}$$

据此绘制出增加开环极点 $-2\pm j4$ 和 -4 后系统的根轨迹，分别如图 4.13(a) 和图 4.13(b) 所示。

将图 4.13(a) 和 4.13(b) 与原始系统的根轨迹图 4.12(a) 相比较，可以看出，加入开环极点后增加了系统的阶数，改变了渐近线的倾角，增加了渐近线的条数。随着 K^* 的增加，根轨迹的两条分支向 s 右半平面弯曲或移动，这相当于减少了系统阻尼，使系统的稳定性变差。另外，由于加入了开环极点，系统闭环主导极点也将不同，系统的性能也会有所不同。对于稳定的系统，闭环主导极点离虚轴越近，即闭环主导极点的实部绝对值越小，系统振荡得越剧烈，从而使系统的超调量增大，振荡次数增多，引起系统调整时间的增加。通过选择合适的 K^* 值，配置出合理的闭环主导极点，就可以获得满意的性能指标。原系统和上述两个闭环系统的单位阶跃响应曲线如图 4.13(c) 所示，图中绘制了当 $K^*=4$ 时各个系统的单位阶跃响应曲线，曲线 1、2、3 分别为原系统、加入开环极点 $-2\pm j4$ 和 -4 以后系统的单位阶跃响应曲线。比较图 4.13(c) 中的曲线 1 和 3，可以明显看出曲线 1 的超调量大，振荡剧烈，而调整时间短，表明当 $K^*=4$ 时，系统 1 的主导极点的实部绝对值大于系统 3 的实部绝对值，其虚部绝对值也大于系统 3 的虚部绝对值。

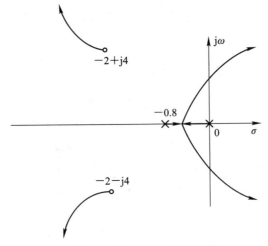

(a) 增加开环极点−2±j4后的根轨迹

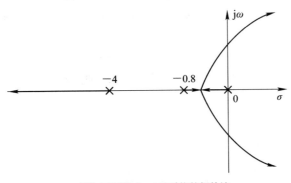

(b) 增加开环极点−4后系统的根轨迹

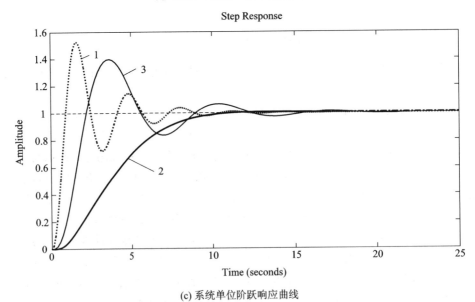

(c) 系统单位阶跃响应曲线

图 4.13 增加开环极点后的系统根轨迹图及其响应曲线

通过以上讨论可以得到如下结论：

（1）控制系统增加开环零点，通常可使根轨迹向左移动或弯曲，使系统更加稳定，系统的瞬态过程时间缩短，超调量减小。

（2）控制系统增加开环极点，通常可使根轨迹向右移动或弯曲，使系统的稳定性降低，系统的瞬态过程时间增加，超调量以及振荡剧烈程度由系统的主导极点决定。

4.3.2　利用根轨迹分析参数调整对系统性能的影响

根轨迹分析法和时域分析法都可以用来分析系统的性能。根轨迹分析法采用的是图解的方法，与时域分析法相比，避免了烦琐的数学计算，而且更直观。典型的二阶系统的特征参数、闭环极点在复平面上的位置以及系统性能之间有着确定的对应关系。由根轨迹图可以清楚地看出参数变化对系统性能的影响，所以在有主导极点的高阶系统使用根轨迹法对系统进行分析更加简便。一般先确定系统的主导极点，将系统简化为以主导极点为极点的二阶系统（或一阶系统），然后根据二阶系统（或一阶系统）的性能指标进行估算。闭环二阶系统的主要瞬态性能指标是超调量和调整时间。这些性能指标和闭环极点位置的关系如下：

$$\sigma\% = e^{-\frac{\pi\xi}{\sqrt{1-\xi^2}}} \times 100\% = e^{-\pi\cot\varphi} \times 100\% \qquad (4-20)$$

$$t_s = \frac{3}{\xi\omega_n} = \frac{3}{\delta} \qquad (4-21)$$

式中：δ 为闭环极点实部绝对值的大小，即闭环极点离开虚轴的距离。

4.3.3　根据系统性能的要求估算可调参数的值

4.3.2 节介绍了从根轨迹图了解参数变化对系统性能的影响。反过来，二阶系统或具有共轭复数闭环主导极点的高阶系统通常可以根据瞬态性能指标的要求，在复平面上画出使系统满足性能指标要求的闭环极点（或高阶系统的闭环主导极点）所处区域，也就是允许区域，如图 4.14 阴影部分所示。位于该区域内的闭环主导极点使瞬态性能满足下式：

$$\begin{cases} \sigma\% \leqslant e^{-\pi\cot\varphi} \times 100\% \\ t_s \leqslant \dfrac{3}{\delta} \end{cases} \qquad (4-22)$$

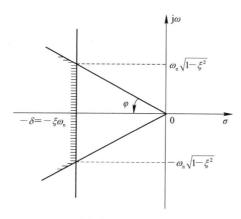

图 4.14　主导极点允许区域分布图

4.4　基于 MATLAB 的线性系统根轨迹分析

MATLAB 中提供了绘制系统根轨迹的 rlocus 函数，若已知系统开环传递函数的形式，利用此函数可以方便地绘制系统的根轨迹；rlocfind 函数用于选择希望的闭环极点；sgrid 函数用于在现存的屏幕根轨迹或零极点分布图上绘制出自然振荡频率 wn、阻尼比矢量 z 对应的格线。

1. 根轨迹图绘制

绘制根轨迹图的常用命令为 rlocus(num,den)或者 rlocus(num,den,k)。

rlocus(num,den)指令用于根据 SISO 开环系统的状态空间描述模型和传递函数模型，直接在屏幕上绘制出系统的根轨迹图。开环增益的值从零到无穷大变化。

rlocus(num,den,k)指令用于通过指定开环增益 k 的变化范围来绘制系统的根轨迹图。

如果指令改为如下格式：

$\qquad$ r＝rlocus(num,den,k)

或者

$\qquad$ [r,k]＝rlocus(num,den)

则将不在屏幕上直接绘出系统的根轨迹图，而是根据开环增益变化矢量 k，返回闭环系统特征方程 $1＋k*num(s)/den(s)＝0$ 的根 r(r 有 length(k)行、length(den)−1 列，每行对应某个 k 值时的所有闭环极点)，或者同时返回 k 与 r。

若给出传递函数描述系统的分子项 num 为负，则利用 rlocus 函数绘制的是系统的零度根轨迹(即系统为正反馈系统或非最小相位系统)。

2. rlocfind( )函数

当作出控制系统的根轨迹后，就可以对系统进行定性的分析和定量的计算。实际上，对系统性能的要求，往往可转化为对系统闭环极点位置的要求。因此，在对系统性能的分析过程中，一般需要确定根轨迹图上某一点的根轨迹增益 k 和其对应的闭环极点。对此，只要在 rlocus 指令后调用指令[k,p]＝rlocfind(num,den)就能轻松实现。

运行该指令后，在 MATLAB 命令窗口中会出现如下提示语："Select a point in the graphics window"，此时用鼠标移动十字光标，点击根轨迹上所选择的点，在 MATLAB 的命令窗口中就会返回该点(闭环极点)的数值、对应的 k 值和该 k 值下其他的闭环极点。

3. sgrid( )函数

在绘制完根轨迹图之后，如果要在根轨迹图上加栅格线，则要用到 sgrid 函数。sgrid 函数指令如下：

sgrid 指令用于在连续系统根轨迹或零极点图上绘制出栅格线，栅格线由等阻尼系数和等自然振荡频率线构成；

sgrid('new')指令用于先清除当前图形，然后绘制栅格线；

sgrid(z,wn)指令用于绘制指定的阻尼比矢量 z 和自然振荡频率 wn 对应的栅格线。

【**例 4 - 8**】　设一单位负反馈控制系统的开环传递函数为

$$G(s) = \frac{K(s+1)}{s(s+2)(s+3)}$$

试用 MATLAB 绘制该系统的根轨迹。

解　程序如下：

```
z=[-1];
p=[0 -2 -3];
k=1;
G=zpk(z, p, k);
rlocus(G)
```

运行结果如图 4.15 所示。

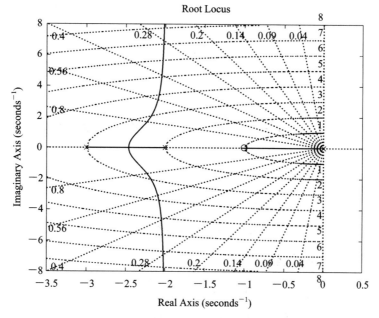

图 4.15　例 4 - 8 根轨迹图

本 章 小 结

根轨迹法的基本思想是，在已知开环传递函数的基础上确定闭环传递函数极点分布与参数变化之间的关系。根轨迹法不仅是一种研究闭环系统特征根的简便作图方法，而且还可以用来分析控制系统的某些性能。本章主要研究了以下几方面的内容：

（1）根轨迹的基本概念；

（2）绘制根轨迹的一般规则和常规的绘制方法，以及在 MATLAB 环境下如何精确绘制系统的根轨迹；

（3）根轨迹在控制系统性能分析中的应用。

习 题

1. 设系统开环传递函数的零极点在复平面上的分布如图 4.16 所示。试绘制以开环增益 K 为参数的系统根轨迹的大致形状。

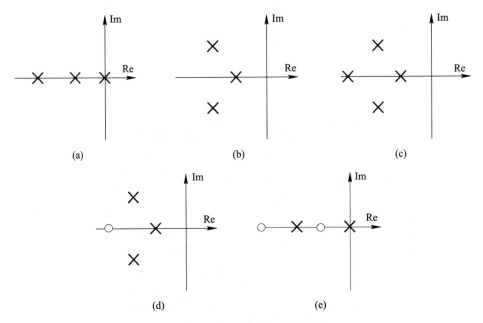

图 4.16 开环系统零级点分布图

2. 设控制系统的开环传递函数为

$$G(s)H(s)=\frac{K}{s^2(s+1)}$$

试用根轨迹法证明系统对于任何正值 K 均不稳定。

3. 设单位反馈系统的开环传递函数为

$$G(s)=\frac{K^*(s+2)}{s(s+1)}$$

试从数学上证明：复数根轨迹部分是以 $(-2,j0)$ 为圆心，以 $\sqrt{2}$ 为半径的一个圆。

4. 设控制系统开环传递函数为

$$G(s)H(s)=\frac{K^*}{(s+1)(s+2)(s+4)}$$

(1) 证明该系统的根轨迹通过 $s_1=-1+j\sqrt{3}$。

(2) 求闭环极点 $s_1=-1-j\sqrt{3}$ 的 K^* 值。

5. 已知系统的开环传递函数为

$$G(s)H(s)=\frac{K^*(s+1)}{s^2(s+9)}$$

试绘制系统的根轨迹，并用 MATLAB 验证。

6. 设控制系统的开环传递函数为

$$G(s) = \frac{K^*(s+1)}{s^2(s+2)(s+4)}$$

试分别画出正反馈和负反馈系统的根轨迹，并指出它们的稳定性能有何不同。

7. 设一负反馈系统的开环传递函数为

$$G(s)H(s) = \frac{10}{s(s+1)(s+a)}$$

试用 MATLAB 绘制以 a 为参变量的根轨迹。

8. 一个大气层内飞行器的姿态控制系统如图 4.17 所示。其中

$$G(s) = \frac{K(s+0.2)}{(s+0.9)(s-0.6)(s-0.1)}$$

$$G_c(s) = \frac{(s+2+j1.5)(s+2-j1.5)}{s+4}$$

试画出系统的根轨迹$(0 < K < \infty)$。

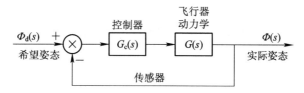

图 4.17 飞行器姿态控制系统

第 5 章　线性系统的频域分析

知识目标

- 明确频率特性的基本概念，熟练掌握典型环节的频率特性。
- 熟练掌握在不同坐标系下频率特性的表示方法，掌握幅相频率特性图（奈奎斯特图）和对数频率特性图（伯德图）的绘制方法。
- 掌握用频率特性分析系统稳定性的奈奎斯特稳定判据，掌握稳定裕度的概念及计算公式。
- 学会用频率特性的方法分析控制系统的性能，充分理解频率特性的实际意义，正确理解闭环频率特性的求取。

控制系统中的信号可以表示为不同频率正弦信号的合成，控制系统的频率特性可以反映正弦信号作用下系统响应的性能。应用频率特性研究线性系统的经典方法称为频域分析法。频域分析法具有以下特点：

（1）控制系统及其元件的频率特性可以通过分析和实验获得，并可用多种形式的曲线表示，因而系统分析和控制器设计可以用图解进行。

（2）频率特性物理意义明确。对于一阶系统和二阶系统，频域性能和时域性能指标有确定的对应关系；对于高阶系统，可建立近似的对应关系。

（3）控制系统的频域设计可以兼顾动态响应和噪声抑制两方面的要求。

（4）频域分析法不仅适用于线性定常系统，还可以推广应用于某些非线性控制系统。

本章将介绍频率特性的基本概念和频率特性曲线的绘制方法，研究频域稳定判据和频域性能指标的估算。控制系统的频域校正问题将在第 6 章介绍。

5.1　频　率　特　性

线性控制系统中的变量（信号）可以被分解成许多不同频率的正弦信号，系统的响应信号的变化规律就是系统响应对各个不同频率信号响应的叠加，这是频域分析的基本思想。

5.1.1　频率特性的物理概念

现以 RC 滤波电路为例，说明频率特性的基本概念。如图 5.1 所示，$u_i(t)$、$u_o(t)$ 分别

为输入信号及电路的响应，其传递函数为

$$G(s) = \frac{U_O(s)}{U_I(s)} = \frac{1}{RCs+1} = \frac{1}{Ts+1} \qquad (5-1)$$

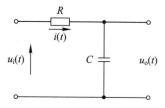

图 5.1 RC 滤波电路

根据前面的知识，当输入信号 $u_i(t) = K\sin\omega t$ 时，容易得到电路的输出为

$$u_o(t) = \frac{KT\omega}{1+T^2\omega^2}e^{-\frac{t}{T}} + \frac{K}{\sqrt{1+T^2\omega^2}}\sin(\omega t + \varphi) \qquad (5-2)$$

式中：$\varphi = \arctan T\omega$。$u_o(t)$ 的第一部分为暂态分量，随时间按指数规律衰减，趋势为零；第二项为稳态分量，波形呈正弦周期变换，不会随时间衰减，因此可得系统稳态输出为

$$\begin{aligned}
c_{ss}(t) &= \lim_{t \to \infty}\left[\frac{KT\omega}{1+T^2\omega^2}e^{-\frac{t}{T}} + \frac{K}{\sqrt{1+T^2\omega^2}}\sin(\omega t + \varphi)\right]\\
&= \frac{K}{\sqrt{1+T^2\omega^2}}\sin(\omega t + \varphi)
\end{aligned}$$

可见，正弦输入信号经过系统后的稳态输出是同频率的正弦信号，只是幅值和相位不同，正弦输入与稳态输出的幅值比为

$$A(\omega) = \frac{1}{\sqrt{1+T^2\omega^2}} \qquad (5-3)$$

正弦输入与稳态输出的相位差为

$$\varphi(\omega) = \arctan T\omega \qquad (5-4)$$

正弦输入与稳态输出信号波形如图 5.2 所示，正弦输入与稳态正弦输出是频率相同，幅值比和相位差按式(5-3)和式(5-4)规律变化的信号。

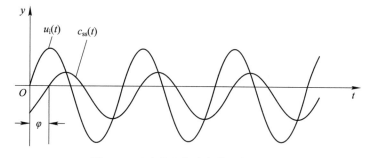

图 5.2 正弦输入与稳态输出信号波形

5.1.2 频率特性的定义

1. 定义

频率特性又称频率响应，定义为线性系统对正弦输入的稳态输出响应。稳态输出与输

入的幅值之比 $A(\omega)$ 称为幅频特性；稳态输出与输入的相位差 $\varphi(\omega)$ 称为相频特性。系统的频率特性包含幅频特性和相频特性两方面，可表示为

$$G(\mathrm{j}\omega)=A(\omega)\mathrm{e}^{\mathrm{j}\varphi(\omega)} \tag{5-5}$$

2. 表示方法

$G(\mathrm{j}\omega)$ 是频率特性的通用表示形式，是 ω 的复函数，也可用指数方式或者幅相方式表示：

$$G(\mathrm{j}\omega)=A(\omega)\mathrm{e}^{\mathrm{j}\varphi(\omega)}=|G(\mathrm{j}\omega)|\mathrm{e}^{\mathrm{j}\varphi(\omega)}=A(\omega)\angle\varphi(\omega) \tag{5-6}$$

另外，可将 $G(\mathrm{j}\omega)$ 分解为实部和虚部：

$$G(\mathrm{j}\omega)=R(\omega)+\mathrm{j}I(\omega) \tag{5-7}$$

$R(\omega)$ 称实频特性，$I(\omega)$ 称为虚频特性。由复数的基本概念可得

$$A(\omega)=\sqrt{R^2(\omega)+I^2(\omega)} \quad \varphi(\omega)=\arctan\frac{I(\omega)}{R(\omega)}$$

$$R(\omega)=A(\omega)\cos\varphi(\omega) \quad I(\omega)=A(\omega)\sin\varphi(\omega)$$

频率特性的表示方法虽然有多种形式，但其实质都是用来表征系统内部结构及其对不同频率输入信号的传递能力，是系统频域中的数学模型，相互之间可以转化。

3. 物理意义

频率特性 $G(\mathrm{j}\omega)$ 的模 $|G(\mathrm{j}\omega)|=A(\omega)$ 描述了系统对不同频率的正弦输入量的放大（或缩小）特性。频率特性 $G(\mathrm{j}\omega)$ 的相位 $\varphi(\omega)$ 则描述了系统对不同频率的正弦输入信号在相位上的超前（或滞后）。频率特性反映了系统对不同频率信号的响应特性，也反映了控制系统内在的动、静态性能。通过研究分析系统的频率特性可间接地分析并改进系统的性能。

4. 根据传递函数求取频率特性

比较式（5-1）、（5-3）、（5-4）和（5-5），频率特性 $G(\mathrm{j}\omega)$ 与传递函数 $G(s)$ 间有下列关系：

$$G(\mathrm{j}\omega)=G(s)\big|_{s=\mathrm{j}\omega}$$

也就是说，当将传递函数的 s 用 $s=\mathrm{j}\omega$ 代替时，就可以得到系统的频率响应。

【例 5-1】　系统的传递函数为

$$G(s)=\frac{\tau s+1}{Ts+1} \quad (\tau>T)$$

试求系统的频率响应 $G(\mathrm{j}\omega)$。

解　根据 $G(\mathrm{j}\omega)=G(s)\big|_{s=\mathrm{j}\omega}$，求出系统的幅频特性：

$$G(\mathrm{j}\omega)=\left|\frac{\mathrm{j}\omega\tau+1}{\mathrm{j}\omega T+1}\right|=\frac{\sqrt{1+(\omega\tau)^2}}{\sqrt{1+(\omega T)^2}}$$

相频特性：

$$\angle G(\mathrm{j}\omega)=\angle\frac{\mathrm{j}\omega\tau+1}{\mathrm{j}\omega T+1}=\arctan\omega\tau-\arctan\omega T$$

根据复数的实部、虚部分解：

$$G(\mathrm{j}\omega)=R(\omega)+\mathrm{j}I(\omega)=\frac{\mathrm{j}\omega\tau+1}{\mathrm{j}\omega T+1}=\frac{1+\omega^2 T\tau+\mathrm{j}\omega(\tau-T)}{1+(\omega T)^2}$$

可得实频特性：

$$R(\omega) = \frac{1 + \omega^2 T\tau}{1 + (\omega T)^2}$$

虚频特性：

$$I(\omega) = \frac{\omega(\tau - T)}{1 + (\omega T)^2}$$

5.1.3　频率特性的图示

在工程分析和设计中，通常把线性系统的频率特性画成曲线，然后运用图解法进行研究，以下内容据此展开。

当系统的传递函数 $G(s)$ 比较复杂时，系统的频率特性 $G(j\omega)$ 的解析表达式也比较复杂。实际工程中，常用图形来描述系统的频率特性，这是频域法的主要优势之一。常用的描述系统频率特性的图形方法有很多种（见表 5-1），本章主要介绍的是奈奎斯特图和伯德图。

表 5-1　常用频率特性曲线及其坐标

序号	名　称	图形常用名	坐标系
1	幅频特性曲线	频率特性图	直角坐标
	相频特性曲线		
2	幅相频率特性曲线	极坐标图或奈奎斯特图	极坐标
3	对数幅频特性曲线	对数坐标图或伯德图	半对数坐标
	对数相频特性曲线		
4	对数幅相频率特性曲线	对数幅相图或尼柯尔斯图	对数幅相坐标

1. 奈奎斯特图

奈奎斯特（Nyquist）图又称为幅相频率特性图，简称奈氏图，其坐标系为极坐标，所以又称为极坐标图。

频率特性 $G(j\omega)$ 是复数，因此可把它看成复平面中的矢量。当频率 ω 为某一定值 ω_1 时，频率特性 $G(j\omega_1)$ 可用极坐标的形式表示：

$$G(j\omega_1) = |G(j\omega_1)| e^{j\varphi(\omega_1)}$$

如图 5.3 所示，幅值 $|G(j\omega)|$ 和相角 $\varphi(\omega)$ 都是频率的函数，当频率 ω 在 $0 \to \infty$ 范围内连续变化时，向量 $G(j\omega)$ 的端点在复平面随之连续变化，形成的轨迹曲线即为幅相频率特性曲线，曲线以 ω 为参变量。$G(j\omega)$ 在实轴上和虚轴上的投影分别是 $G(j\omega)$ 的实部和虚部。

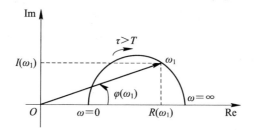

图 5.3　例 5-1 中系统的频率响应的 Nyquist 图

2. 伯德图

伯德(Bode)图又称为对数频率特性曲线，是频域法中应用最为广泛的曲线。与极坐标图相比，对数坐标图不但计算简单，绘图容易，而且能直观地表现时间常数等参数变化对系统性能的影响。

伯德图由两幅图组成，分别是对数幅频特性曲线图和对数相频特性曲线图。

$G(j\omega)$ 对数幅值（即纵坐标）的标准表达式为

$$L(\omega)=20\lg|G(j\omega)|=20\lg A(\omega) \tag{5-8}$$

在这个幅值表达式中，采用的单位是分贝(dB)。在对数表达式中，对数幅值曲线画在半对数坐标纸上，频率采用对数刻度，幅值或相角则采用线性刻度。

对数分度和线性分度如图 5.4 所示，在线性分度中，当变量增大或减小 1 时，坐标间距离变化一个单位长度；而在对数分度中，当变量增大或减少 10 倍（称为十倍频程）时，坐标间距离变化一个单位长度。

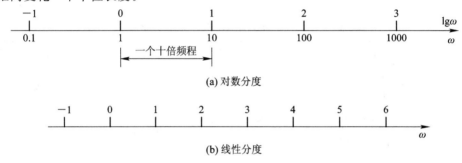

(a) 对数分度

(b) 线性分度

图 5.4　对数分度和线性分度

设对数分度中的单位长度为 D，ω 的某个十倍频程的左端点为 ω，则坐标点相对于左端点的距离为表 5-2 所示的值乘以 D。

表 5-2　十倍程的对数分度

ω_0/ω_1	1	2	3	4	5	6	7	8	9	10
$\lg(\omega_0/\omega_1)$	0	0.301	0.477	0.602	0.699	0.788	0.845	0.903	0.954	1

5.2　典型环节的频率特性

一个自动控制系统，从结构及作用原理上看，无论是机械的、电子的，还是液压的、化学的，其数学模型都可分解成几种基本环节，主要有比例环节、积分环节、微分环节、惯性环节、振荡环节、一阶微分环节、二阶微分环节、时滞环节等，下面分别介绍这些典型环节的幅相频率特性和对数频率特性。

1. 比例环节

比例环节传递函数为

$$G(s)=K$$

其频率特性为

$$G(\mathrm{j}\omega)=K+\mathrm{j}0=K\,\mathrm{e}^{\mathrm{j}0}$$

显然，它与频率无关。相应的幅频特性和相频特性为

$$\begin{cases}A(\omega)=K\\\varphi(\omega)=0°\end{cases}$$

对数幅频特性和相频特性为

$$\begin{cases}L(\omega)=20\lg K\\\varphi(\omega)=0°\end{cases}$$

比例环节的幅相频率特性曲线如图 5.5 所示，其幅频和相频特性均与频率 ω 无关，当 ω 由 0 变到 ∞ 时，$G(\mathrm{j}\omega)$ 始终为实轴上一点。比例环节对正弦输入的稳态响应的振幅是输入信号振幅的 K 倍，且响应与输入信号有相同的相位。

对数幅频特性是一水平线，分贝值为 $20\lg K$，对数相频特性为一条与横坐标正方向重合的直线，K 值对相频没有影响。比例环节对数频率特性曲线如图 5.6 所示。

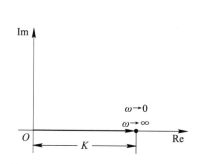

图 5.5　比例环节幅相频率特性曲线

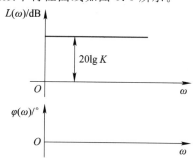

图 5.6　比例环节对数频率特性曲线

2. 积分环节

积分环节的传递函数为

$$G(s)=\frac{1}{s}$$

其频率特性为

$$G(\mathrm{j}\omega)=0-\mathrm{j}\frac{1}{\omega}=\frac{1}{\omega}\mathrm{e}^{-\mathrm{j}90°}$$

相应的幅频特性和相频特性为

$$\begin{cases}A(\omega)=\dfrac{1}{\omega}\\\varphi(\omega)=-90°\end{cases}$$

由上式可见，它的幅频特性与角频率 ω 成反比，而相频特性恒为 $-90°$。

对数幅频特性和对数相频特性为

$$\begin{cases}L(\omega)=20\lg\left(\dfrac{1}{\omega}\right)=-20\lg\omega\\\varphi(\omega)=-90°\end{cases}$$

可见，当频率 ω 由 0 变化到无穷大时，积分环节频率特性的幅值由无穷大衰减到 0，即与 ω 成反比；而其相频特性与频率取值无关。在复平面上绘制的积分环节的幅相特性曲线如图 5.7 所示。

对数幅频特性曲线是通过 $\omega=1$，斜率为 $-20\mathrm{dB/dec}$ 的直线。对数相频特性与 ω 无关，恒为 $-90°$，特性曲线如图 5.8 所示。

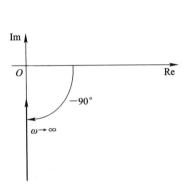

图 5.7　积分环节频率特性曲线　　　图 5.8　积分环节对数频率特性曲线

积分环节的特点是输出量为输入量对时间的积累。因此，凡输出量对输入量有储存和积累特点的元件一般都含有积分环节。

3. 微分环节

微分环节的传递函数为

$$G(s)=s$$

其频率特性为

$$G(\mathrm{j}\omega)=0+\mathrm{j}\omega=\omega\mathrm{e}^{\mathrm{j}90°}$$

相应的幅频特性和相频特性为

$$\begin{cases}A(\omega)=\omega\\\varphi(\omega)=90°\end{cases}$$

对数幅频特性和相频特性为

$$\begin{cases}L(\omega)=20\lg\omega\\\varphi(\omega)=90°\end{cases}$$

微分环节频率特性的幅值与 ω 成正比，相角值为 $90°$，当 ω 从 $0\rightarrow\infty$ 时，幅相特性从原点起始，沿着虚轴趋于 $+\mathrm{j}\infty$，如图 5.9 所示。

对数幅频特性为通过 $\omega=1$，斜率为 $20\ \mathrm{dB/dec}$ 的直线。对数相频特性与 ω 无关，恒为 $90°$，特性曲线如图 5.10 所示。

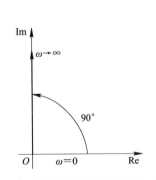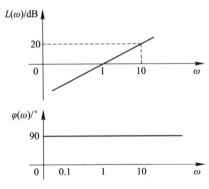

图 5.9　微分环节幅相频率特性曲线　　　图 5.10　微分环节对数频率特性曲线

4. 惯性环节

1）幅相频率特性

惯性环节的传递函数为

$$G(s) = \frac{1}{Ts+1}$$

式中：T 为环节的时间常数。

频率特性为

$$G(j\omega) = \frac{1}{jT\omega+1} = A(\omega)e^{j\varphi(\omega)}$$

相应的幅频特性和相频特性为

$$\begin{cases} A(\omega) = \dfrac{1}{\sqrt{(T\omega)^2+1}} \\ \varphi(\omega) = -\arctan T\omega \end{cases}$$

将 $G(j\omega)$ 分解为

$$G(j\omega) = R(\omega) + jI(\omega)$$

其中

$$R(\omega) = \frac{1}{(T\omega)^2+1}, \quad I(\omega) = \frac{-T\omega}{(T\omega)^2+1}$$

通过配方，可得 $\left[R(\omega) - \dfrac{1}{2}\right]^2 + I^2(\omega) = \left(\dfrac{1}{2} \cdot \dfrac{1-T^2\omega^2}{1+T^2\omega^2}\right)^2 + \left(\dfrac{-T\omega}{1+T^2\omega^2}\right)^2 = \left(\dfrac{1}{2}\right)^2$

当 ω 趋于无穷大时，$G(j\omega)$ 的幅值趋于零，相角趋于 $-90°$。当频率 ω 从零变化到无穷大时，该传递函数的极坐标图就是一个半圆，如图 5.11 所示。圆心位于实轴上 0.5 处，即半径等于 0.5。

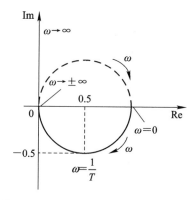

图 5.11　惯性环节的幅相频率特性曲线

2）对数频率特性

对数幅频特性和相频特性为

$$\begin{cases} L(\omega) = -20\lg\sqrt{1+T^2\omega^2} \\ \varphi(\omega) = -\arctan T\omega \end{cases}$$

在伯德图上 $\omega \ll \dfrac{1}{T}$ 的低频区，幅频特性可近似为

$$-20\lg\sqrt{1+T^2\omega^2}\approx 0$$

即幅频特性曲线和横轴正向重合；而在 $\omega \gg \dfrac{1}{T}$ 频段内，幅频特性可近似为

$$L(\omega)=-20\lg\sqrt{1+T^2\omega^2}\approx -20\lg T\omega$$

这时，曲线近似为斜率为 -20 dB/dec 的直线，且当 $\omega = \dfrac{1}{T}$ 时交于横轴。惯性环节的对数频率特性可由这两条折线近似表示，成为该环节的渐近线。惯性环节的渐近幅频特性如图 5.12 所示。

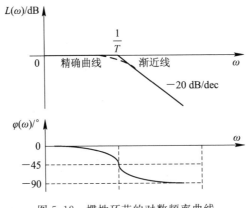

图 5.12　惯性环节的对数频率曲线

图 5.13 中 $\omega_n = \dfrac{1}{T}$ 为转折频率或交接频率，是绘制伯德图的重要参数。幅频特性在转折频率 $\omega_n = \dfrac{1}{T}$ 附近与渐近线间有较明显的误差，转折点的误差达到最大，其值为

$$-20\lg\sqrt{1+T^2\omega^2}-20\lg\sqrt{1+T^2\omega^2}\Big|_{\omega=\frac{1}{T}}-(-20\lg T\omega)\Big|_{\omega=\frac{1}{T}}=-20\lg\sqrt{2}\approx -3$$

精确曲线与渐近线之间的误差关系如图 5.13 所示。

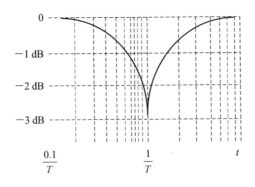

图 5.13　惯性环节的误差曲线

5. 振荡环节

在控制系统中，若包含着两种不同形式的储能元件，这两种单元的能量又能相互交换，

则在能量的存储与交换过程中，就可能出现振荡而构成振荡环节。

1）幅相频率特性

振荡环节的传递函数为

$$G(s) = \frac{1}{T^2 s^2 + 2\xi T s + 1}$$

式中：T 为振荡环节的时间常数；ξ 为振荡环节的阻尼比。

其频率特性为

$$G(j\omega) = \frac{1}{1 - T^2 \omega^2 + j2\xi T\omega}$$

幅频特性和相频特性分别为

$$\begin{cases} A(\omega) = \dfrac{1}{\sqrt{(1 - T^2\omega^2)^2 + (2\xi T\omega)^2}} \\ \varphi(\omega) = -\arctan \dfrac{2\xi T\omega}{1 - T^2\omega^2} \end{cases}$$

从上式可见，振荡环节的幅频特性是角频率 ω 及阻尼比 ξ 的二元函数，在 ω 从 $0 \to \infty$ 变化时，虽然幅频特性因 ξ 不同而有多条特性曲线，但对于欠阻尼情况（$0 < \xi < 1$）和过阻尼情况（$\xi > 1$），它们的共性是 $A(\omega)$ 的值都是由 1 衰减到 0，大致形状也是相同的。ξ 取值对曲线形状的影响分别为以下两种情况：

（1）$\xi > \dfrac{\sqrt{2}}{2}$。

幅频特性平方的倒数为

$$\frac{1}{A^2(\omega)} = 1 + 2(2\xi^2 - 1)T^2\omega^2 + (T\omega)^4$$

当 $\xi > \dfrac{\sqrt{2}}{2}$ 时，$2\xi^2 - 1 > 0$，$\dfrac{1}{A^2(\omega)}$ 随着 ω 增大而单调增加。当 $\omega = 0$ 时，$\dfrac{1}{A^2(\omega)}$ 值最小，$A(\omega)$ 值则最大。

（2）$0 \leqslant \xi \leqslant \dfrac{\sqrt{2}}{2}$。

当 ω 增大时，幅频特性 $A(\omega)$ 先增大，达到最大值后再减小，这时 $G(j\omega)$ 的幅值可用谐振幅值 M_r 表示。

令 $\omega = \omega_r$，由

$$\frac{d|G(j\omega)|}{d\omega} = \frac{d}{d\omega}\left(\frac{1}{\sqrt{(1 - T^2\omega^2)^2 + (2\xi T\omega)^2}} \right) = 0$$

可解得幅频特性极值点的频率及谐振峰值为

$$\begin{cases} \omega_r = \omega_n \sqrt{1 - 2\xi^2} \\ M_r = \dfrac{1}{2\xi\sqrt{1 - \xi^2}} \end{cases} \quad \left(\xi \leqslant \dfrac{\sqrt{2}}{2}\right)$$

式中：$\omega_n = \dfrac{1}{T}$，是 $G(j\omega)$ 的轨迹与虚轴的交点频率，称为无阻尼自然振荡角频率。

可见，随着 ξ 的减少，谐振峰值 M_r 增大，谐振频率 ω_r 也越接近振荡环节的无阻尼自然振荡角频率 ω_n。当 $\xi=0$ 时，$\omega_r=\omega_n$，$M_r\to\infty$，这就是无阻尼系统的共振现象。振荡环节的幅相频率特性曲线如图 5.14 所示。

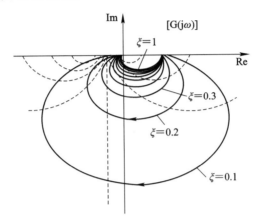

图 5.14　振荡环节的幅相特性曲线

2）对数频率特性

振荡环节的对数幅频特性为

$$L(\omega)=-20\lg\sqrt{(1-T^2\omega^2)^2+(2\xi T\omega)^2}$$

在低频 $\left(\omega\ll\dfrac{1}{T}\right)$ 时，上式中的 $T\omega$ 和 $2\xi T\omega$ 可忽略不计，于是有

$$L(\omega)=-20\lg1=0$$

可见，振荡环节对数幅频特性在低频部分的渐近线为一条 0 dB 的直线。

在高频 $\left(\omega\gg\dfrac{1}{T}\right)$ 时，可忽略式中的 1 和 $2\xi T\omega$ 项，于是有

$$L(\omega)=-20\lg\sqrt{(T^2\omega^2)^2}=-40\lg\omega T$$

同理可知，对应的对数幅频特性在高频段的渐近线为过点 $\left(\dfrac{1}{T},0\right)$ 且斜率为 -40dB/dec 的直线。

转折频率 $\omega_n=\dfrac{1}{T}$ 处的误差为

$$\Delta L(\omega_n)=L(\omega_n)-L_{渐}(\omega_n)=-20\lg\sqrt{(1-T^2\omega^2)^2+(2\xi T\omega)^2}=-20\lg2\xi$$

当 $0<\xi\leqslant\dfrac{\sqrt{2}}{2}$ 时，最大误差发生在谐振频率处，此时误差为 $20\lg M_r$，其中 $M_r=\dfrac{1}{2\xi\sqrt{1-\xi^2}}$ 是谐振峰值，且 $\omega_r<\omega_n$。

振荡环节的对数相频特性为

$$\varphi(\omega)=\begin{cases}-\arctan\dfrac{2T\xi\omega}{1-T^2\omega^2} & \left(\omega\leqslant\dfrac{1}{T}\right)\\[3mm]-180°+\arctan\dfrac{2T\xi\omega}{T^2\omega^2-1} & \left(\omega>\dfrac{1}{T}\right)\end{cases}$$

由上式可得 $\varphi(0)=-0°$，$\varphi\left(\dfrac{1}{T}\right)=-90°$，$\varphi(+\infty)=-180°+0^{+}$。振荡环节的对数频率特性曲线如图 5.15 所示。

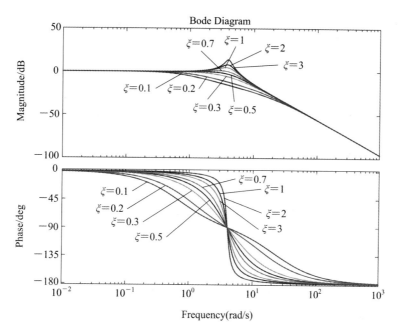

图 5.15　振荡环节的对数频率特性曲线

6. 一阶微分环节

一阶微分环节的传递函数为

$$G(s)=Ts+1$$

式中：T 为时间常数。

其频率特性为

$$G(\mathrm{j}\omega)=\mathrm{j}T\omega+1$$

幅频特性和相频特性为

$$\begin{cases}A(\omega)=\sqrt{1+T^{2}\omega^{2}}\\ \varphi(\omega)=\arctan T\omega\end{cases}$$

一阶微分环节的幅相特性曲线如图 5.16 所示。

对数幅频特性和相频特性为

$$\begin{cases}L(\omega)=20\lg\sqrt{1+T^{2}\omega^{2}}\\ \varphi(\omega)=\arctan T\omega\end{cases}$$

在角频率 ω 小于 $\dfrac{1}{T}$ 的频段范围内的渐近线是和横轴重合的曲线；在 ω 大于 $\dfrac{1}{T}$ 的频段范围内，渐近线为在横轴上过转折频率 $\dfrac{1}{T}$ 点，斜率为 $+20\mathrm{dB/dec}$ 的直线。

一阶微分环节的对数频率特性如图 5.17 所示。

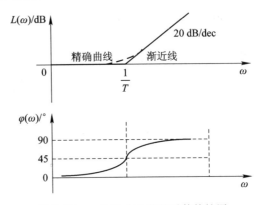

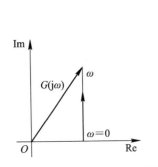

图 5.16 一阶微分环节的幅相特性图   图 5.17 一阶微分环节的对数特性图

7. 二阶微分环节

二阶微分环节传递函数为

$$G(s) = \tau^2 s^2 + 2\xi\tau s + 1$$

式中：τ 为时间常数；ξ 为阻尼比，$0 < \xi < 1$。

频率特性为

$$G(j\omega) = 1 - \tau^2\omega^2 + j2\xi\tau\omega$$

幅频和相频特性分别为

$$\begin{cases} A(\omega) = \sqrt{(1-\tau^2\omega^2)^2 + (2\xi\tau\omega)^2} \\ \varphi(\omega) = \arctan\left[\dfrac{2\xi\tau\omega}{1-\tau^2\omega^2}\right] \end{cases}$$

幅相频率特性曲线如图 5.18 所示

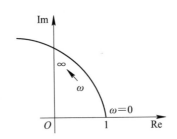

图 5.18 二阶微分环节幅相特性曲线

二阶微分环节的频率特性和振荡环节的频率特性互为倒数，该环节的伯德图与振荡环节的伯德图关于 ω 轴对称。

8. 时滞环节

传递函数

$$G(s) = e^{-\tau s}$$

频率特性为

$$G(j\omega) = e^{-j\tau s}$$

幅频特性和相频特性为

$$\begin{cases} A(\omega)=1 \\ \varphi(\omega)=-\tau\omega \end{cases}$$

可以看出，时滞环节的幅频特性为常数 1，与角频率 ω 无关，而相频特性是与 ω 成正比的负相移。时滞环节幅相频率特性曲线如图 5.19 所示。

对数幅频特性和相频特性为

$$\begin{cases} L(\omega)=20\lg1=0 \\ \varphi(\omega)=-\tau\omega \end{cases}$$

由上式可知，如果用线性坐标，则时滞环节的相频特性为一条直线。图 5.20 所示为时滞环节对数频率特性曲线。

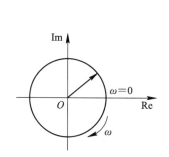
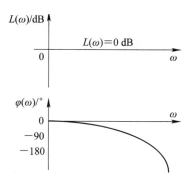

图 5.19　时滞环节幅相频率特性曲线　　　　图 5.20　时滞环节对数频率特性曲线

5.3　绘制开环系统的频率特性图

自动控制系统可分为闭环控制系统和开环控制系统，相对应的频率特性为闭环频率特性与开环频率特性。由于系统的开环传递函数比较容易获取，因此对控制系统进行分析时，经常要根据开环系统的频率特性来获取闭环系统的性能，可见绘制开环系统的频率特性图就显得尤为重要。

5.3.1　绘制开环频率特性奈氏图

奈氏图有时并不需要绘制得十分准确，只绘出大致形状和几个关键点的准确位置即可。奈氏图的一般绘制方法如下：

(1) 写出 $A(\omega)$ 和 $\varphi(\omega)$ 的表达式；

(2) 分别求出 $\omega=0$ 和 $\omega=+\infty$ 时的 $G(j\omega)$；

(3) 求奈氏图与实轴的交点，可利用 $G(j\omega)$ 的虚部 $\text{Im}[G(j\omega)]=0$ 的关系式求出，也可利用 $\angle G(j\omega)=n\cdot180°$（其中 n 为整数）求出；

(4) 如果有必要，可求奈氏图与虚轴的交点，可利用 $G(j\omega)$ 的实部 $\text{Re}[G(j\omega)]=0$ 的关系式求出，也可利用 $\angle G(j\omega)=n\cdot90°$（其中 n 为整数）求出；

(5) 必要时画出奈氏图中间的几个关键点；

（6）勾画出大致曲线。

【例 5 - 2】　试绘制下列开环传递函数的奈氏图：

$$G(s)=\frac{10}{(s+1)(0.1s+1)}$$

解　该系统的频率特性为

$$A(\omega)=\frac{10}{\sqrt{1+\omega^2}\ \sqrt{1+0.01\omega^2}}$$

$$\varphi(\omega)=-\arctan\omega-\arctan(0.1\omega)$$

$\omega=0$，$A(\omega)=10$，$\varphi(\omega)=0°$，即奈氏图的起点为$(10,j0)$；

$\omega=+\infty$，$A(\omega)=0$，$\varphi(\omega)=-180°$，即奈氏图的终点为$(0,j0)$。

显然，ω 从 0 变化到$+\infty$，$A(\omega)$单调递减，而 $\varphi(\omega)$ 则从 0°到$-180°$但不超过$-180°$。

奈氏图与实轴的交点可由 $\varphi(\omega)=0°$得到，即$(10,j0)$；奈氏图与虚轴的交点可由 $\varphi(\omega)=-90°$得到，即

$$\arctan\omega+\arctan(0.1\omega)=\arctan\left(\frac{1.1\omega}{1-0.1\omega^2}\right)$$

得 $1-0.1\omega^2=0$，$\omega^2=10$，则

$$A(\omega)=\frac{10}{\sqrt{1+10}\ \sqrt{1+0.01\times10}}=2.87$$

故奈氏图与虚轴的交点为$(0，-j2.87)$。故此例奈氏图如图 5.21 所示。

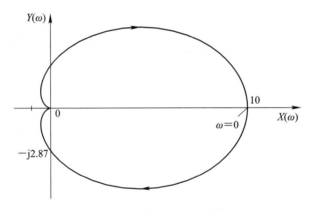

图 5.21　例 5 - 2 的奈氏图

【例 5 - 3】　设系统的开环传递函数为

$$G(s)=\frac{1}{s(s+1)(2s+1)}$$

试绘制其奈氏图。

解　该传递函数的幅频特性和相频特性分别为

$$A(\omega)=\frac{1}{\omega\ \sqrt{1+\omega^2}\ \sqrt{1+4\omega^2}}$$

$$\varphi(\omega)=-90°-\arctan\omega-\arctan(2\omega)$$

所以有：

$\omega=0^+$，$A(\omega)=+\infty$，$\varphi(\omega)=-90°-\Delta$，$\Delta$ 为正且很小，故起点在第Ⅲ象限；
$\omega=+\infty$，$A(\omega)=0$，$\varphi(\omega)=-270°+\Delta$，故在第Ⅱ象限趋向终点 $(0,\mathrm{j}0)$。

因为相角从 $-90°$ 变化到 $-270°$，所以必有与负实轴的交点。

由

$$\varphi(\omega)=-180°$$

得

$$-90°-\arctan\omega-\arctan(2\omega)=-180°$$

即

$$90°-\arctan\omega=\arctan(2\omega)$$

上式两边去正切，得 $2\omega=\dfrac{1}{\omega}$，即 $\omega=0.707$，此时 $A(\omega)=0.67$。因此奈氏图与实轴的交点为 $(-0.67,\mathrm{j}0)$。系统奈氏图如图 5.22 所示。

由例 5-2 和 5-3 可总结规律如下：

0 型系统奈氏图的起点为 $(K,\mathrm{j}0)$，非 0 型系统奈氏图的起点为 $\infty\angle-90°\cdot v$，其中 v 为系统型别；

奈氏图的终点为 $0\angle-90°(n-m)$，其中 n 为开环传递函数分母多项式的阶次，m 为分子的阶次，如图 5.23 所示。

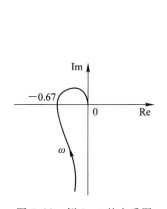

图 5.22 例 5-3 的奈氏图

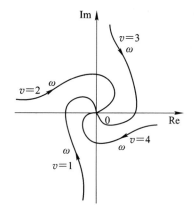

图 5.23 $v=1,2,3,4$ 时的奈氏图

【例 5-4】 设系统的开环传递函数为

$$G(s)=\frac{K(Ts+1)}{s(T_1s+1)(T_2s+1)}$$

式中：$K=0.1$，$T=1$，$T_1=0.2$，$T_2=0.5$。试绘制系统的奈氏图。

解 该传递函数的幅频特性和相频特性分别为

$$A(\omega)=\frac{K\sqrt{1+T^2\omega^2}}{\omega\sqrt{1+T_1^2\omega^2}\sqrt{1+T_2^2\omega^2}}=\frac{0.1\sqrt{1+\omega^2}}{\omega\sqrt{1+0.04\omega^2}\sqrt{1+0.25\omega^2}}$$

$$\varphi(\omega)=-90°+\arctan\omega-\arctan(0.2\omega)-\arctan(0.5\omega)$$

根据系统的幅频特性和相频特性，有：

$\omega=0^+$，$A(\omega)=+\infty$，$\varphi(\omega)=-90°+\Delta$，$\Delta$ 为正且很小，故奈氏图起点在第Ⅳ象限；
$\omega=+\infty$，$A(\omega)=0$，$\varphi(\omega)=-180°+\Delta$，故系统奈氏图在第Ⅲ象限趋向终点 $(0,\mathrm{j}0)$。

因为相角范围为$-90°\sim-180°$，所以必有与负虚轴的交点。由 $\varphi(\omega)=-90°$ 得
$$-90°+\arctan\omega-\arctan(0.2\omega)-\arctan(0.5\omega)=-90°$$
即
$$\arctan\omega=\arctan(0.2\omega)+\arctan(0.5\omega)$$

上式两边去正切，得 $\omega^2=3$，即 $\omega=1.732$，此时 $A(\omega)=0.0852$。所以，奈氏图与虚轴的交点为$(0，-j0.0852)$。系统奈氏图如图 5.24 所示。

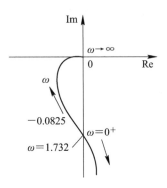

图 5.24　例 5-4 的奈氏图

5.3.2　绘制开环频率特性伯德图

掌握了典型环节对数频率特性曲线的绘制方法，就可以很方便地绘制控制系统的开环对数频率特性曲线。系统开环传递函数可以分解为多个典型环节。设系统开环频率特性为
$$G_K(j\omega)=G_1(j\omega)G_2(j\omega)\cdots G_n(j\omega)=\prod_{i=1}^{n}G_i(j\omega)$$
式中：$G_i(j\omega)$ 为典型环节的传递函数$(i=1，2，\cdots，n)$，即
$$|G_K(j\omega)|e^{\angle G_K(j\omega)}=|G_1(j\omega)|e^{\angle G_1(j\omega)}|G_2(j\omega)|e^{\angle G_2(j\omega)}\cdots|G_n(j\omega)|e^{\angle G_n(j\omega)}$$
$$=e^{j\sum_{i=1}^{n}\angle G_i(j\omega)}\prod_{i=1}^{n}|G_i(j\omega)|$$
由此可得开环系统的幅相特性分别为
$$|G_K(j\omega)|=\prod_{i=1}^{n}|G_i(j\omega)|\qquad\angle G_K(j\omega)=\sum_{i=1}^{n}\angle G_i(j\omega)$$
开环对数幅频特性和开环对数相频特性分别为
$$L(\omega)=20\lg|G_K(j\omega)|=20\lg\prod_{i=1}^{n}|G_i(j\omega)|=\sum_{i=1}^{n}20\lg|G_i(j\omega)|\qquad(5-9)$$
$$\varphi(\omega)=\angle G_K(j\omega)=\sum_{i=1}^{n}\angle G_i(j\omega)\qquad(5-10)$$

上面两式表明，由 n 个典型环节串联组成的控制系统的开环对数幅频特性曲线和开环对数相频特性曲线可由这 n 个典型环节对应的曲线叠加而成。

其实在绘制伯德图时，不必画出所有典型环节的折线然后进行叠加，只要抓住伯德图的特点就可以大大简化曲线的绘制过程。伯德图的特点如下：

（1）各典型环节的伯德图的渐近线均为直线或折线，由这些典型环节所组成的开环系

统的伯德图为这些典型环节伯德图的叠加,因而叠加的结果仍为折线。

(2) 低频段及其延长线(伯德图最左端)的渐近线为直线,其斜率由系统所含的积分环节数(也就是系统的型别)v 决定,斜率为 $-20 \cdot v$ dB/dec。该渐近线或其延长线在 $\omega = 1$ 时的分贝值为 $20\lg K$,最左端直线或其延长线和零分贝(横坐标)交点的角频率恰好为 $\sqrt[v]{K}$。

(3) 在转折频率处,$L(\omega)$ 曲线的斜率会发生变化,该变化取决于典型环节的类型。

掌握了上述特点,就可以根据控制系统的开环传递函数直接绘制开环系统对数幅频特性曲线,具体步骤如下:

(1) 将系统的开环传递函数分解成典型环节乘积的形式。

(2) 确定各典型环节的转折角频率,并按从小到大的顺序在横轴上标出。

(3) 计算低频段渐近线或其延长线的斜率及在 $\omega = 1$ 时的分贝值 $20\lg K$,画出低频段(最左端)渐近线至第一个转折角频率处。

(4) 折线由低频向高频延伸,每到一个转折频率,斜率根据具体环节相应改变。改变按照如下原则进行:

① 通过惯性环节的转折频率,斜率减少 20 dB/dec;

② 通过一阶微分环节的转折频率,斜率增加 20 dB/dec;

③ 通过二阶振荡环节的转折频率,斜率减少 40 dB/dec。

经过一系列斜率的变化,最终斜率为 $-20(n-m)$ dB/dec。

需要注意的是,当系统的多个环节具有相同交接频率时,该交接频率点处斜率的变化应为各个环节对应的斜率变化值的代数和。

(5) 根据需要对折线进行误差修正,可以得到更为精确的对数幅频特性曲线,通常只要修正各转折频率处及转折频率的二倍频和 0.5 倍频处的幅值就可以了。对于惯性环节与一阶微分环节,在转折频率处的修正值为 ± 3 dB;在转折频率二倍频和 0.5 倍频处的修正值为 ± 1 dB。对于二阶振荡环节,可参照前面二阶振荡环节伯德图的内容。

(6) 对于对数相频特性曲线,确定渐近线时要注意以下两方面:

① 低频段由积分环节的个数 v 来决定相频角度,即 $\varphi(\omega) = -90° \times v$;

② 中高频段则根据每个典型环节的情况对转折频率后的相频角度进行增减。

对于开环对数相频曲线的绘制,一般由典型环节分解下的相频特性表达式,取若干个频率点,列表计算各点的相角并标注在对数坐标图中,最后将各点光滑连接。具体计算相角时应注意判别象限。

【例 5 - 5】　已知系统的开环传递函数为

$$G_K(s) = \frac{5(0.1s+1)}{s(0.5s+1)\left(\dfrac{1}{2500}s^2 + \dfrac{6}{50}s + 1\right)}$$

试绘制开环系统的对数幅频特性。

解　第一步,将开环系统传递函数分解为典型环节的组成形式:

$$G_K(j\omega) = 5 \cdot \frac{1}{j\omega} \cdot \frac{1}{0.5j\omega+1} \cdot (0.1j\omega+1) \cdot \frac{1}{\dfrac{1}{2500}(j\omega)^2 + \dfrac{6}{50}(j\omega) + 1}$$

上式中包含了比例环节、积分环节、惯性环节、一阶微分环节和振荡环节。

第二步，确定典型环节的转折频率。由上式可求出三个转折频率分别为惯性环节转折频率 $\omega_1 = 2$；一阶微分环节转折频率 $\omega_2 = 10$；振荡环节转折频率 $\omega_3 = 50$。

第三步，因为有一个积分环节，所以低频段的斜率为 $-20\ \text{dB/dec}$；比例环节 $K = 5$，由此可求出 $\omega = 1$ 时的分贝值为 $20\lg K = 20\lg 5 = 14\ \text{dB}$。

第四步，由低频向高频延伸，依次确定斜率变化为

起始$\rightarrow \omega_1(-20\ \text{dB/dec})$，$\omega_1 \rightarrow \omega_2(-40\ \text{dB/dec})$，$\omega_2 \rightarrow \omega_3(-20\ \text{dB/dec})$，$\omega_3 \rightarrow \infty$ $(-60\ \text{dB/dec})$。

根据以上四步可绘制出伯德图的近似折线图，如图 5.25 所示的实线部分；虚线部分为根据转折频率附近的误差作适当修改后的曲线。

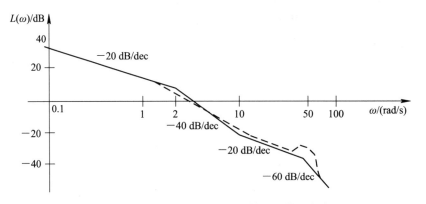

图 5.25　例 5-5 中开环系统对数幅频特性曲线

5.3.3　最小相位系统与非最小相位系统

在以上几个例子中，系统传递函数的极点和零点都位于 s 平面的左半部，这种传递函数称为最小相位传递函数；否则，称为非最小相位传递函数。具有最小相位传递函数的系统称为最小相位系统；具有非最小相位传递函数的系统称为非最小相位系统。对于幅频特性相同的系统，最小相位系统的相位滞后是最小的，而非最小相位系统的相位滞后则必定大于前者。

当单回路系统中只包含比例、积分、微分、惯性和振荡环节时，系统一定是最小相位系统。如果系统中存在滞后环节或者不稳定的环节（包括不稳定的内环回路），系统就称为非最小相位系统。

对于最小相位系统，对数幅频特性与相频特性之间存在着唯一的对应关系。根据系统的对数幅频特性，可以唯一地确定相应的相频特性和传递函数，反之亦然。但是，对于非最小相位系统，就不存在上述的这种关系。大多数系统为最小相位系统，为了简化工作量，对于最小相位系统的伯德图，可以只画幅频特性。

5.4　频域的稳定性分析

控制系统的闭环稳定性是分析和设计系统时需要解决的首要问题。频域稳定判据是从

代数判据发展而来的,可以说是一种几何判据。它是根据开环系统频率特性曲线来判定闭环系统的稳定性,并能确定系统的相对稳定性。常用的两种频域稳定判据包括奈奎斯特(Nyquist)稳定判据(简称奈奎斯特判据)和对数频率稳定判据。奈奎斯特稳定判据由奈奎斯特于 1932 年提出,它的理论基础是复变函数理论中的映射定理,又称幅角原理。

5.4.1　映射定理

设有一复变函数为

$$F(s) = \frac{K(s-z_1)(s-z_2)(s-z_3)}{(s-p_1)(s-p_2)(s-p_3)}$$

式中:s 为复变量,以 s 复平面上的 $\sigma + j\omega$ 表示;$F(s)$ 为复变函数,记 $F(s) = U + jV$。假设 s 平面上除了有限奇点之外的任意一点 s,复变函数 $F(s)$ 均为解析函数,那么对于 s 平面上的每一解析点,在 $F(s)$ 平面上必定有一个对应的映射点(s 平面和 $F(s)$ 平面之间的对应关系)。因此,如果在 s 平面画一条封闭曲线 Γ_s,并使其不通过 $F(s)$ 的任一奇点,则在 $F(s)$ 平面上必有一条对应的映射曲线 Γ_F,如图 5.26 所示。

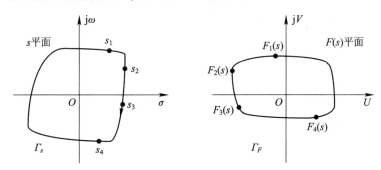

图 5.26　s 平面与 $F(s)$ 平面的映射关系

可见,F 平面上曲线绕原点的周数和方向与 s 平面上封闭曲线包围 $F(s)$ 的零点、极点数目有关。

复变函数 $F(s)$ 的相角可表示为

$$\angle F(s) = \sum_{i=1}^{m} \angle(s - z_i) - \sum_{j=1}^{n} \angle(s - p_j)$$

如图 5.27 所示,假定 s 平面上的封闭曲线 Γ_s 包围了 $F(s)$ 的一个零点 z_1,而其他零点、极点都位于封闭曲线之外。当 s 沿着封闭曲线 Γ_s 按顺时针方向移动一周时,向量$(s-z_1)$的相角变化 -2π 弧度,而其他各向量的相角变化为零。这意味着在 $F(s)$ 平面上的映射曲线 Γ_F 沿顺时针方向围绕着原点旋转一周,也就是向量 $\boldsymbol{F}(s)$ 的相角变化了 -2π 弧度。

若 s 平面上的封闭曲线 Γ_s 包围着 $F(s)$ 的 Z 个零点,则在 $F(s)$ 平面上的映射曲线 Γ_F 将按顺时针方向围绕着坐标原点旋转 Z 周。

用类似方法分析,可以推论出若 s 平面上的封闭曲线 Γ_s 包围了 $F(s)$ 的 P 个极点,则当 s 沿着 Γ_s 顺时针移动一周时,在 $F(s)$ 平面上的映射曲线 Γ_F 将按逆时针方向围绕着原点旋转 P 周。

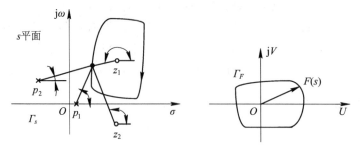

图 5.27 s 平面与 $F(s)$ 平面的映射关系

所以矢量 $F(s)$ 的幅角改变量为

$$\angle F(s) = \sum_{i=1}^{m} \angle(s - z_i) - \sum_{j=1}^{n} \angle(s - p_j)$$
$$= Z(-2\pi) - P(-2\pi) = (Z - P) \times (-2\pi)$$

映射定理：设在 s 平面上的封闭曲线 Γ_s 包围了复变函数 $F(s)$ 的 P 个极点和 Z 个零点，并且此曲线不经过 $F(s)$ 的任一零点和极点，则当复变量 s 沿封闭曲线 Γ_s 顺时针方向移动一周时，在 $F(s)$ 平面上的映射曲线 Γ_F 按逆时针方向围绕坐标原点旋转 $(P - Z)$ 周。

注意：在 s 平面上所取的封闭曲线是顺时针旋转且不经过 $F(s)$ 的任一零点或极点。

5.4.2 奈奎斯特稳定判据

1. 辅助函数的选择

设系统的开环传递函数为

$$G(s)H(s) = \frac{K(s - z_1)(s - z_2)\cdots(s - z_m)}{(s - p_1)(s - p_2)\cdots(s - p_n)} \quad (m \leqslant n)$$

又设负反馈控制系统的闭环传递函数为

$$\Phi(s) = \frac{G(s)}{1 + G(s)H(s)} \tag{5-11}$$

将式(5-11)等号右边的分母 $1 + G(s)H(s)$ 定义为系统的特征函数 $F(s)$，即

$$F(s) = 1 + G(s)H(s)$$

令 $F(s) = 0$，即

$$F(s) = 1 + G(s)H(s) = 0 \tag{5-12}$$

式(5-12)即为闭环系统的特征方程。

式(5-11)和式(5-12)中的 $G(s)H(s)$ 是反馈控制系统的开环传递函数，设

$$G(s)H(s) = \frac{B(s)}{A(s)} \tag{5-13}$$

式中：$A(s)$ 为 s 的 n 阶多项式；$B(s)$ 为 s 的 m 阶多项式。则特征函数 $F(s)$ 可以写成

$$F(s) = 1 + G(s)H(s) = 1 + \frac{B(s)}{A(s)} = \frac{A(s) + B(s)}{A(s)} = \frac{(s - s_1)(s - s_2)\cdots(s - s_n)}{(s - p_1)(s - p_2)\cdots(s - p_n)}$$

$$\tag{5-14}$$

式中：p_j 为 $F(s)$ 的极点 $(j = 1, 2, \cdots, n)$；s_i 为 $F(s)$ 的零点 $(i = 1, 2, \cdots, n)$。

由式(5-14)可知，$F(s)$ 的分母和分子均为 s 的 n 阶多项式，也就是说，特征函数 $F(s)$ 的零点和极点的个数是相等的。

对照式(5-11)、式(5-12)、式(5-14)可以看出，特征函数 $F(s)$ 的极点就是系统开环传递函数的极点，特征函数 $F(s)$ 的零点则是系统闭环传递函数的极点，且 $F(s)$ 与开环传递函数 $G(s)H(s)$ 仅相差一个常数。因此根据前述闭环系统稳定的条件，要使闭环控制系统稳定，特征函数 $F(s)$ 的全部零点都必须位于 s 左半平面。

2. 奈奎斯特回线的选择

若要使闭环系统稳定，则要求闭环系统的所有闭环极点位于 s 左半平面，即要求 s 右半平面没有闭环极点，也就是说要想判断系统是否稳定，需要判断系统在整个 s 右半平面的闭环极点数，如果闭环极点数为零，则系统稳定，否则系统不稳定。

要想判断在 s 右半平面是否有闭环极点，需要正确地选择奈奎斯特回线，下面分两种情况介绍奈奎斯特回线的选择。

1) 0 型系统

当系统是 $v=0$ 的 0 型系统时，为了使特征函数 $F(s)$ 在 s 平面上的零点、极点分布及在 F 平面上的映射情况与控制系统的稳定性分析联系起来，必须适当选择 s 平面上的封闭曲线 C。为此，这样的封闭曲线 C(称为奈奎斯特回线)需要包围整个右半 s 平面，如图 5.28 所示，它是由整个虚轴和半径为 ∞ 的右半圆组成的。当 s 按顺时针方向移动一圈时，映射在 $F(s)$ 平面上的也是一条封闭曲线，如图 5.29 所示。

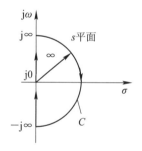
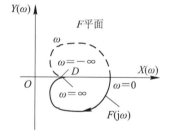

图 5.28　s 平面的奈奎斯特回线　　　　图 5.29　F 平面的 $F(s)$ 曲线

封闭曲线 C 由三部分组成：

① 正虚轴：$s=\mathrm{j}\omega$，$\omega=0\to+\infty$；

② 半径无限大的右半圆：$s=R\mathrm{e}^{\mathrm{j}\theta}$，$R=\infty$，$\theta=\dfrac{\pi}{2}\to 0\to-\dfrac{\pi}{2}$；

③ 负虚轴：$s=\mathrm{j}\omega$，$\omega=-\infty\to 0$。

所对应的 F 平面的 $F(s)$ 曲线的画法如下：

(1) 因为一般开环传递函数 $G(s)H(s)$ 的分子阶数 m 小于分母阶数 $n(m\leqslant n)$，所以 $G(\infty)H(\infty)$ 为零或常数，所以 $F(\infty)$ 为 1 或常数。这表明，封闭曲线 C 的②部分在 F 平面上的映射是同一个点，即图 5.29 所示的 D 点。

(2) ①部分即为开环频率特性 $G(\mathrm{j}\omega)H(\mathrm{j}\omega)$ 的奈奎斯特图。

(3) ③部分与①部分所对应的奈奎斯特图关于实轴对称。

2）非 0 型系统($v \neq 0$)

当系统开环传递函数中含有积分环节时，往往有极点位于 s 平面的虚轴上，尤其是位于原点上，设非 0 型系统开环传递函数为

$$G(s)H(s) = \frac{K \prod\limits_{i=1}^{m}(T_i s + 1)}{s^v \prod\limits_{j=1}^{n-v}(\tau_j s + 1)} \tag{5-15}$$

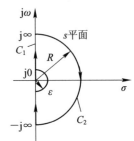

非零型系统在原点处有开环极点的情况下，由图 5.28 描述的奈奎斯特回线将通过开环传递函数的极点。我们规定奈奎斯特回线不能通过 $F(s)$ 的零极点（即开环极点和闭环极点），所以如果开环传递函数 $G(s)H(s)$ 有极点位于原点上或虚轴上，则 s 平面上的封闭曲线形状必须满足这些点在封闭曲线之外，但封闭曲线仍包围右半 s 平面内的所有零点和极点，为此，以原点为圆心，做一半径（设该半径为 ε）无限小的右半圆，使奈奎斯特回线沿着这个无限小的半圆绕过原点，如图 5.30 所示。由图可以看出，修改后的奈奎斯特回线，将由负虚轴、原点附近的无限小半径的右半圆、正虚轴和无限大右半圆所组成，位于无限小半圆上的点 s 可表示为

图 5.30　绕过位于原点上的极点的奈奎斯特回线

$$\begin{cases} s = \varepsilon\, e^{j\varphi} \\ \varepsilon \to 0 \\ \varphi = -\dfrac{\pi}{2} \to 0 \to \dfrac{\pi}{2} \end{cases} \tag{5-16}$$

将式(5-16)代入式(5-15)，并考虑到 s 是无限小的矢量，可得

$$G(s)H(s) = \frac{K}{\varepsilon^v e^{jv\varphi}} = \infty e^{j(-v\varphi)} \quad \left(\varphi = -\frac{\pi}{2} \to 0 \to \frac{\pi}{2}\right) \tag{5-17}$$

由式(5-17)可知，s 平面上原点附近的无限小右半圆在 $G(s)H(s)$ 平面上的映射，为无限大半径的圆弧，该圆弧的角度变化为 $\dfrac{\pi}{2}v \to 0 \to -\dfrac{\pi}{2}v$，顺时针方向转过 πv。

另外三部分负虚轴、正虚轴、无限大右半圆所对应的 F 平面的 $F(s)$ 曲线的画法与 0 型系统相同。

以上两种情况得到的 Γ_F 曲线向左平移一个单位即可得到 Γ_{GH} 曲线。

3. 奈奎斯特稳定判据

在 s 平面上，如果 s 沿着奈奎斯特回线按顺时针方向移动一周，在 $F(s)$ 平面上的映射曲线 Γ_F 围绕坐标原点（Γ_{GH} 包围$(-1,j0)$）按逆时针方向旋转 $N(N=P)$ 周，则系统是稳定的（P 为不稳定开环极点的数目）；如果 $N \neq P$，则说明闭环系统不稳定。闭环系统分布在右半 s 平面的极点数 $Z = P - N$。如果开环稳定，即 $P=0$，则闭环系统稳定的条件是映射曲线 Γ_F 围绕坐标原点（Γ_{GH} 包围$(-1,j0)$）的圈数为 $N=0$。

应用以上奈奎斯特稳定判据判别闭环系统稳定性的一般步骤如下：

（1）绘制开环频率特性 $G(j\omega)H(j\omega)$ 的奈奎斯特回线。然后以实轴为对称轴，画出对应

于 $-\infty \to 0$ 的另外一半。

（2）计算奈奎斯特回线对点 $(-1,j0)$ 的包围次数 N。

（3）由给定的开环传递函数 $G(s)H(s)$ 确定位于 s 平面右半部分的开环极点数 P。

（4）应用奈奎斯特稳定判据判别闭环系统的稳定性。

【例 5-6】 已知开环传递函数为

$$G(s)=\frac{18}{(3s+1)(2s+1)(s+1)}$$

试绘制奈氏图，并判断系统的稳定性。

解 开环传递函数所对应的频率特性为

$$G(j\omega)=\frac{18}{(3j\omega+1)(2j\omega+1)(j\omega+1)}$$

$$G(j0)=18\angle 0° \quad (18,j0)$$

$$G(j\infty)=0\angle -270° \quad (-(n-m)90°=-270°)$$

ω 由 $0\to +\infty$ 变化，开环幅相特性曲线与负实轴的交点为 -1.8。

如图 5.31 中的下半部分所示。以实轴为对称轴，绘出 $\omega=-\infty \sim 0$ 时的幅相曲线，即图 5.31 中上半部分。

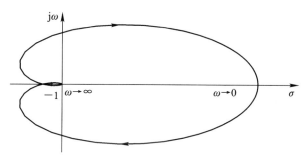

图 5.31 例 5-6 奈氏图

奈氏回线顺时针包围原点 2 周，$N=-2$，$P=0$。

闭环系统在右半 s 平面的极点数为 $Z=P-N=0-(-2)=2$，故系统不稳定。

5.4.3 对数频率稳定判据

对数频率稳定判据实际上是奈氏判据的另一种形式，即利用开环系统的伯德图来判别系统的稳定性。系统开环频率特性的奈氏图（极坐标图）和伯德图之间有如下对应关系：奈氏图上以原点为圆心的单位圆对应于伯德图对数幅频特性的 0 分贝线（单位圆外，对应于 0 分贝线以上，单位圆内，对应于 0 分贝线以下）；奈氏图上的负实轴对应于伯德图上相频特性的 $-180°$ 线。伯德图上，$\varphi(\omega)$ 从 $-180°$ 线以下增加到 $-180°$ 线以上，称为 $\varphi(\omega)$ 对 $-180°$ 线的正穿越；反之，称为负穿越。

对数频率稳定判据可表述如下：闭环系统稳定的充分必要条件是，当 ω 由 0 变到 ∞ 时，在开环对数幅频特性 $L(\omega)\geqslant 0$ 的频段内，相频特性 $\varphi(\omega)$ 穿越 $-180°$ 线的次数（正穿越与负穿越次数之差）为 $P/2$。P 为 s 平面右半部开环极点数目。注意，奈氏判据中，s 沿着奈氏回线顺时针方向移动一周，ω 由 $-\infty$ 变到 ∞，所以伯德图中 ω 由 0 变到 ∞ 时，穿越次数为

$P/2$，而不是 P。

对于开环稳定的系统，右半平面开环极点数为 0，即 $P=0$，若在 $L(\omega)\geqslant 0$ 的频段内，相频特性 $\varphi(\omega)$ 穿越 $-180°$ 线的次数（正穿越与负穿越之差）为 0，则闭环系统稳定；否则闭环系统不稳定。

【例 5－7】 设系统开环传递函数为

$$G(s)H(s)=\frac{K}{s(Ts+1)}$$

试用对数稳定判据判断其稳定性。

解 绘制伯德图，如图 5.32 所示。

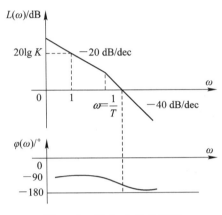

图 5.32 例 5－7 的伯德图

此系统的开环传递函数在 s 平面右半部没有极点，即 $P=0$，而在 $L(\omega)\geqslant 0$ 的频段内，相频特性 $\varphi(\omega)$ 不穿越 $-180°$ 线，故闭环系统必然稳定。

5.5 稳 定 裕 度

由奈氏判据可知，若系统的开环传递函数没有右半平面的极点，且闭环系统是稳定的，那么奈氏回线 $G(\text{j}\omega)H(\text{j}\omega)$ 离 $(-1,\text{j}0)$ 点越远，则闭环系统的稳定程度越高；反之 $G(\text{j}\omega)H(\text{j}\omega)$ 离 $(-1,\text{j}0)$ 点越近，则闭环系统的稳定程度越低；如果 $G(\text{j}\omega)H(\text{j}\omega)$ 穿过 $(-1,\text{j}0)$ 点，则意味着闭环系统处于临界稳定状态。这便是通常所说的相对稳定性，通过 $G(\text{j}\omega)H(\text{j}\omega)$ 对 $(-1,\text{j}0)$ 点的靠近程度来度量，其定量表示为相角裕度 γ 和增益裕度 K_g，如图 5.33 所示。

1. 相角裕度 γ

在频率特性上对应于幅值 $A(\omega)=1$ 的角频率称为剪切频率，以 ω_c 表示。在剪切频率处，相频特性距 $-180°$ 线的相位差 γ 叫作相角裕度。图 5.33(a) 表示的具有正相角裕度的系统不仅稳定，而且还有相当的稳定储备，它可以在 ω_c 的频率下，允许相角再增加（滞后）γ 度才达到临界稳定状态。因此相角裕度也叫相位稳定性储备。

对于稳定的系统，φ 必在伯德图 $-180°$ 线以上，这时 γ 称为正相角裕度，或称系统有正相角裕度，如图 5.33(c)所示。对于不稳定系统，φ 必在 $-180°$ 线以下，这时 γ 称为负相角裕度，如图 5.33(d)所示。故有

$$\gamma = 180° + \varphi(\omega_c) \tag{5-18}$$

相应地，在奈氏图中，γ 即为奈氏回线与单位圆的交点 A 对负实轴的相位差值。对于稳定系统，A 点必在负实轴之下。如图 5.33(a)所示。反之，对于不稳定系统，A 点必在负实轴之上，如图 5.33(b)所示。

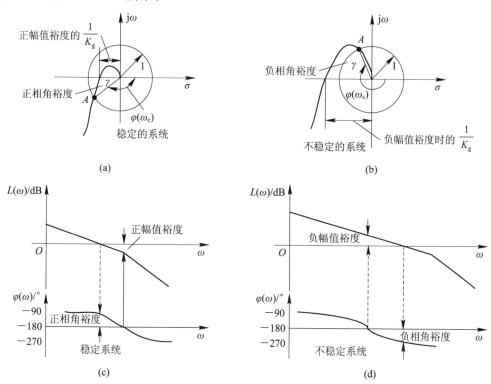

图 5.33　相角裕度和幅值裕度

2. 幅值裕度 K_g

在相频特性等于 $-180°$ 的频率 ω_g 处，开环幅频特性 $A(\omega_g)$ 的倒数称为幅值裕度，记作 K_g，即

$$K_g = \frac{1}{A(\omega_g)} \tag{5-19}$$

在伯德图上，幅值裕度改以分贝(dB)表示：

$$K_g = -20\lg A(\omega_g) \tag{5-20}$$

此时，对于稳定的系统，$L(\omega_g)$ 必在伯德图 0 dB 线以下，这时 K_g 称为正幅值裕度，如图 5.33(c)所示。对于不稳定系统，$L(\omega_g)$ 必在 0 dB 线以上，这时 K_g 称为负幅值裕度，如图 5.33(d)所示。

以上表明，在图 5.33(c)中，对数幅频特性还可上移 K_g，即开环系统的增益增加 K_g 倍，则闭环系统达到稳定的临界状态。

在奈氏图中，奈氏回线与负实轴的交点到原点的距离即为 $1/K_g$，它代表在频率 ω_g 处

开环频率特性的模。显然,对于稳定系统,$1/K_g < 1$,如图 5.33(a)所示;对于不稳定系统,$1/K_g > 1$,如图 5.33(b)所示。

对于一个稳定的最小相位系统,其相角裕度应为正值,幅值裕度应大于 1。

严格地讲,应当同时给出相角裕度和幅值裕度,才能确定系统的相对稳定性。但在粗略估计系统的暂态响应指标时,有时仅对相角裕度提出要求。

保持适当的稳定裕度,可以预防系统中元件性能变化可能带来的不利影响。为使系统有满意的稳定储备,以及得到较满意的暂态响应,在工程实践中,一般希望 γ 为 $45° \sim 60°$,$K_g \geq 10$ dB,即 $K_g \geq 3$。

前面已经指出,对于最小相位系统,开环幅频特性和相频特性之间存在唯一的对应关系。上述相角裕度意味着,系统开环对数幅频特性的斜率在剪切频率 ω_c 处应大于 -40 dB,在实际中常取 -20 dB。

【例 5 - 8】 单位反馈系统开环传递函数为

$$G(s) = \frac{K_1}{s(s+2)(s+5)}$$

试分别求 $K_1 = 1$ 及 $K_1 = 100$ 时的相角裕度。

解 相角裕度可通过对数幅频特性用图解法求出。当 $K_1 = 1$ 时,由

$$G(s) = \frac{K_1}{10s(1+s/2)(1+s/5)}$$

得 $\omega_1 = 2$,$\omega_2 = 5$。当 K_1 从 1 变到 100 时,画出对数幅频特性曲线,如图 5.34 所示。

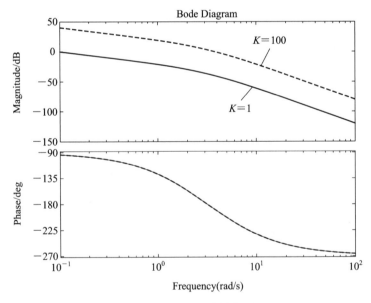

图 5.34 例 5 - 8 的伯德图

所以 $K_1 = 1$ 时,剪切频率和相角裕度为

$$\omega_{c1} = 0.1$$

$$\gamma = 180° + \varphi(\omega_c) = 180° - 90° - \arctan\left(\frac{\omega_{c1}}{2}\right) - \arctan\left(\frac{\omega_{c1}}{5}\right) = 85.992°$$

当 K_1 从 1 变到 100 时，幅频特性上移 40 dB，如图 5.34 所示，此时

$$20\lg \frac{100}{10\omega_{c2} \cdot \frac{\omega_{c2}}{2}} = 0$$

$$\omega_{c2} = 2\sqrt{2} = 4.472$$

$$\gamma = 180° + \varphi(\omega_c') = 180° - 90° - \arctan(\frac{\omega_{c2}}{2}) - \arctan(\frac{\omega_{c2}}{5}) = -17.7°$$

例 5-8 表明：K 的减小可以增大系统的相角裕度，但是系统的稳态误差会变大，而且系统响应速度通常会变慢。

5.6　闭环系统的频域性能指标

5.6.1　由开环频率特性估计闭环频率特性

对于图 5.35 所示的系统，其开环频率特性为 $G(j\omega)H(j\omega)$，而闭环频率特性为

$$\frac{C(j\omega)}{R(j\omega)} = \frac{G(j\omega)}{1 + G(j\omega)H(j\omega)}$$

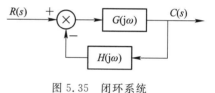

图 5.35　闭环系统

因此，已知开环频率特性，就可以求出系统的闭环频率特性，也就可以绘出闭环频率特性的曲线。这里介绍的是已知开环频率特性，定性地估计闭环频率特性。

设系统为单位反馈，即 $H(j\omega) = 1$，则

$$\frac{C(j\omega)}{R(j\omega)} = \frac{G(j\omega)}{1 + G(j\omega)}$$

一般实际系统的开环频率特性具有低通滤波的性质。所以低频时 $|G(j\omega)| \gg 1$，则

$$\left| \frac{C(j\omega)}{R(j\omega)} \right| = \left| \frac{G(j\omega)}{1 + G(j\omega)} \right| \approx 1$$

高频时 $|G(j\omega)| \ll 1$，则

$$\left| \frac{C(j\omega)}{R(j\omega)} \right| = \left| \frac{G(j\omega)}{1 + G(j\omega)} \right| \approx G(j\omega)$$

在中频段（即剪切频率 ω_c 附近），可通过计算描点画出轮廓。其闭环幅频特性如图 5.36 所示。因此，对于一般单位反馈的最小相位系统，如果输入的是低频信号，则输出可以认为与输入基本相等，而闭环系统的高频特性与开环系统的高频特性也近似相同。

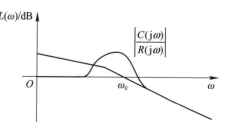

图 5.36　闭环幅频特性

5.6.2 频域性能指标

闭环系统频域性能指标如图 5.37 所示。

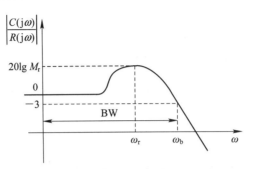

图 5.37　闭环系统频域性能指标

截止频率(带宽频率) ω_b 是指对数幅频特性的幅值下降到 -3 dB 时对应的频率。

带宽 BW 是指幅值不低于 -3 dB$(20\lg(\sqrt{2}/2)\approx-3)$对应的频率范围,也即 $0\sim\omega_b$ 的频率范围。带宽反映了系统对噪声的滤波特性,同时也反映了系统的响应速度。带宽愈大,暂态响应速度愈快。反之,带宽愈小,只有较低频率的信号才易通过,则时域响应往往比较缓慢。

谐振频率 ω_r 是指产生谐振峰值对应的频率,它在一定程度上反映了系统暂态响应的速度。ω_r 愈大,则暂态响应愈快。对于弱阻尼系统,ω_r 与 ω_b 的值很接近。

谐振峰值 M_r 是指闭环幅频特性的最大值,它反映了系统的相对稳定性。一般而言,M_r 值愈大,则系统阶跃响应的超调量也愈大。通常希望系统的谐振峰值在 $1.1\sim1.4$ 之间,相当于二阶系统的 $0.4<\xi<0.7$。

对于二阶系统,有

$$G(j\omega)=\frac{\omega_n^2}{(j\omega)^2+2\xi\omega_n(j\omega)+\omega_n^2}$$

其幅频特性为

$$|G(j\omega)|=\frac{\omega_n^2}{\sqrt{(\omega_n^2-\omega^2)^2+(2\xi\omega_n\omega)^2}}$$

由 $\dfrac{\mathrm{d}|G(j\omega)|}{\mathrm{d}\omega}=0$ 得谐振频率 ω_r 为

$$\omega_r=\omega_n\sqrt{1-2\xi^2}\quad(0\leqslant\xi\leqslant0.707)$$

则谐振峰值 M_r 为

$$M_r=|G(j\omega)|=\frac{1}{2\xi\sqrt{1-\xi^2}}\quad(0\leqslant\xi\leqslant0.707)$$

由 $G(j\omega)=\sqrt{2}/2$ 得截止频率(带宽频率)ω_b 为

$$\omega_b=\omega_n\sqrt{\sqrt{4\xi^4-4\xi^2+2}+(1-2\xi^2)}\quad(0\leqslant\xi\leqslant0.707)$$

5.7 基于 MATLAB 的线性系统频域分析

在判断系统稳定性的时候，经常要用到图解方法，而手工绘制奈氏图和伯德图难以保证图像的精确性，因此判断的准确性会有一定偏差。MATLAB 则提供了对控制系统分析和设计所必需的工具箱函数，利用 MATLAB 的函数可以快速、精确地绘制奈氏图和伯德图，并计算出频域性能指标，方便对系统进行分析和设计。

1. 奈奎斯特图(幅相频率特性图)的绘制

对于频率特性函数 $G(jw)$，给出 w 从负无穷到正无穷的一系列数值，分别求出 $Im(G(jw))$ 和 $Re(G(jw))$。以 $Re(G(jw))$ 为横坐标，$Im(G(jw))$ 为纵坐标绘制极坐标频率特性图(简称极坐标图)。

MATLAB 提供了函数 nyquist() 来绘制系统的极坐标图，其用法如下：

(1) nyquist(num, den)：可绘制出以连续时间多项式传递函数表示的系统的极坐标图。

(2) nyquist(num, den, w)：可利用指定的角频率矢量绘制出系统的极坐标图。

当不带返回参数时，直接在屏幕上绘制出系统的极坐标图(图上用箭头表示 w 的变化方向，负无穷到正无穷)。当带输出变量[Re, Im, w]引用函数时，可得到系统频率特性函数的实部 Re 和虚部 Im 及角频率点 w 矢量(为正的部分)。可以用 plot(Re, Im)绘制出对应 w 从负无穷到零变化的部分。

2. 对数频率特性图(伯德图)的绘制

对数频率特性图包括对数幅频特性图和对数相频特性图。横坐标为频率 w，采用对数分度，单位为弧度/秒；纵坐标均匀分度，分别为幅值函数 20lgA(w)，以 dB 表示；相角，以度表示。

MATLAB 提供了函数 bode() 来绘制系统的伯德图，其用法如下：

(1) bode(num, den)：可绘制出以连续时间多项式传递函数表示的系统的伯德图。

(2) bode(num, den, w)：可利用指定的角频率矢量绘制出系统的伯德图。

(3) [mag, pha, w]=bode(num, den)。

当带输出变量[mag, pha, w]或[mag, pha]引用函数时，可得到系统伯德图相应的幅值 mag、相角 pha 及角频率点 w 矢量或只是返回幅值与相角。相角以度为单位，幅值可转换为分贝单位：magdb=$20\times\log10(mag)$。

3. 频率响应的相角裕度和幅值裕度绘制

求幅值裕度和相角裕度的函数为 margin( )。其调用格式为：

(1) margin(num, den)：求幅值和相角裕度。

(2) [Gm, Pm, Wc, Wg]=margin(sys)。

(3) [Gm, Pm, Wc, Wg]=margin(map, phase, w)。

说明：margin()函数可以从频域响应的数据中计算出相角裕度和幅值裕度以及对应的角频率。输入参数 sys 一般用系统的开环传递函数描述系统的模型。margin(map, phase, w)函数可以在当前窗口中绘制出带有系统相角裕度和幅值裕度的伯德图，其中 map、phase、w

分别为幅值裕度、相角裕度和对应的角频率。

【**例 5 - 9**】 某控制系统的开环传递函数为

$$G_\mathrm{K}(s)=\frac{75(0.2s+1)}{s(s^2+16s+100)}$$

试绘制系统的伯德图和奈氏图，并用两种方法判别系统的稳定性。

解 首先绘制系统的伯德图，并求系统的幅值裕度和相角裕度，根据以上分析可知，bode()函数的作用仅仅是画伯德图，而 margin()函数则是在画伯德图的基础上，进一步求取系统的幅值裕度和相角裕度。在伯德图上无法直接判断系统是否稳定，需要进一步求取系统的幅值裕度和相角裕度，故用 margin()函数。

（1）绘制系统的伯德图。

MATLAB 程序如下：

```
num=75*[0.2,1];
den=conv([1,0],[1,16,100]);
G=tf(num,den);
margin(G); grid on;
```

以上指令在 MATLAB 中运行后，绘制的伯德图如图 5.38 所示。

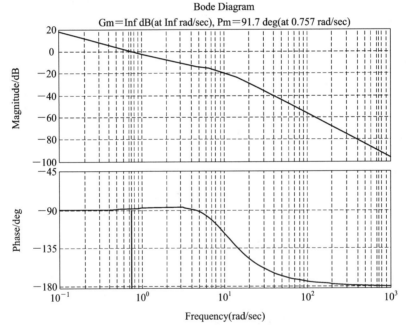

图 5.38　例 5 - 9 伯德图

由图 5.38 可知，系统的幅值裕度为 Inf(无穷大)，其相角裕度为 91.7°，幅值裕度和相角裕度均大于 0，所以系统稳定。

（2）绘制系统的奈氏图。

MATLAB 程序如下：

```
num=75*[0.2,1];
den=conv([1,0],[1,16,100]);
```

G＝tf(num,den);

　　nyquist(G);

　　grid on;

　　title('例 Nyquist Diagram of G(s)＝75 * (0.2s+1)/s(s^2+16s+100)');

以上指令在 MATLAB 中运行后,绘制的奈氏图如图 5.39 所示。

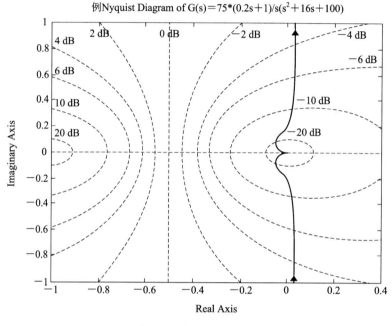

图 5.39　例 5－9 奈氏图

再求系统开环极点:

在 MATLAB 命令行窗口中输入:

　　roots(den)

运行后计算得

　　ans ＝

　　0

　　−8.0000 ＋ 6.0000i

　　−8.0000 − 6.0000i

由以上内容可知,系统在右半 s 平面没有开环极点,奈氏回线包围(−1,j0)的圈数为 0,所以系统稳定。

本 章 小 结

　　频域分析法是控制理论的重要组成部分,又是研究控制系统的一种工程方法。它是一种常用的图解分析法,其特点是可以根据系统的开环频率特性去判断闭环系统的性能,并能较方便地分析系统参量对时域响应的影响，从而指出改善系统性能的途径。

学习本章应掌握以下几个方面的基本内容：

（1）了解频率特性的定义及其物理意义，以及典型环节的奈氏图和伯德图，进而绘制复杂系统的奈氏图和伯德图。虽然用 MATLAB 可以方便地绘制这两种图，但如果不甚明了其原理且不善于迅速地画出图像和进行实际分析，那么这种工程方法的优点也就失去了一大半。

（2）若系统传递函数的极点和零点都位于左半 s 平面，则这种系统称为最小相位系统。反之，若系统的传递函数具有位于右半 s 平面的极点或零点，则这种系统称为非最小相位系统。对于最小相位系统，幅频和相频特性之间存在着唯一的对应关系，即根据对数幅频特性，可以唯一地确定相应的相频特性和传递函数，而对非最小相位系统则不然。

（3）奈氏稳定判据是频域分析法的核心，可以用系统的开环频率特性去判断闭环系统的稳定性。依据开环频率特性不仅能够定性地判断闭环系统的稳定性，而且可以定量地反映系统的相对稳定性，即稳定的裕度。系统的相对稳定性通常用相角裕度和幅值裕度来衡量。

（4）时域分析中的性能指标直观反映了系统动态响应的特征，属于直接性能指标。而系统频域性能指标可以作为间接性能指标。常用的间接系统的频域性能指标有两个，一是谐振峰值 M_r，反映了系统的相对稳定性；另一个是带宽或截止频率 ω_b，反映了系统的快速性。

习　　题

1. 系统的传递函数为

$$G(s) = \frac{5}{0.25s + 1}$$

当输入为 $5\cos(4t - 30°)$ 时，试求系统的稳态输出。

2. 试求下列函数的幅频特性 $A(\omega)$、相频特性 $\varphi(\omega)$、实频特性 $\mathrm{Re}(\omega)$ 和虚频特性 $\mathrm{Im}(\omega)$。

（1）$G(j\omega) = \dfrac{5}{30j\omega + 1}$；

（2）$G(j\omega) = \dfrac{1}{j\omega(0.1j\omega + 1)}$。

3. 画出下列传递函数对数幅频特性的渐近线和相频特性曲线。

（1）$G(s) = \dfrac{2}{(2s+1)(8s+1)}$；

（2）$G(s) = \dfrac{50}{s^2(s^2+s+1)(6s+1)}$；

（3）$G(s) = \dfrac{10(s+0.2)}{s^2(s+0.1)}$；

（4）$G(s) = \dfrac{8(s+0.1)}{s^2(s^2+s+1)(s^2+4s+25)}$。

4. 已知各单位反馈系统的开环幅相频率特性曲线如图 5.40 所示。图中 P 为开环系统在右半平面的极点个数。试用奈奎斯特稳定判据分别判断对应闭环系统的稳定性。

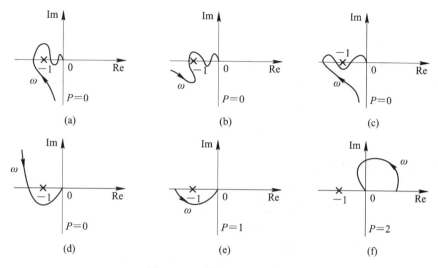

图 5.40　系统开环幅相曲线

5. 已知线性系统开环对数幅频特性渐近线如图 5.41 所示，且知开环传递函数没有正的零点与极点。

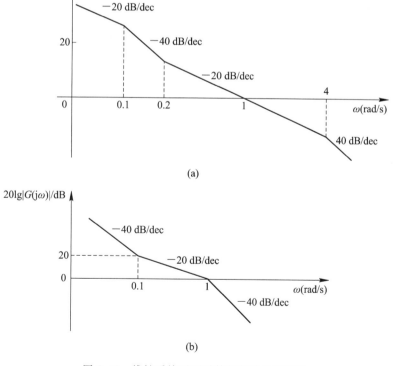

图 5.41　线性系统开环对数幅频特性渐近线

试写出其开环传递函数。

6. 设两个控制系统的开环传递函数分别为

(1) $G(s) = \dfrac{K}{s(s+2)(s+3)}$；

(2) $G(s) = \dfrac{K}{s^2(s+4)(s+5)}$。

试分别画出其开环频率特性极坐标图；求出极坐标曲线与负实轴的交点坐标；用奈奎斯特判据求出使闭环系统稳定的 K 值范围。

7. 控制系统的开环传递函数为

$$G(s) = \dfrac{100}{s^2(0.5s+1)(0.1s+1)}$$

(1) 试绘制系统的对数幅频特性图，并求相角裕度。

(2) 用 MATLAB 程序进行验证。

8. 系统结构图如图 5.42 所示，试用奈氏稳定判据判断其稳定性。

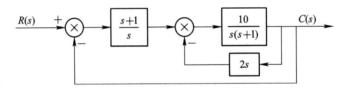

图 5.42　系统结构图

第6章 线性系统的校正

知识目标

- 理解 PID 串联校正对系统的影响及作用。
- 掌握利用复合校正减小稳态误差的计算方法。
- 熟练掌握超前校正和滞后校正网络的特点、作用以及校正设计方法。
- 正确理解反馈校正的特点及作用。

6.1 引　　言

本章将根据实际工程中的被控对象及给定的技术指标设计自动控制系统，也就是说本章将完成系统设计的任务。

实际工程技术中使用的自动调节系统多是闭环结构，这种结构总可以划分为被控对象、控制环节、反馈环节三个部分，如图 6.1 所示。

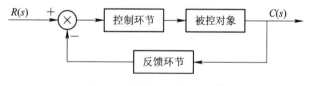

图 6.1　闭环自动调节系统

实践表明，在大多数情况下，通过前期结构设计的由上述三个部分连接起来的实际系统都不可能完全理想运行。工业革命时期，瓦特利用蒸汽机离心飞摆调速器控制轮速时出现的振荡问题就是一个明显的例子。限于当时的科技水平，瓦特直到临终也没能解决这个问题。

根据第 3 章对稳态误差的讨论，我们知道提高系统增益可以减小系统稳态误差，换句话说，提高系统增益可以改善系统稳态性能；但是根据第 5 章中利用奈氏图和伯德图对系统稳定性的分析可知，提高系统增益将使系统稳定裕度减小，从而导致系统动态性能变坏甚至导致系统不稳定。

控制系统的性能指标通常包括稳态和动态两方面。稳态性能指标用于反映控制系统的稳态响应，动态性能指标用于反映控制系统的瞬态响应情况，它一般可用时域性能指标和频域性能指标表示：时域指标有超调量 $\sigma\%$、调节时间 t_s、上升时间 t_r、峰值时间 t_p 等；频域指标有开环指标(相位裕度 γ、幅值裕度 K_g)和闭环指标(谐振峰值 M_r、谐振频率 ω_r)等。

要想使系统在满足稳态、动态性能指标的情况下理想运行，最可行的办法就是对控制环节进行重新设计。因为被控对象和反馈环节一般是根据实际需要而事先确定了的具体模型，通常情况下，它们都是不可更改的。所以系统设计的任务确切地说就是控制环节的设计。设计时，若所使用的指标是时域指标，则一般宜用根轨迹法进行设计，对闭环系统的极点重新配置；若所使用的指标是频域指标，宜用频域法进行设计。

工程自动控制的静态、动态性能指标要求经常是相互矛盾的，在系统设计中只能去寻找它们的折中方案。控制环节的设计就是通过综合运用数学和控制理论知识，寻找一个最佳的折中方案的过程。

控制环节设计的实质是，当系统的稳态、动态性能指标(一个或数个)偏离要求时，在系统的适宜位置加入适宜的特殊机构(校正装置)，通过调节它们的参数，从而使系统的整体特性发生改变，最终达到符合要求的性能指标，这种设计校正装置的过程就叫作系统校正。

本章只研究线性控制系统的校正方法，非线性控制系统的校正方法可参阅其他相关文献。

在工程应用中，根据被控对象的实际工作条件，必然对系统性能，如最大超调量、调整时间、幅值裕度、相位裕度、稳态误差等有一定的要求。实际校正过程就是设计和利用校正装置改善系统性能，使系统达到期望的性能指标。校正装置的设计在整个校正过程中尤为重要。

校正装置分为电气、机械、液压和气动等类型。本书分析的是电气控制系统，所以后文将以电气校正装置作为控制器的一个组成部分，详述有源和无源校正装置的工作原理和设计方法。

按校正装置在控制器中接入的位置不同，校正结构可分为三类，如图 6.2 所示。

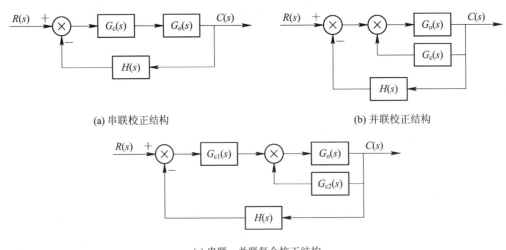

(a) 串联校正结构　　　　　　　　(b) 并联校正结构

(c) 串联、并联复合校正结构

图 6.2　控制器的几种校正结构

(1) 串联校正。串联校正就是将校正装置 $G_c(s)$ 串联在待校正的系统 $G_o(s)$ 的主调节回路里，$G_c(s)$ 通常可以用无源 RC 电路构成。因为结构简单、经济，所以串联校正结构常用在小功率系统中，在工艺复杂的中大功率系统的某些中间区段也经常采用。串联校正的缺点是抗干扰能力不如并联校正。

（2）并联校正。并联校正是将校正装置 $G_c(s)$ 并联在包括部分待校正系统 $G_o(s)$ 的反馈回路中，因此也被称为反馈校正。并联校正的优点是稳定性高、抗干扰能力强，其缺点是装置费用相对昂贵，通常还要求系统有较高的放大系数。

（3）串联、并联复合校正。同时采用串联、并联校正可充分利用各自的优点。但是这种校正装置的设计和调试难度稍大，而且造价高，多用于要求较高的复杂系统中。

本章将重点介绍串联校正。

按校正设计的不同原理，校正方法可分为频率校正法和根轨迹校正法。频率校正法的实质是将校正装置的频率特性配置到原系统频率特性的中频段附近的适当位置，从而得到符合系统性能要求的频率特性。根轨迹校正法的实质是利用校正装置的零、极点引入相角差来改变原系统根轨迹的形状，从而使新的根轨迹能够通过期望主导极点的位置。本章仅介绍工程设计中最常用的频率校正法（简称频率法）。

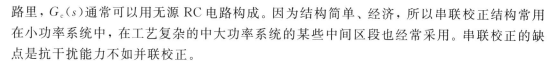

6.2 串 联 校 正

6.2.1 超前校正

一般而言，当控制系统的开环增益增大到满足其稳态性能所要求的数值时，系统有可能不稳定，或者即使能稳定，其动态性能一般也不会理想。在这种情况下，需要在系统的前向通路中增加超前校正装置，以实现在开环增益不变的前提下，系统的动态性能亦能满足设计的要求。本节先讨论超前校正网络的特性，然后介绍基于频率法的超前校正装置的设计过程。

1. 无源超前校正

图 6.3 所示为常用的无源超前网络。假设该网络信号源的阻抗很小，可以忽略不计，而输出负载的阻抗为无穷大，输入信号 u_r 的拉氏变换为 $U_r(s)$，输出信号 u_c 的拉氏变换为 $U_c(s)$。

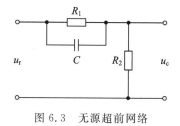

图 6.3　无源超前网络

用复阻抗的概念求该无源超前网络的传递函数如下：

$$G'_c(s) = \frac{U_c(s)}{U_r(s)} = \frac{R_2}{R_2 + \dfrac{1}{1/R_1 + sC}}$$

$$= \frac{R_2(1 + R_1 Cs)/(R_1 + R_2)}{(R_1 + R_2 + R_1 R_2 Cs)/(R_1 + R_2)}$$

$$= \frac{1}{\dfrac{R_1 + R_2}{R_2}} \cdot \frac{1 + \dfrac{R_1 + R_2}{R_2} \cdot \dfrac{R_2 R_1 C}{R_1 + R_2} s}{1 + \dfrac{R_1 R_2 C}{R_1 + R_2} s}$$

$$= \frac{1}{a} \cdot \frac{1 + aTs}{1 + Ts}$$

其中，分度系数 $a = \dfrac{R_1 + R_2}{R_2} > 1$，时间常数 $T = \dfrac{R_1 R_2 C}{R_1 + R_2}$，则 $aT = R_1 C$，所以传递函数可以写为

$$G'_c(s) = \frac{1}{a} \frac{1 + aTs}{1 + Ts} \tag{6-1}$$

注：采用无源超前网络进行串联校正时，整个系统的开环增益要下降为原来的 $\dfrac{1}{a}$，因此需要提高放大器增益加以补偿，如图 6.4 所示。

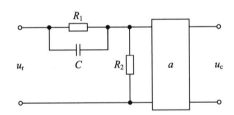

图 6.4　带有附加放大器的无源超前校正网络

此时超前校正网络的传递函数为

$$G_c(s) = aG'_c(s) = \frac{1 + aTs}{1 + Ts} \tag{6-2}$$

下面分析超前校正网络的特性。

超前网络的零点、极点分布如图 6.5 所示。

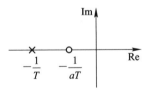

图 6.5　超前校正网络的零点、极点分布图

由于 $a > 1$，故超前网络的负实零点总是位于负实极点之右，两者之间的距离由常数 a 决定。

改变 a 和 T（即电路的参数 R_1、R_2、C）的数值，超前网络的零极点可在 s 平面的负实

轴任意移动。

超前校正网络的频率特性为

$$G_c(j\omega) = \frac{1+ja T\omega}{1+jT\omega}$$

幅频特性为

$$|G_c(s)| = \frac{\sqrt{1+(a T\omega)^2}}{\sqrt{1+(T\omega)^2}}$$

$$20\lg|G_c(s)| = 20\lg\sqrt{1+(a T\omega)^2} - 20\lg\sqrt{1+(T\omega)^2} \qquad (6-3)$$

相频特性为

$$\varphi_c(\omega) = \arctan(a T\omega) - \arctan(T\omega) \qquad (6-4)$$

对数频率特性如图 6.6 所示。在该频率范围内输出信号相角比输入信号相角超前，超前网络的名称由此而得。

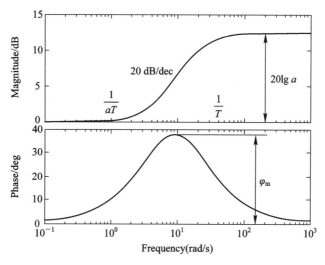

图 6.6　对数频率特性

显然，超前网络的伯德图中的在 $\dfrac{1}{aT}$ 至 $\dfrac{1}{T}$ 之间的输入信号有明显的微分作用。

那么，最大相位超前角发生在什么频率处？由式(6-4)可知

$$\varphi_c(\omega) = \arctan(a T\omega) - \arctan(T\omega) = \arctan\frac{(a-1)T\omega}{1+a(T\omega)^2} \qquad (6-5)$$

将式(6-5)对 ω 求导并令其为零，可得最大超前角频率为

$$\omega_m = \frac{1}{T\sqrt{a}} \qquad (6-6)$$

将式(6-6)代入式(6-5)，得最大超前角为

$$\varphi_m = \arctan\frac{a-1}{2\sqrt{a}} = \arcsin\frac{a-1}{a+1} \qquad (6-7)$$

或写成

$$a = \frac{1+\sin\varphi_m}{1-\sin\varphi_m} \qquad (6-8)$$

φ_{m} 和 a 之间的关系如图 6.7 所示。

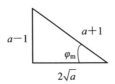

图 6.7　反映 φ_{m} 和 a 之间关系的三角形

由式(6-3)得超前角在 ω_{m} 处的幅值为

$$L_{\mathrm{c}}(\omega_{\mathrm{m}})=20\lg\sqrt{a}=10\lg a \tag{6-9}$$

由式(6-7)和式(6-9)可知，a 越大，则 φ_{m} 越大，$10\lg a$ 也越大，但为了保证较高的信噪比，a 不能取得太大，一般不超过 20。这种超前校正网络的最大相位超前角一般不大于 65°，如果需要大于 65°的相位超前角，则要用两个超前网络相串联来实现，并在所串联的两个网络之间加一隔离放大器，以消除它们之间的负载效应。

2. 串联超前校正

1) 超前校正设计思路

用频率法对系统进行串联超前校正的基本思路是：加入校正装置，从而改变系统开环频率特性的形状，以达到所期望的开环频率特性。所以我们要讨论开环频率特性与系统性能指标的关系。一般来说，用频率法设计系统时，应分频段考虑，即要求校正后系统的开环频率特性在低频、中频和高频段具有以下特点：

(1) 低频段应满足稳态精度的要求，因为低频段由开环传递函数含有的积分环节个数(系统型别)和开环增益来决定。

(2) 中频段应满足系统的动态性能，因为中频段的截止角频率 ω_{c}、相位稳定裕量 γ 与闭环系统的调节时间 t_{s} 和超调量 $\sigma\%$ 有关，一般让中频段的幅频特性的斜率为 $-20\ \mathrm{dB/dec}$，并具有较宽的频带，使相位裕量 γ 较大。

(3) 高频段要求幅值迅速衰减，以减少噪声的影响。

2) 串联超前校正设计步骤

用频率法对系统进行超前校正的基本原理是：利用超前校正网络的相位超前特性来增大系统的相位裕量，以达到改善系统瞬态响应的目的。为此，要求校正网络最大的相位超前出现在系统的截止频率处。

对截止频率没有特别要求时，用频率法对系统进行串联超前校正的一般步骤可归纳如下：

(1) 根据稳态误差的要求，确定系统的开环增益 K，并据此画出未校正系统的伯德图，得出系统的相位裕量 γ。

(2) 根据实际工程需要，确定期望的相位裕量 γ''，计算超前校正装置应提供的相位超前量 φ，即

$$\varphi=\varphi_{\mathrm{m}}=\gamma''-\gamma+\varepsilon$$

式中：ε 是用于补偿因超前校正装置的引入，使系统截止频率增大而增加的相位滞后量。ε 值通常是这样估计的：如果未校正系统的开环对数幅频特性在截止频率处的斜率为

-40 dB/dec，则取 $\varepsilon = 5° \sim 10°$；如果斜率为 -60 dB/dec，则取 $\varepsilon = 15° \sim 20°$。

（3）根据所确定的最大相位超前角 φ_m，算出相应的 a 值，即

$$a = \frac{1 - \sin \varphi_m}{1 + \sin \varphi_m}$$

（4）计算校正装置在 ω_m 处的幅值 $10\lg a$。由未校正系统的对数幅频特性图求得其幅值在 $-10\lg a$ 处的频率，则该频率 ω_m 就是校正后系统的开环剪切频率 ω_c''，即 $\omega_c'' = \omega_m$ 成立的条件为

$$-L'(\omega_c'') = L_c(\omega_m) = 10\lg a$$

式中：$L'(\omega_c'')$ 为校正前系统在 ω_c'' 处的幅值。

（5）确定校正网络的参数 a 和 T：

$$T = \frac{1}{\omega_m \sqrt{a}}$$

可得到校正装置传递函数为

$$G_c(s) = \frac{1 + aTs}{1 + Ts}$$

（6）画出校正后系统的伯德图，并验算相位裕量是否满足要求。如果不满足，则需增大 ε 值，从步骤（3）开始重新进行计算，直到满足要求。

【例 6-1】　设一单位反馈系统的开环传递函数为

$$G(s) = \frac{K}{s(0.5s + 1)}$$

试设计一超前校正装置，使校正后系统在单位斜坡信号作用下的稳态误差 $e_{ss} = 0.05$，相位裕度 $\gamma \geqslant 50°$，增益裕量不小于 10 dB。

解　由题目要求可知，校正后系统在单位斜坡信号作用下的稳态误差 $e_{ss} = 0.05$，且该系统是 I 型系统，根据前面章节的学习可知 $e_{ss} = 1/K = 0.05$，则可确定系统的开环增益 $K = 20$。

当开环增益 $K = 20$ 时，未校正系统的开环频率特性为

$$G(j\omega) = \frac{20}{j\omega\left(j\dfrac{\omega}{2} + 1\right)} = \frac{20}{\omega\sqrt{1 + \left(\dfrac{\omega}{2}\right)^2}} \angle -90° - \arctan\frac{\omega}{2}$$

在 MATLAB 仿真软件中使用 margin() 函数绘制未校正系统的伯德图，如图 6.8 所示。由该图可知未校正系统的相位裕量 $\gamma = 18°$。

当然，也可以利用以下方法进行相角裕度的计算。

当对数幅频特性曲线与 0 分贝线相交时，其对应的幅值为 1，可以计算出其剪切频率 ω_c。

由开环传递函数表达式可得

$$\frac{20}{\omega\sqrt{1 + \left(\dfrac{\omega}{2}\right)^2}} = 1$$

故

$$\omega_c = 6.17 \text{ rad/s}$$

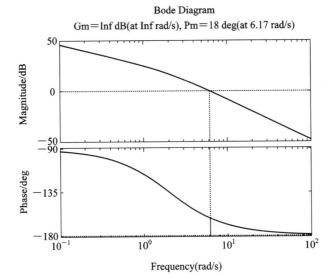

图 6.8 未校正系统的伯德图

于是未校正系统相角裕度为

$$\gamma = 180° - 90° - \arctan 0.5 \times 6.17 = 90° - 72.12° = 17.88°$$

为使系统的相角裕度满足要求，引入串联超前校正网络。在校正后系统剪切频率处的超前相角应为

$$\varphi_m = \gamma'' - \gamma + \varepsilon = 50° - 18° + 6° = 38°$$

因此

$$a = \frac{1 + \sin\varphi_m}{1 - \sin\varphi_m} = \frac{1 + \sin 38°}{1 - \sin 38°} = 4.2$$

超前校正装置在 ω_m 处的幅值为

$$10\lg a = 10\lg 4.2 = 6.2 \text{ dB}$$

据此，在未校正系统的开环对数幅值为 6.2 dB 时对应的频率 $\omega = \omega_m = 9 \text{ s}^{-1}$，就是校正后系统的截止频率 ω''_c。

计算超前校正网络的转折频率：

由 $\omega_m = \dfrac{1}{T\sqrt{a}}$，得

$$\omega_1 = \frac{1}{aT} = \frac{\omega_m}{\sqrt{a}} = \frac{9}{4.2} = 4.4$$

$$\omega_2 = \frac{1}{T} = \omega_m\sqrt{a} = 9\sqrt{4.2} = 18.4$$

$$G_c(s) = \frac{s + 4.4}{s + 18.4} = 0.239\frac{1 + 0.227s}{1 + 0.054s}$$

为了补偿因超前校正网络的引入而造成的系统开环增益的衰减，必须使附加放大器的放大倍数 $a = 4.2$，即

$$aG_c(s) = 4.2\frac{s + 4.4}{s + 18.4} = \frac{1 + 0.227s}{1 + 0.054s}$$

校正后系统的框图如图 6.9 所示，其开环传递函数为

$$G_c(s)G_o(s)=\frac{4.2\times40(s+4.4)}{(s+18.4)s(s+2)}=\frac{20(1+0.227s)}{s(1+0.5s)(1+0.054s)}$$

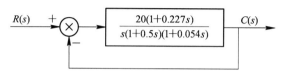

图 6.9　校正后系统框图

校正后的伯德图如图 6.10 所示。由该图可见，校正后系统的相位裕量 $\gamma'\geqslant50°$，增益裕量 $20\lg K_g=\infty$，均已满足系统设计要求。

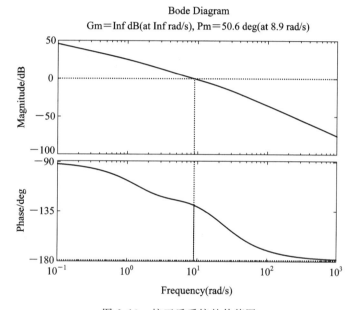

图 6.10　校正后系统的伯德图

3）串联超前校正的特点

基于以上分析，可知串联超前校正有以下特点：

（1）串联超前校正主要对未校正系统的中频段进行校正，使校正后的中频段幅值的斜率为 -20 dB/dec，且有足够大的相位裕度。

（2）超前校正会使系统瞬态响应速度变快。由例 6-1 可知，校正后系统的截止频率由校正前的 6 增大到 9。这表明校正后，系统的频带变宽，瞬态响应速度变快，但同时系统抗高频噪声的能力变差。对此，在设计校正装置时必须注意。

（3）超前校正一般虽能较有效地改善动态性能，但未校正系统的相频特性在截止频率附近急剧下降时，若用单级超前校正网络去校正，收效不大。因为校正后系统的截止频率向高频段移动，在新的截止频率处，未校正系统的相角滞后量过大，所以用单级的超前校正网络难以获得较大的相位裕度。

6.2.2　滞后校正

由于滞后校正网络具有低通滤波器的特性，因而当它与系统的不可变部分串联连接时，会使系统开环频率特性的中频段和高频段增益降低、截止频率减小，从而有可能使系统获得足够大的相位裕度，不影响频率特性的低频段。由此可见，滞后校正在一定的条件下也能使系统同时满足动态和稳态的要求。

滞后校正的不足之处是：校正后系统的截止频率会减小，瞬态响应的速度要变慢；在截止频率处，滞后校正网络会产生一定的相角滞后量。为了使这个滞后角尽可能地小，理论上总希望 $G_c(s)$ 的两个转折频率 ω_1、ω_2 比 ω_c 越小越好，但考虑物理实现上的可行性，一般取 $\omega_2 = \dfrac{1}{T} = (0.25 \sim 0.1)\omega_c$。

1. 无源滞后校正网络

无源滞后校正网络如图 6.11 所示。如果信号源的内部阻抗为零，负载阻抗为无穷大，则滞后网络的传递函数为

$$\frac{U_c(s)}{U_r(s)} = G_c(s) = \frac{R_2 + 1/(sC)}{R_2 + R_1 + 1/(sC)} = \frac{R_2 Cs + 1}{(R_1 + R_2)Cs + 1} = \frac{\dfrac{R_1 + R_2}{R_1 + R_2} R_2 Cs + 1}{(R_1 + R_2)Cs + 1} = \frac{1 + bTs}{1 + Ts}$$

$$(6-10)$$

式中：分度系数 $b = \dfrac{R_2}{R_1 + R_2} < 1$；时间常数 $T = (R_1 + R_2)C$。$bT = R_2 C$。

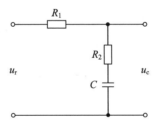

图 6.11　无源滞后校正网络

滞后校正网络的频率特性如图 6.12 所示。由图 6.12 可知：

(1) 同超前网络，滞后校正网络在 $\omega < \dfrac{1}{T}$ 时，对信号没有衰减作用；$\dfrac{1}{T} < \omega < \dfrac{1}{bT}$ 时，对信号有积分作用，呈滞后特性；$\omega > \dfrac{1}{T}$ 时，对信号衰减作用为 $20\lg b$，b 越小，这种衰减作用越强。

(2) 同超前网络，滞后校正网络的最大滞后角发生在转折频率 $\dfrac{1}{T}$ 与 $\dfrac{1}{bT}$ 的几何中心处，因为伯德图中横轴是对数轴，故 $\dfrac{1}{T}$ 与 $\dfrac{1}{bT}$ 几何中心的计算公式为

$$\omega_m = \frac{1}{T\sqrt{b}}$$

$$(6-11)$$

式中：ω_m 为最大滞后角频率。将 ω_m 代入滞后校正网络相角表达式，可得最大滞后角 φ_m 为

$$\varphi_m = \arcsin \frac{1-b}{1+b} \tag{6-12}$$

（3）采用无源滞后校正网络进行串联校正时，主要利用其高频幅值衰减的特性，以降低系统的开环截止频率，提高系统的相角裕度。

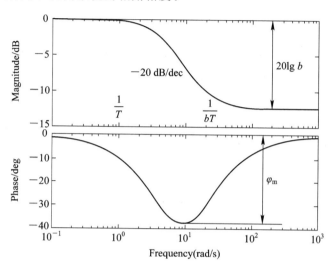

图 6.12 滞后校正网络的频率特性

2. 串联滞后校正

如果所研究的系统为单位反馈最小相位系统，则用频率法对系统进行滞后校正的一般步骤如下：

（1）根据给定的稳态性能要求确定系统的开环增益 K。

（2）利用已确定的开环增益，画出未校正系统对数频率特性曲线，确定未校正系统的截止频率 ω_c、相位裕度 γ 和幅值裕度 K_g。

（3）根据相位裕度 γ'' 要求，选择已校正系统的截止频率 ω_c''；考虑滞后网络在新的截止频率 ω_c'' 处会产生一定的相角滞后 $\varphi_c(\omega_c'')$，因此下列等式成立：

$$\gamma'' = \gamma(\omega_c'') + \varphi_c(\omega_c'') \tag{6-13}$$

式中：γ'' 是指标要求值；$\gamma(\omega_c'')$ 是原系统在 ω_c'' 处的相位裕量；$\varphi_c(\omega_c'')$ 是用于补偿由于滞后校正装置的引入所带来的 ω_c'' 附近的相角滞后，一般取 $-5° \sim -15°$。根据式（6-13）可以确定相应的 ω_c'' 值。

（4）根据下列关系确定滞后网络参数 b 和 T：

$$20\lg b + L'(\omega_c'') = 0 \tag{6-14}$$

$$\frac{1}{bT} = 0.1\omega_c'' \tag{6-15}$$

式（6-14）成立的原因是显然的，因为要保证已校正系统的截止频率为上一步所选的 ω_c'' 值，就必须使滞后网络的衰减量 $20\lg b$ 在数值上与未校正系统在新截止频率 ω_c'' 上的对数幅频值 $L'(\omega_c'')$ 相加等于零，该值在未校正系统的对数幅频曲线上可以查出或算出，于是，通过式（6-14）可以算出 b 值。

根据式(6-15)，由已确定的 b 值可以算出滞后网络的 T 值。如果求得的 T 值过大而难以实现，则可将式(6-15)中的系数 0.1 适当增大，例如在 0.1～0.25 范围内选取，而 $\varphi_c(\omega_c'')$ 的估计值应在 $-5°\sim-15°$ 范围内确定。

（5）验算已校正系统的相位裕度和幅值裕度。

【例 6-2】 设控制系统的传递函数为

$$G(s)=\frac{K}{s(0.1s+1)(0.2s+1)}$$

若要求校正后的静态速度误差系数等于 $30/s$，相角裕度为 $40°$，幅值裕度不小于 10 dB，截止频率不小于 2.3 rad/s，试设计串联校正装置。

解 （1）首先确定开环增益 K：

$$K_v=\lim_{s\to 0}sG(s)=K=30$$

（2）如图 6.13 所示，画出未校正系统的对数幅频渐近特性曲线，或计算未校正系统的截止频率和相位裕度。

$$\frac{30}{\omega_c\times 0.1\omega_c\times 0.2\omega_c}=1$$

$$\omega_c=11.5 \text{ rad/s}$$

$$\gamma=180°-90°-\arctan\omega_c\times 0.1-\arctan\omega_c\times 0.2$$

$$=90°-50.19°-67.38°=-27.6°$$

或直接由图 6.13 得

$$\omega_c=9.77,\ \gamma=-17.2°,\ \omega_g=7.07,\ K_g=-6.02 \text{ dB}$$

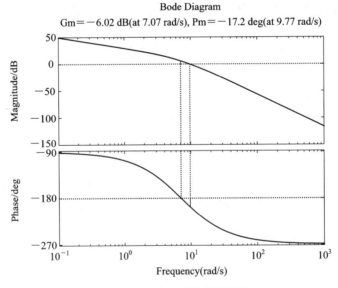

图 6.13 未校正系统的伯德图

（3）由给定的相位裕量值 γ'' 计算校正后新的截止频率 ω_c''：

$$\gamma''=\gamma(\omega_c'')+\varphi(\omega_c'')$$

$$\gamma(\omega_c'')=\gamma''-\varphi(\omega_c'')=40°-(-6°)=46°$$

式中：$\varphi(\omega_c'')$ 用于补偿因滞后校正装置的引入，使系统截止频率减小而造成的相角增加。

由

$$\gamma(\omega_c'') = 180 - 90° - \arctan(0.1\omega_c'') - \arctan(0.2\omega_c'') = 46°$$

得

$$\arctan \frac{0.1\omega_c'' + 0.2\omega_c''}{1 - 0.1\omega_c'' \times 0.2\omega_c''} = 44°$$

解得

$$\omega_c'' = 2.7$$

（4）计算校正前系统在 ω_c'' 处的幅值 $L(\omega_c'')$：

$$L(\omega_c'') = 20\lg \frac{30}{\omega_c'' \sqrt{(0.1\omega_c'')^2 + 1} \times \sqrt{(0.2\omega_c'')^2 + 1}} = 21 \text{ dB}$$

（5）根据所确定的 ω_c'' 计算网络参数 b、T。

由

$$20\lg b + L'(\omega_c'') = 0$$

得 $b = 0.09$，再由

$$\frac{1}{bT} = 0.1\omega_c''$$

得

$$T = \frac{1}{0.1\omega_c'' b} = 41.1$$

$$bT = 3.7$$

则滞后网络的传递函数为

$$G_c(s) = \frac{1 + bTs}{1 + Ts} = \frac{1 + 3.7s}{1 + 41.1s}$$

（6）画出校正后系统的伯德图并验算（相位裕度和幅值裕度）。

$$\varphi_c(\omega_c'') \approx \arctan[0.1(b-1)] = -5.2°$$

$$\varphi_c(\omega_c'') = \arctan \frac{(b-1)T\omega_c''}{1 + b(T\omega_c'')^2} = -5.21°$$

$$\gamma'' = \gamma(\omega_c'') + \varphi_c(\omega_c'') = 46.5° - 5.2° = 41.3° > 40°$$

满足要求。

未校正前的相位穿越频率 ω_g 的计算过程如下：

$$\varphi(\omega_g) = -180°$$

$$\varphi(\omega_g) = 90° - \arctan(0.1\omega_g) - \arctan(0.2\omega_g) = -180°$$

$$\arctan \frac{0.1\omega_g + 0.2\omega_g}{1 - 0.1\omega_g \times 0.2\omega_g} = \infty$$

$$1 - 0.1\omega_g \times 0.2\omega_g = 0, \quad \omega_g = 7.07 \text{ rad/s}$$

校正后的相位穿越频率为

$$\omega_g' = 6.8 \text{ rad/s}$$

幅值裕度为

$$K_g = -20\lg |G_c(j\omega_g') G_o(j\omega_g')| = 10.5 \text{ dB} > 10 \text{ dB}$$

或由系统校正后的伯德图（图 6.14），可知

$$\omega_c'' = 2.39, \ \gamma = 45.1°, \ \omega_g = 6.81, \ K_g = 14.2 \ \text{dB}$$

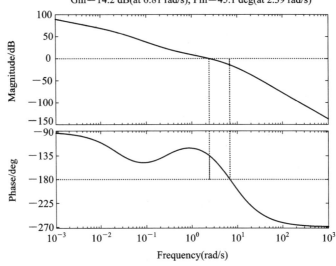

图 6.14 校正后系统的伯德图

串联超前校正和串联滞后校正方法的适用范围和特点如下：

（1）超前校正是利用超前网络的相角超前特性对系统进行校正的，而滞后校正利用的则是滞后网络的幅值在高频段的衰减特性。

（2）用频率法进行超前校正，旨在提高开环对数幅频渐近线在截止频率处的斜率（从 -40 dB/dec 提高到 -20 dB/dec）和相位裕度，并增大系统的频带宽度。频带变宽意味着校正后的系统响应变快，调整时间缩短。

（3）对同一系统而言，对系统进行超前校正时，系统的频带宽度大于进行滞后校正时系统的频带宽度，因此，如果要求校正后的系统具有宽的频带和良好的瞬态响应，则采用超前校正。当噪声电平较高时，显然频带越宽的系统抗噪声干扰的能力越差，所以此时宜对系统采用滞后校正。

（4）超前校正需要增加一个附加的放大器，以补偿超前校正网络对系统增益的衰减。

（5）滞后校正虽然能改善系统的稳态精度，但它使系统的频带变窄，瞬态响应速度变慢。如果要求校正后的系统既有快速的瞬态响应，又有高的稳态精度，则应采用滞后-超前校正。

有些应用采用滞后校正可能得出时间常数大到不能实现的结果。

当单纯用超前校正和滞后校正不能完成设计时，可考虑用下面讲到的滞后-超前校正。

6.2.3 滞后-超前校正

1. 无源滞后-超前网络

图 6.15 所示为常用的无源滞后-超前网络。假设该网络信号源的阻抗很小，可忽略不计，而输出负载的阻抗为无穷大，则其传递函数为

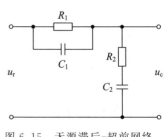

图 6.15 无源滞后-超前网络

$$G_c(s)=\frac{U_c(s)}{U_r(s)}=\frac{R_2+\dfrac{1}{sC_2}}{\dfrac{1}{R_1+\dfrac{1}{sC_1}}+R_2+\dfrac{1}{sC_2}}$$

$$=\frac{(R_1C_1s+1)(R_2C_2s+1)}{R_1C_1R_2C_2s^2+(R_1C_1+R_2C_2+R_1C_2)s+1}$$

$$=\frac{(T_as+1)(T_bs+1)}{(T_1s+1)(T_2s+1)} \tag{6-16}$$

令 $T_a=R_1C_1$，$T_b=R_2C_2$，设 $T_1>T_a$，则有

$$\frac{T_a}{T_1}=\frac{T_2}{T_b}=\frac{1}{a} \quad (a>1)$$

则有

$$T_1=aT_a，T_2=\frac{T_b}{a}$$

式(6-16)可表示为

$$G_c(s)=\frac{(T_as+1)(T_bs+1)}{(aT_as+1)\left(\dfrac{T_b}{a}s+1\right)}$$

$$=\frac{\left(1+\dfrac{s}{\omega_a}\right)\left(1+\dfrac{s}{\omega_b}\right)}{\left(1+\dfrac{s}{\dfrac{\omega_a}{a}}\right)\left(1+\dfrac{s}{a\omega_b}\right)} \tag{6-17}$$

式中：$\omega_a=\dfrac{1}{T_a}$；$\omega_b=\dfrac{1}{T_b}$。

无源滞后-超前网络的伯德图如图 6.16 所示。

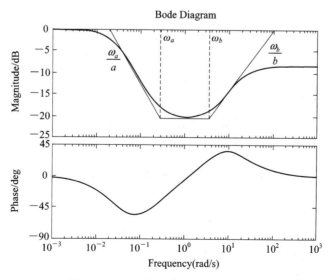

图 6.16　无源滞后-超前网络的伯德图

2. 串联滞后-超前校正

串联滞后-超前校正兼有滞后校正和超前校正的优点，即已校正系统响应速度快，超调量小，抑制高频噪声的性能也较好。当未校正系统不稳定，且对校正后的系统的动态和稳态性能（响应速度、相位裕度和稳态误差）均有较高要求时，仅采用超前校正或滞后校正，均难以达到预期的校正效果，此时宜采用串联滞后-超前校正。

串联滞后-超前校正实质上综合应用了滞后和超前校正各自的特点，即利用校正装置的超前部分来增大系统的相位裕度，以改善其动态性能；利用它的滞后部分来改善系统的稳态性能。两者分工明确，相辅相成。

串联滞后-超前校正的设计步骤如下：

（1）根据稳态性能要求，确定开环增益 K；

（2）绘制未校正系统的对数幅频特性，求出未校正系统的截止频率 ω_c、相位裕度 γ 及幅值裕度 K_g 等。

（3）在未校正系统对数幅频特性曲线上，选择斜率从 -20 dB/dec 变为 -40 dB/dec 的转折频率作为校正网络超前部分的转折频率 ω_b，$\omega_b = \dfrac{1}{T_b}$。

这种选法可以降低已校正系统的阶次，且可保证中频区斜率为 -20 dB/dec，并占据较宽的频带。

（4）根据响应速度要求，选择系统的截止频率 ω_c'' 和校正网络的衰减因子 $\dfrac{1}{a}$。要保证已校正系统截止频率为所选的 ω_c''，需要使下列等式成立：

$$-20\lg a + L'(\omega_c'') + 20\lg T_b\omega_c'' = 0 \qquad\qquad (6-18)$$

式中：$-20\lg a$ 是滞后-超前网络贡献的幅值衰减的最大值，$L'(\omega_c'')$ 是未校正系统的幅值量；$20\lg T_b\omega_c''$ 是滞后-超前网络超前部分在 ω_c'' 处贡献的幅值。

$L'(\omega_c'') + 20\lg T_b\omega_c''$ 可由未校正系统对数幅频特性的 -20dB/dec 延长线在 ω_c'' 处的数值确定。据此可由式（6-18）求出 a 值。

（5）根据相角裕度要求，估算校正网络滞后部分的转折频率 ω_a。

（6）校验已校正系统开环系统的各项性能指标。

本节介绍了由无源网络构成的基于频率法的串联控制器的顺向设计方法，即依据指标或设计要求，首先选择三类控制器中的一种，然后按设计规则进行设计。事实上，若能根据指标设计出校正后的期望频率特性，则根据 $G(j\omega) = G_c(j\omega)G_o(j\omega)$，由校正前后的幅频特性和相频特性，亦可得到待定的控制器。此法对于最小相位系统尤其有效。

6.3　线性系统的基本控制规律

正如第 3 章所讲，线性系统的运动过程可由微分方程描述，微分方程的解就是系统的响应，欲使系统响应具有所需的性能，可以通过附加校正装置去实现。抽象地看，增加了校正装置后，就改变了描述系统运动过程的微分方程。

如果校正装置的输出与输入之间是一个简单的但能按需要整定的比例常数关系，则这种控制作用通常称为比例控制。整定不同的比例常数值，就能改变系统微分方程相应项的系数，于是系统的零点、极点分布随之相应地变化，从而达到改变系统响应的目的。

比例控制对改变系统零点、极点分布的作用是很有限的，它不具有削弱甚至抵消系统原有部分中"不良"的零点、极点的作用，也不具有向系统增添所需零点、极点的作用。也就是说，仅依靠比例控制往往不能使系统获得所需的性能。

为了更大程度地改变描述系统运动过程的微分方程，以使系统具有所要求的暂态和稳态性能，一个线性连续系统的校正装置应该能够实现其输出是输入对时间的微分或积分，这就是微分控制和积分控制。

比例(P)、微分(D)、积分(I)控制规律常称为线性系统的基本控制规律，应用这些基本控制规律的某些组合，如比例-微分、比例-积分、比例-积分-微分等组合控制规律，可以实现对被控对象的有效控制，如图 6.17 所示。线性连续系统的校正装置能简单地看成包含加法器(相加或相减)、放大器、衰减器、微分器或积分器等部件的一个装置。设计者的任务是恰当地组合这些部件，确定连接方式以及它们的参数。

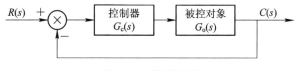

图 6.17　控制系统

6.3.1　基本控制规律

1. 比例(P)控制规律

具有比例控制规律的控制器，称为比例(P)控制器。比例控制规律的传递函数为

$$G_c(s) = K_p$$

式中：K_p 为比例增益。

比例控制器实质上相当于在前向通路中串联一个放大器。在信号变换过程中，比例控制器只改变信号的增益而不影响其响应，从而提高系统的控制精度，但会降低系统的相对稳定性，甚至可能造成闭环系统不稳定。因此，在系统校正设计中，很少单独使用比例控制器。

2. 比例-微分(PD)控制规律

具有比例-微分控制规律的控制器，称为比例-微分(PD)控制器。比例-微分控制规律的传递函数为

$$G_c(s) = K_p(1 + T_d s)$$

式中：K_p 为比例增益；T_d 为微分时间常数。K_p 和 T_d 都是可调的参数。

PD 控制器中的微分控制规律，能反映输入信号的变化趋势，产生有效的早期修正信号，以增加系统的阻尼程度，从而改善系统的稳定性。在串联校正中，可使系统增加一个 $-1/T_d$ 的开环零点，使系统的相角裕度增加，有助于系统动态性能的改善。

【**例 6 - 3**】　设比例-微分控制系统如图 6.18 所示，试分析 PD 控制器对系统性能的

影响。

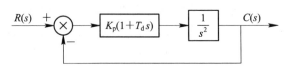

图 6.18　比例-微分控制系统

解　无 PD 控制器时，系统的特征方程为

$$s^2 + 1 = 0$$

显然，系统的阻尼比等于零，系统处于临界稳定状态，即实际上的不稳定状态。接入 PD 控制器后，系统的特征方程为

$$s^2 + K_p T_d s + K_p = 0$$

加入 PD 控制器后特征方程的阻尼比 $\xi = \dfrac{T_d}{2}\sqrt{K_p} > 0$，因此闭环系统是稳定的。

需要注意的是，因为微分控制作用只对动态过程起作用，而对稳态过程没有影响，且对系统噪声非常敏感，所以单一的微分控制器在任何情况下都不宜与被控对象串联起来单独使用。通常，微分控制器总是与比例控制器或比例-积分控制器结合起来，构成组合的 PD 或 PID 控制器，应用于实际的控制系统。

3. 积分(I)控制规律

具有积分控制规律的控制器，称为积分(I)控制器。积分控制规律的传递函数为

$$G_c(s) = \frac{1}{T_i s}$$

式中：T_i 为积分时间常数，为可调参数。由于积分控制器的积分作用，当输入信号消失后，输出信号有可能是一个不为零的常量。

在串联校正中，采用积分控制器可以提高系统的型别，有利于系统稳态性能的提高，但积分控制器使系统增加了一个位于原点的开环极点，使信号产生 90°的相角滞后，对系统的稳定性不利。因此，在控制系统的校正设计中，通常不宜采用单一的积分控制器。

4. 比例-积分(PI)控制规律

具有比例-积分控制规律的控制器，称为比例-积分(PI)控制器。比例-积分控制规律的传递函数为

$$G_c(s) = K_p\left(1 + \frac{1}{T_i s}\right)$$

式中：K_p 为比例增益；T_i 为积分时间常数。K_p 和 T_i 都是可调的参数。

在串联校正中，PI 控制器相当于在系统中增加了一个位于原点的开环极点，同时也增加了一个位于 s 左半平面的开环零点。增加的极点可以提高系统的型别，以消除或减小系统的稳态误差，改善系统的稳态性能；而增加的负实零点则用来增加系统的阻尼程度，缓和 PI 控制器极点对系统稳定性及动态过程产生的不利影响。只要积分时间常数 T_i 足够大，PI 控制器对系统稳定性的不利影响就会大大削弱。在实际控制系统中，PI 控制器主要用来改善系统稳态性能。

【例 6-4】　设比例-积分控制系统如图 6.19 所示，试分析 PI 控制器对系统稳态性能

的改善作用。

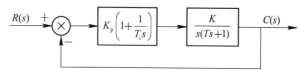

图 6.19　比例-积分控制系统

解　接入 PI 控制器后，系统的开环传递函数为

$$G(s) = \frac{KK_p(T_i s + 1)}{T_i s^2 (Ts + 1)}$$

可见，系统由原来的 I 型系统提高到 II 型系统。若系统的输入信号为单位斜坡函数，则无 PI 控制器时，系统的稳态误差为 $1/K$；接入 PI 控制器后，稳态误差为零。这表明 I 型系统采用 PI 控制器后，可以消除系统对斜坡输入信号的稳态误差，控制准确度大为改善。

采用 PI 控制器后，系统的特征方程为

$$TT_i s^3 + T_i s^2 + KK_p T_i s + KK_p = 0$$

式中：参数 T、T_i、K、K_p 都是正数。由劳斯判据可知，$T_i \cdot KK_p T_i > TT_i \cdot KK_p$，即调整 PI 控制器的积分时间常数 T_i，使之大于被控对象的时间常数 T，可以保证闭环系统的稳定性。

5. 比例-积分-微分(PID)控制规律

具有比例-积分-微分控制规律的控制器，称为比例-积分-微分(PID)控制器。比例-积分-微分控制规律的传递函数为

$$G_c(s) = K_p \left(1 + \frac{1}{T_i s} + T_d s \right)$$

若 $4T_d / T_i < 1$，则

$$G_c(s) = \frac{K_p}{T_i} \cdot \frac{(T_1 s + 1)(T_2 s + 1)}{s}$$

式中：

$$T_1 = \frac{T_i}{2}\left(1 + \sqrt{1 - \frac{4T_d}{T_i}}\right), \quad T_2 = \frac{T_i}{2}\left(1 - \sqrt{1 - \frac{4T_d}{T_i}}\right)$$

可见，当利用 PID 控制器进行串联校正时，除可使系统的型别提高一级外，还将提供两个负实零点。与 PI 控制器相比，PID 控制器除了同样具有提高系统稳态性能的优点，还多提供一个负实零点，从而在提高系统的动态性能方面具有更大的优越性。因此，在工业过程控制系统中，广泛使用 PID 控制器。

6.3.2　PID 控制参数工程整定方法

PID 控制器各部分参数的选择将在现场调试时确定。下面介绍常用的参数整定方法。

1. 临界比例法

临界比例法适用于自平衡型的被控对象。首先，将控制器设置为比例(P)控制器，形成闭环，改变比例系数，使得系统对阶跃输入的响应达到等幅振荡状态(临界稳定)。将这时

的比例系数记为 K_r，振荡周期记为 T_r，根据奇格勒-尼柯尔斯(Ziegler - Nichols)经验公式，由这两个基准参数可得到不同类型控制器的调节参数，见表 6-1。

表 6-1　临界比例法确定的 PID 控制器参数

控制器类型	K_p/K_r	T_i/T_r	T_d/T_r
P	0.5	—	
PI	0.45	0.85	—
PID	0.6	0.5	0.12

2. 响应曲线法

响应曲线法是用阶跃响应曲线来整定控制器参数的，即对被控对象(开环系统)施加一个阶跃信号，通过实验法方法，测出该开环系统的阶跃响应曲线，根据这条阶跃响应曲线求出等效纯滞后时间 τ、等效惯性时间常数 T，以及广义对象的放大系数 K，然后再确定 K_p、T_i、T_d 的取值。表 6-2 给出了 PID 控制器参数 K_p、T_i、T_d 和 τ、T、K 之间的关系。

表 6-2　响应曲线法确定的 PID 控制器参数

控制器类型	$K_p/[T/(K\tau)]$	T_i/τ	T_d/τ
P	1	—	
PI	0.91	3.3	—
PID	1.18	2	0.5

3. 试凑法

试凑法就是通过仿真或实际运行，观察系统在典型输入信号作用下的响应曲线，根据各控制参数对系统的影响，反复调节试凑，直到响应曲线达到性能指标的要求，从而确定 PID 参数。在试凑时，根据前述 PID 参数对控制过程的作用影响，对参数实行先比例、后积分、再微分的整定步骤。令 $K_i = K_p T/T_i$，$K_d = K_p T_d/T$，具体步骤如下：

(1) 只整定比例部分。先将 K_i、K_d 设为 0，逐渐加大比例参数 K_p(或先取较大值，然后用 0.618 黄金分割法选择 K_p)并观察系统的响应，直到获得反应快、超调小的响应曲线。如果系统没有稳态误差或稳态误差很小(已小到允许的范围内)，且响应曲线已达到性能指标要求，则只需用比例控制器，最后的比例系数可由此确定。

(2) 如果在比例控制的基础上系统的稳态误差不能满足设计要求，则须加入积分环节。同样，K_i 先选较小值，然后逐渐加大(或先取较大值，然后用 0.618 黄金分割法选择 K_i)，使得在系统具有良好动态性能的情况下，消除稳态误差，直到得到满足性能指标的响应曲线。在此过程中，可根据是否满足性能指标反复改变比例系数与积分系数，以得到满意的控制过程与整定参数。

(3) 若使用比例积分控制器消除了稳态误差，但动态过程经反复调整后仍不能满足要求，则可加入微分环节，构成比例-积分-微分控制器。这时可以加大 K_d 以提高响应速度，减少超调量；但对于对干扰较敏感的系统，则要谨慎，因为加大 K_d 可能反而会增加系统的超调量。在整定时，可先置微分系数 K_d 为零，在步骤(2)整定的基础上增大 K_d，同时相应地改变比例系数和积分系数，逐步凑试，以获得满意的调节效果和控制参数。

6.4 基于 MATLAB 的线性系统校正分析

利用 MATLAB 软件可方便、直观地分析、设计和比较线性系统校正前后的特性。

本节介绍基于频率法的 MATLAB 设计方法,主要利用伯德(Bode)图进行系统的设计。在 MATLAB 软件中,有关利用频率法进行系统校正的常用函数如下:

Bode——伯德图作图命令;

Margin——求取系统的幅值裕度和相位裕度;

Semilogx——半对数作图函数;

Logspace——用于在某个区域中产生若干频点;

Nyquist——Nyquist 曲线作图命令;

Phase、Abs——求取复数行矢量的相角和幅值函数。

下面结合例题介绍采用 MATLAB 进行设计的具体步骤。

【例 6 - 5】 对一给定的对象环节

$$G_\circ(s) = \frac{K}{s(0.03s+1)}$$

设计一个补偿器,使校正后系统的静态速度误差系数 $K_v \geqslant 75 \text{ s}^{-1}$,剪切频率大于 60 s^{-1},相角裕量 $\geqslant 45°$。

解 (1)首先根据对静态速度误差系数的要求,确定系统的开环增益 $K = 75 \text{ s}^{-1}$。

(2)写出系统传递函数 $G_\circ$,并计算其幅值裕量和相角裕量。MATLAB 程序如下:

```
num=75;
den=conv([1, 0], [0.03, 1]);
margin(num, den)
```

未校正环节的伯德图如图 6.20 所示。由图可以看到,未校正环节的幅值裕量为无穷大,相角裕量 $\gamma = 36.7°$,剪切频率 $\omega_c = 44.8 \text{ rad/s}$,不满足要求。

(3)根据系统对动态性能的要求,可试探性地引入一个超前补偿器来增加相角裕量,则可假设校正装置的传递函数为

$$G_c(s) = \frac{0.04s+1}{0.02s+1}$$

则可通过下列的 MATLAB 语句得到校正后系统的幅值裕量和相角裕量:

```
num=75 * [0.04, 1];
den=conv(conv([1, 0], [0.03, 1]), [0.02, 1]);
margin(num, den)
```

校正后系统的伯德图如图 6.21 所示。由图可以看出,在频率 $\omega = 60$ 处系统的幅值和相位均增加了。在这样的控制器下,校正后系统的相角裕量增加到 $46°$,而剪切频率增加到了 60.4 rad/s。

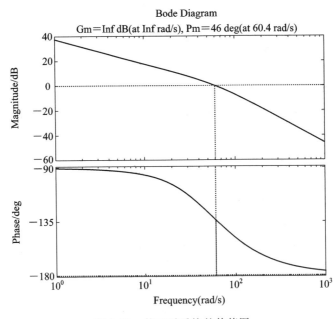

图 6.20　未校正系统的伯德图

图 6.21　校正后系统的伯德图

本 章 小 结

本章介绍了系统的基本控制规律和常用校正方法，主要包括以下几个方面的内容：

（1）校正的目的、基本概念及常用方法。控制系统的校正主要有两个目的：一是使不稳定的系统经过校正变为稳定，二是改善系统的动态和稳态性能，使系统具备期望的理想性能指标。系统校正，其实就是系统控制环节设计的过程。

（2）无源和有源校正装置的选择和具体实现。主要介绍了串联校正，包括相位超前校正、相位滞后校正和相位滞后-超前校正，需要重点掌握前两者。从校正原理上来说，有源校正和无源校正是相同的，只是实现方式有差异。

校正的一般步骤是：首先针对未校正系统得出与期望特性相应的指标（动态和稳态指标），然后与期望值比较，在此基础上选择合适的校正装置，按频率法的设计原则进行设计，最后校核设计的效果，进行调整或重新选择校正装置。

（3）PID 控制器的原理、方法和参数整定。线性控制系统的基本控制规律有比例控制、微分控制和积分控制，这些控制规律组成的 PID 控制，一般可以达到校正控制对象特性的目的。本章重点介绍了基本的 PID 参数整定法，它既可以基于时域使用也可基于频域使用，有很好的工业应用价值。

（4）MATLAB 软件的使用。主要介绍了 MATLAB 软件中与利用频率法进行系统校正有关的内部函数，通过实例说明了 MATLAB 软件在系统校正中的应用。

习　　题

1. 试回答下列问题，着重从物理概念上加以说明：

（1）有源校正装置与无源校正装置的特点有哪些不同之处？它们在实现校正规律时的作用是否相同？

（2）如果 I 型系统希望经校正后成为 II 型系统，应采用哪种校正规律才能满足要求，并保证系统稳定？

（3）串联超前校正为什么可以改善系统的暂态性能？

（4）在什么情况下加串联滞后校正可以提高系统的稳定程度？

2. 某单位反馈系统的开环传递函数为

$$G(s) = \frac{6}{s(s^2 + 4s + 6)}$$

当串联校正装置的传递函数 $G_c(s)$ 如下时：

（1）$G_c(s) = 1$；（2）$G_c(s) = \dfrac{5(s+1)}{s+5}$；（3）$G_c(s) = \dfrac{s+1}{5s+1}$，

试求闭环系统的相角裕度 γ。

3. 设单位反馈系统的开环传递函数为

$$G_o(s) = \frac{K}{s(s+1)}$$

试设计串联超前校正装置，使系统满足在单位斜坡信号输入下 $e_{ss} \leqslant \dfrac{1}{15}$，相角裕量 $\gamma \geqslant 45°$。

4. 已知未校正系统的开环传递函数为

$$G_o(s) = \frac{K}{s(s+2)(s+6)}$$

试设计串联滞后校正装置,使系统满足下列性能指标:$K \geqslant 180 \text{ s}^{-1}$,$\gamma \geqslant 40°$,$3 \text{ s}^{-1} < \omega_c < 5 \text{ s}^{-1}$。

5. 为了满足要求的稳态性能指标,一单位反馈伺服系统的开环传递函数为

$$G(s) = \frac{200}{s(0.1s+1)}$$

试设计一无源校正网络,使校正后系统的相角裕度不小于 $45°$,剪切频率小于 50 s^{-1}。

6. 已知一单位反馈控制系统,其被控对象 $G_o(s)$ 和串联校正装置 $G_c(s)$ 的对数幅频特性分别如图 6.22 中 L_o 和 L_c 所示。

(1)写出校正前系统的开环传递函数 $G_o(s)$,并计算校正前系统的相角裕度。

(2)写出校正装置的传递函数 $G_c(s)$,并确定所用的是何种串联校正方式。

(3)写出校正后系统的开环传递函数。

(4)求校正后系统的相角裕度,并分析校正的作用。

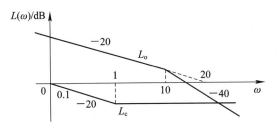

图 6.22 单位反馈系统对数幅频特性曲线

7. 已知一单位反馈控制系统的被控对象 $G_o(s)$ 和串联校正装置 $G_c(s)$ 的对数幅频特性分别如图 6.23 中 L_o 和 L_c 所示。

(1)写出校正前系统的开环传递函数 $G_o(s)$,并计算校正前系统的相角裕度。

(2)写出校正装置的传递函数 $G_c(s)$,并确定所用的是何种串联校正方式。

(3)写出校正后系统的开环传递函数。

(4)求校正后系统的相角裕度,并分析该校正的作用。

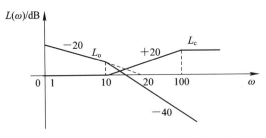

图 6.23 单位反馈系统对数幅频特性曲线

8. 已知单位反馈系统的开环传递函数为

$$G_o(s) = \frac{K}{s(0.1s+1)(0.2s+1)}$$

试用伯德图设计法对系统进行滞后校正设计,使系统满足如下要求:

(1)系统在单位斜坡信号的作用下,速度误差系数 $K_v \geqslant 30 \text{ s}^{-1}$。

(2)系统校正后的剪切频率 $\omega_c \geqslant 2.3 \text{ s}^{-1}$。

(3)系统校正后的相角裕量 $\gamma \geqslant 40°$(用 MATLAB 语言编程)。

第 7 章   线性离散控制系统

知识目标

- 掌握 z 变换的定义、方法及基本定理。
- 了解采样系统的特点，掌握采样定理。
- 熟练掌握求离散系统开环、闭环脉冲传递函数的方法。
- 熟练掌握离散系统稳定性的判别方法。
- 熟练掌握离散系统的动态性能和稳态性能。

7.1   引   言

在连续系统中，各处的信号都是时间的连续函数。这种在时间上连续，在幅值上也连续的信号称为连续信号，又称模拟信号。

另有一类采样控制系统也叫离散控制系统，其特征是系统中有一处或多处采样开关，如图 7.1 所示。采样开关后的信号就不是连续的模拟信号，而是在时间上离散的脉冲序列，称为离散信号。采样的方式是多样的，例如周期采样、多速率采样、随机采样等，本章只讨论周期采样。

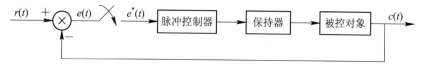

图 7.1   采样控制系统

将数字计算机加入控制系统中，就构成了数字控制系统，如图 7.2 所示，工程上也称为计算机控制系统。注意，采样开关的功能是通过计算机程序来实现的。模拟信号经过 A/D 转换器转换后，不仅在时间上离散，在幅值上也是离散的，称为数字信号。数字信号是离散信号的一种特殊形式，它能被计算机接收、处理和输出。

数字控制系统在现代工业中应用非常广泛。计算机在控制精度、控制速度以及性能价格比等方面都比模拟控制器有着明显的优越性，同时计算机还具有很好的通用性，可以很方便地改变控制规律。随着计算机科学与技术的迅速发展，数字控制系统由直接数字控制发展到计算机分布控制，由对单一的生产过程进行控制到实现对整个工业过程的控制，从简单的控制规律发展到更高级的优化控制、自适应控制、鲁棒控制等。本章将研究采样控制的基本理论、数学工具以及简单离散系统的分析与综合。在学习时请注意它们与连续系统对应方面的联系与区别。

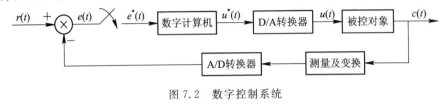

图 7.2　数字控制系统

7.2　信号的采样与保持

7.2.1　采样过程

把连续信号变换为脉冲序列的装置称为采样器，又叫采样开关。采样过程可以用一个周期性闭合的采样开关 S 来表示，如图 7.3 所示。假设采样开关每隔 T 秒闭合一次，闭合的持续时间为 τ。采样器的输入 $e(t)$ 为连续信号，输出 $e^*(t)$ 为宽度等于 τ 的调幅脉冲序列，在采样瞬间 $nT(n=0,1,2,\cdots)$ 时出现。即在 $t=0$ 时，采样器闭合 τ 秒，此时 $e^*(t)=e(t)$；$t=\tau$ 之后，采样器打开，输出 $e^*(t)=0$。以后每隔 T 秒重复一次该过程。

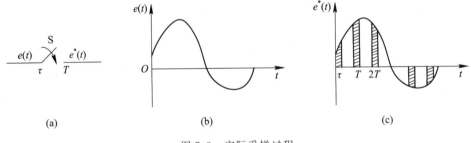

图 7.3　实际采样过程

对于具有有限脉冲宽度的采样控制系统来说，要准确进行数字分析是非常复杂的。考虑到采样开关的闭合时间 τ 非常小，一般远小于采样周期 T 和系统的连续部分的最大时间常数，因此在分析时，可以认为 $\tau=0$。这样，采样器就可以用一个理想采样器来代替。理想的采样过程如图 7.4 所示。

采样开关的周期性动作相当于产生一串理想脉冲序列，数学上可以表示成如下形式：

$$\delta_T(t) = \sum_{n=0}^{\infty} \delta_T(t-nT) \tag{7-1}$$

输入模拟信号 $e(t)$ 经过理想采样器的过程相当于 $e(t)$ 调制在载波 $\delta_T(t)$ 上的结果，而各脉冲强度用其高度来表示，它们等于采样瞬间 $t=nT$ 时 $e(t)$ 的幅值。调制过程在数学上的表示为两者相乘，即调制后的采样信号可表示为

$$e^*(t) = e(t)\delta_T(t) = e(t)\sum_{n=0}^{\infty}\delta_T(t-nT) = \sum_{n=0}^{\infty}e(t)\delta_T(t-nT) \tag{7-2}$$

因为 $e(t)$ 只在采样瞬间 $t=nT$ 时才有意义，故上式也可写成

$$e^*(t) = \sum_{n=0}^{\infty}e(nT)\delta_T(t-nT) \tag{7-3}$$

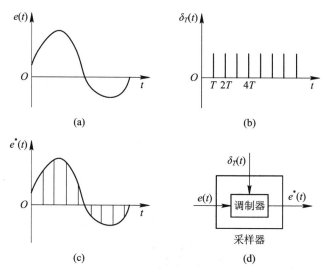

图 7.4　理想采样过程

7.2.2　保持器

由图 7.4 可知，连续信号经过采样器后转换成离散信号，经由脉冲控制器处理后仍然是离散信号，而采样控制系统的连续部分只能接收连续信号，因此需要保持器来将离散信号转换为连续信号。最简单的同时也是工程上应用最广的保持器是零阶保持器，这是一种采用恒值外推规律的保持器。它把前一采样时刻 nT 的 $u(nT)$ 不增不减地保持到下一个采样时刻 $(n+1)T$，其输入信号和输出信号的关系如图 7.5 所示。

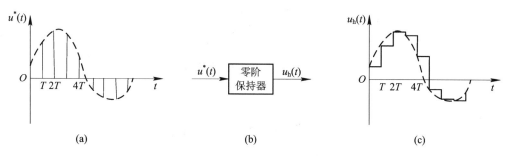

图 7.5　零阶保持器的输入和输出信号

零阶保持器的单位脉冲响应如图 7.6 所示，可表示为

$$g_h(t) = 1(t) - 1(t-T) \tag{7-4}$$

式 (7-4) 的拉式变换式为

$$G_h(s) = \frac{1-e^{-Ts}}{s} \qquad (7-5)$$

令式(7-5)中的 $s = j\omega$，可以求得零阶保持器的频率特性：

$$G_h(j\omega) = \frac{1-e^{-j\omega T}}{j\omega} = |G_h(j\omega)| \angle G_h(j\omega) \qquad (7-6)$$

式中：

$$\begin{cases} |G_h(j\omega)| = T\dfrac{\sin(\omega T/2)}{\omega T/2} \\ \angle G_h(j\omega) = -\dfrac{\omega T}{2} \end{cases} \qquad (7-7)$$

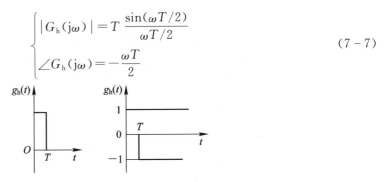

图 7.6 零阶保持器的单位脉冲响应

画出零阶保持器的幅频特性和相频特性，如图 7.7 所示，其中 $\omega_s = 2\pi/T$。由图可见，它的幅值随角频率的增大而衰减，具有明显的低通特性。但除了主频谱外，还存在一些高频分量。因此，如果连续信号 $e(t)$ 经过采样器转换成 $e^*(t)$ 后，立刻进入零阶保持器，则其输出信号 $e'(t)$ 与原始信号 $e(t)$ 是有差别的。

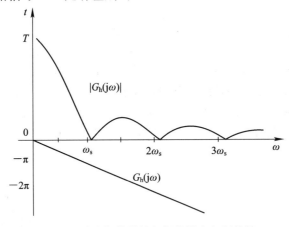

图 7.7 零阶保持器的幅频特性和相频特性

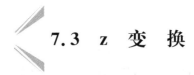

7.3 z 变 换

7.3.1 z 变换的定义

z 变换是从拉氏变换直接引申出来的一种变换方法，它实际上是采样函数拉氏变换的变形，因此 z 变换又称采样拉氏变换，是研究线性离散系统的重要数学工具。

线性连续系统的动态及稳态性能，可以应用拉氏变换的方法进行分析。与此相似，线性离散系统的性能，可以采用 z 变换的方法进行分析。

1. z 变换定义

　　设连续信号 $x(t)$（$t<0$ 时，$x(t)=0$）每隔时间 T 采样一次，相当于连续时间信号 $x(t)$ 乘以冲激序列 $\delta(t-kT)$，则 $x(t)$ 的采样信号 $x^*(t)$ 为

$$x^*(t)=\sum_{k=0}^{+\infty}x(t)\delta(t-kT)=\sum_{k=0}^{+\infty}x(kT)\delta(t-kT) \tag{7-8}$$

则采样信号 $x^*(t)$ 的拉氏变换为

$$X^*(s)=\int_0^\infty\Big[\sum_{k=0}^\infty x(t)\delta(t-kT)\mathrm{e}^{-st}\mathrm{d}t\Big]=\sum_{k=0}^\infty\Big[\int_0^\infty x(t)\delta(t-kT)\mathrm{e}^{-st}\mathrm{d}t\Big]$$

　　由冲激函数 $\delta(t)$ 的筛分性质，可得

$$X^*(s)=\sum_{k=0}^\infty x(kT)\mathrm{e}^{-kTs} \tag{7-9}$$

这里引入一个新的复变量 z，令

$$z=\mathrm{e}^{sT} \tag{7-10}$$

则式（7-9）可转换成复变量 z 的函数，用 $X(z)$ 表示，即

$$X(z)=\sum_{k=0}^\infty x(kT)z^{-k} \tag{7-11}$$

式中：$X(z)$ 称为采样信号（离散时间信号）$x^*(t)$ 的 z 变换，简记为 ZT。$X(z)$ 可表示为

$$X(z)=Z[x(k)] \tag{7-12}$$

式中：$x(k)$ 为 $X(z)$ 的逆变换，即

$$x(k)=Z^{-1}[X(z)] \tag{7-13}$$

z 的逆变换简记为 IZT。

　　若 $x(k)$ 与 $X(z)$ 构成一对 z 变换，则可记为

$$x(k)\leftrightarrow X(z) \tag{7-14}$$

　　从 z 变换的推导过程可以看出，z 变换是对采样信号（离散时间信号）进行拉氏变换的一种表示方法，即可得拉氏变换与 z 变换的关系如下：

$$X(z)\big|_{z=\mathrm{e}^{sT}}=X(s) \tag{7-15}$$

且复变量 z 与 s 的关系为

$$\begin{cases} z=\mathrm{e}^{sT} \\ s=\dfrac{1}{T}\ln z \end{cases} \tag{7-16}$$

　　式（7-15）与式（7-16）反映了连续时间系统的 s 域与离散时间系统 z 域的重要变换关系。

2. z 变换的求法

　　常用的求离散时间函数的 z 变换的方法有级数求和法、部分分式法和留数计算法，下面对前两者进行介绍，有兴趣的读者可查阅相关文献自行了解留数计算法。

　　1）级数求和法

　　级数求和法是直接根据 z 变换的定义，将式（7-11）写成展开形式：

$$X(z) = x(0) + x(T)z^{-1} + x(2T)z^{-2} + \cdots + x(nT)z^{-n} + \cdots \qquad (7-17)$$

显然，只要给定连续时间信号 $x(t)$ 在 $kT(k=0,1,2,\cdots)$ 时刻的采样值 $x(kT)$，以及采样周期 T，由式(7-17)就可以得 z 变换的级数展开式。这种级数展开式是开放式的，有无穷多项。但一些常用函数的 z 变换的级数形式可以用闭合式表示。

【例 7-1】　试求阶跃信号 $1(t)$ 采样序列的 z 变换。

解

$$1(k) = \begin{cases} 1 & (k \geqslant 0) \\ 0 & (k < 0) \end{cases}$$

$$Z[1(k)] = \sum_{k=0}^{\infty} 1(k)z^{-k} = 1 + \frac{1}{z} + \frac{1}{z^2} + \frac{1}{z^3} + \cdots$$

这是一个等比级数，当 $|z| \leqslant 1$ 时，此级数发散；当 $|z| > 1$ 时，此级数收敛于 $\dfrac{1}{1-z^{-1}}$，则

$$1(k) \leftrightarrow \frac{1}{1-z^{-1}} = \frac{z}{z-1} \quad (|z| > 1)$$

【例 7-2】　试求指数衰减信号 $e^{-at}(a>0)$ 采样序列的 z 变换。

解　根据式(7-17)可得指数衰减信号 $e^{-at}(a>0)$ 的 z 变换为

$$X(z) = Z[e^{-at}] = 1 + e^{-aT}z^{-1} + e^{-2aT}z^{-2} + \cdots + e^{-kaT}z^{-k} + \cdots$$

这是一个等比级数，若 $|z| > e^{-aT}$，则

$$X(z) = \frac{1}{1-e^{-aT}z^{-1}} = \frac{z}{z-e^{-aT}}$$

2）部分分式法

部分分式法先利用连续系统时间函数 $x(t)$ 的拉氏变换 $X(s)$，然后再将有理分式 $X(s)$ 展开成部分分式之和形式，使每一部分分式对应简单的时间函数，这样每一部分分式的 z 变换就是已知的，于是可方便地求出 $X(s)$ 对应的 $X(z)$。

【例 7-3】　$x(t)$ 的拉氏变换为

$$X(s) = \frac{a}{s(s+a)}$$

试求将连续信号 $x(t)$ 采样后变成离散序列 $x(k)$ 的 z 变换 $X(z)$。

解　将 $X(s)$ 展开成如下部分分式之和的形式：

$$X(s) = \frac{1}{s} - \frac{1}{s+a}$$

对上式逐项取拉氏反变换，可得

$$x(t) = 1 - e^{-at}$$

则

$$x(k) = 1(k) - e^{-akT}$$

式中：$1(k)$ 与 e^{-akT} 分别为常用的序列，可得

$$Z[1(k)] = \frac{z}{z-1}$$

$$Z[e^{-akT}] = \frac{z}{z-e^{-aT}}$$

所以

$$X(z) = \frac{z}{z-1} - \frac{z}{z - e^{-aT}} = \frac{z(1 - e^{-aT})}{z^2 - (1 + e^{-aT})z + e^{-aT}}$$

7.3.2　z 变换的性质

1. 线性性质

若

$$\begin{cases} x_1(k) \leftrightarrow X_1(z) \\ x_2(k) \leftrightarrow X_2(z) \end{cases}$$

则对于任意常数 a_1 和 a_2，有

$$a_1 x_1(k) \pm a_2 x_2(k) \leftrightarrow a_1 X_1(z) \pm a_2 X_2(z) \tag{7-18}$$

2. 平移性质

若 $x(k) \leftrightarrow X(z)$，且整数 $j > 0$，则右移 j 时，有

$$x(t - jT) \leftrightarrow z^{-j} X(z) \tag{7-19}$$

上式称为右移定理。

左移 j 时，有

$$x(t + jT) \leftrightarrow z^j X(z) - z^j \sum_{k=0}^{j-1} x(k) z^{-k} \tag{7-20}$$

上式称为左移定理。

右移定理又称滞后定理，左移定理又称超前定理。

3. 尺度性质

若 $x(k) \leftrightarrow X(z)$，则

$$r^k x(k) \leftrightarrow X\left(\frac{z}{r}\right) \tag{7-21}$$

4. 乘 k 性质

若 $x(k) \leftrightarrow X(z)$，则

$$k x(k) \leftrightarrow -z \frac{\mathrm{d}}{\mathrm{d}z} X(z) \tag{7-22}$$

5. 初值定理

设 $x(k) \leftrightarrow X(z)$，并且 $\lim\limits_{z \to \infty} X(z)$ 存在，则

$$x(0) = \lim_{z \to \infty} X(z) \tag{7-23}$$

6. 终值定理

设 $x(k) \leftrightarrow X(z)$，若 $x(\infty)$ 存在，则有

$$\lim_{k \to \infty} x(k) = \lim_{z \to 1} (z-1) X(z) \tag{7-24}$$

7. 卷积定理

与连续系统相仿，离散系统中也有离散序列的卷积定理，离散序列的卷积定理在离散

系统分析中占有重要的地位。卷积定理的内容如下：

若

$$
\begin{cases}
x_1(k) \leftrightarrow X_1(z) & (|z| > r_1) \\
x_2(k) \leftrightarrow X_2(z) & (|z| > r_2)
\end{cases}
$$

则

$$
x_1(k)x_2(k) \leftrightarrow X_1(z)X_2(z) \tag{7-25}
$$

7.3.3　z 逆变换

根据 $X(z)$ 求采样时间信号称为 z 逆变换（或 z 反变换），z 逆变换的方法通常有幂级数展开法、部分分式展开法和留数计数法，下面主要介绍前两种方法。

1. 幂级数展开法

根据 z 变换定义

$$
X(z) = \sum_{k=0}^{\infty} x(k) z^{-k}
$$

将 $X(z)$ 在收敛域中展开为 $\dfrac{1}{z}$ 的幂级数形式，它的系数就是响应的离散序列 $x(k)$ 的值。$X(z)$ 通常是一个有理真分式，用长除法将分子除以分母可得 $\dfrac{1}{z}$ 的幂级数，从而根据幂级数的系数求得 $x(k)$。

2. 部分分式展开法

根据 z 变换的线性性质，可以采用部分分式分解的方法求一个复杂函数 $X(z)$ 的 z 反变换。通过查阅常用函数的 z 变换表可知，各 z 变换表达式的分子都包含因子 z，为了获得容易在 z 变换表中识别的形式，通常是对 $\dfrac{X(z)}{z}$ 进行部分分解，然后根据分解后的简单 z 变换形式查找相应的时间函数。

设 $X(z)$ 的单极点为 $z_1, z_2, z_3, \cdots, z_n$，则

$$
\frac{X(z)}{z} = \sum_{i=1}^{n} \frac{A_i}{z - z_i}
$$

$X(z)$ 的部分分式展开式为

$$
X(z) = \sum_{i=1}^{n} \frac{A_i z}{z - z_i}
$$

逐项查表求出 $\dfrac{A_i z}{z - z_i}$ 的反变换，得出 $x(kT)$ 的形式为

$$
x(kT) = Z^{-1}\left[\sum_{i=1}^{n} \frac{A_i z}{z - z_i}\right] \quad (k \geq 0) \tag{7-26}
$$

则采样信号 $x^*(t)$ 为

$$
x^*(t) = x(kT) = Z^{-1}\left[\sum_{i=1}^{n} \frac{A_i z}{z - z_i}\right]\delta(t - kT) \tag{7-27}
$$

以上各种方法中，幂级数展开法简单，但得到的 z 反变换是开放式的；部分分式法和留

数计算法的 z 反变换均是闭合式的。

7.4　脉冲传递函数

7.4.1　脉冲传递函数的基本概念

在连续系统理论中，把初始条件为零的情况下系统输出信号的拉氏变换与输入信号的拉氏变换之比，定义为传递函数。与此类似，在线性采样系统理论中，把初始条件为零情况下系统的离散输出信号的 z 变换与离散输入信号的 z 变换之比，定义为脉冲传递函数，或称 z 传递函数。脉冲传递函数是线性采样系统理论中的一个重要概念。

对于图 7.8(a)所示的采样系统，脉冲传递函数为

$$G(z) = \frac{C(z)}{R(z)} \tag{7-28}$$

由式(7-28)可求采样系统的离散输出信号为

$$c^*(t) = Z^{-1}[C(z)] = Z^{-1}[G(z)R(z)]$$

实际上，许多采样系统的输出信号是连续信号，如图 7.8(b)所示。在这种情况下，为了应用脉冲传递函数的概念，可以在输出端虚设一个采样开关，并令其采样周期与输入端采样开关的采样周期相同。

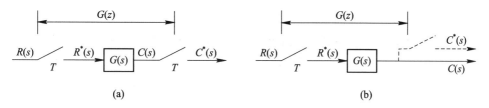

图 7.8　采样系统

下面讨论如何根据采样系统的单位脉冲响应来推导脉冲传递函数的公式。由线性连续系统理论可知，当输入信号为单位脉冲信号 $\delta(t)$ 时，其输出信号称为单位脉冲响应，以 $g(t)$ 表示，当输入信号为如下的脉冲序列时：

$$r^*(t) = \sum_{n=0}^{\infty} r(nT)\delta(t-nT)$$

根据叠加原理，输出信号为一系列脉冲响应之和，即

$$c(t) = r(0)g(t) + r(T)g(t-T) + \cdots + r(nT)g(t-nT) + \cdots$$

在 $t=kT$ 时刻，输出的脉冲值为

$$c(kT) = r(0)g(kT) + r(T)g[(k-1)T] + \cdots + r(nT)g[(k-n)T] + \cdots$$

$$= \sum_{n=0}^{\infty} g[(k-n)T]r(nT)$$

根据卷积定理，可得上式的 z 变换：

$$C(z) = G(z)R(z)$$

式中：$C(z)$、$G(z)$和$R(z)$分别是$c(t)$、$g(t)$和$r(t)$的z变换。

由此可见，系统的脉冲传递函数即为系统的单位脉冲响应$g(t)$经过采样后离散系统$g^*(t)$的z变换，可表示为

$$G(z) = \sum_{n=0}^{\infty} g(nT)z^{-n} \qquad (7-29)$$

7.4.2 采样系统的开环传递函数

讨论采样系统的开环脉冲传递函数时，应该注意图 7.9 所示的两种不同情况。

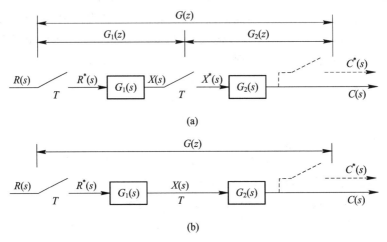

图 7.9 两种串联结构

在图 7.9(a)所示的开环系统中，两个串联环节之间有采样开关存在，这时

$$X(z) = G_1(z)R(z)$$
$$C(z) = G_2(z)X(z) = G_2(z)G_1(z)R(z)$$

由此可得

$$\frac{C(z)}{R(z)} = G_1(z)G_2(z) = G(z) \qquad (7-30)$$

上式表明，有采样开关分隔的两个环节串联时，其脉冲传递函数等于两个环节的脉冲传递函数之积。上述结论可以推广到有采样开关分隔的 n 个环节串联的情况。

在图 7.9(b)所示的系统中，两个串联环节之间没有采样开关分隔。这时系统的开环脉冲传递函数为

$$G(z) = \frac{C(z)}{R(z)} = Z[G_1(s)G_2(s)] = G_1G_2(z) = G_2G_1(z) \qquad (7-31)$$

式(7-31)表示，没有采样开关分隔的两个环节串联时，其脉冲传递函数为这两个环节的传递函数之积的z变换。另 $G_1G_2(z) = G_2G_1(z)$，是因为两个函数的拉氏变换相乘是可以交换的。上述结论也可以推广到无采样开关分隔的 n 个环节串联的情况。

请注意式(7-30)和式(7-31)的区别，通常

$$G_1G_2(z) \neq G_1(z)G_2(z)$$

7.4.3 采样系统的闭环脉冲传递函数

设一典型的闭环系统如图 7.10 所示,图中输入端和输出端的采样开关是为了便于分析而虚设的。

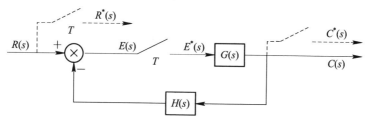

图 7.10 采样控制系统

由图 7.10 可见:

$$E(s)=R(s)-H(s)C(s)$$
$$C(s)=E^*(s)G(s)$$

合并以上两式,得到

$$E(s)=R(s)-H(s)G(s)E^*(s)$$

对上式做 z 变换,注意到上式右端适用线性定理,则有

$$E(z)=R(z)-Z[G(s)H(s)E^*(s)]$$

因 $G(s)$ 和 $H(s)$ 之间没有采样开关,而 $H(s)$ 和 $E^*(s)$ 之间有采样开关,根据式 (7-31),得

$$E(z)=R(z)-GH(z)E(z)$$

于是

$$E(z)=\frac{R(z)}{1+GH(z)}$$

$$C(z)=E(z)G(z)=\frac{G(z)}{1+GH(z)}R(z)$$

即得闭环离散系统对输入量的脉冲传递函数为

$$\Phi(z)=\frac{C(z)}{R(z)}=\frac{G(z)}{1+GH(z)} \tag{7-32}$$

与线性连续系统类似,闭环脉冲传递函数的分布 $1+GH(z)$ 即为闭环采样控制系统的特征多项式。

数字控制系统的结构图如图 7.11 所示,其中 $D^*(s)$,即 $D(z)$ 为数字控制器。

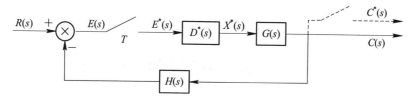

图 7.11 具有数字控制器的采样系统

由图 7.11 可见：

$$E(s)=R(s)-H(s)G(s)X^*(s)$$
$$X^*(s)=D^*(s)E^*(s)$$

两式合并，得

$$E(s)=R(s)-H(s)G(s)D^*(s)E^*(s)$$

对上式做 z 变换，有

$$E(z)=R(z)-GH(z)D(z)E(z)$$

即

$$E(z)=\frac{1}{1+GH(z)D(z)}R(z)$$

由

$$C(s)=G(s)X^*(s)=G(s)D^*(s)E^*(s)$$

得

$$C(z)=E(z)D(z)G(z)=\frac{D(z)G(z)}{1+GH(z)D(z)}R(z)$$

即

$$\frac{C(z)}{R(z)}=\frac{D(z)G(z)}{1+GH(z)D(z)} \tag{7-33}$$

采样系统的脉冲传递函数与连续系统闭环脉冲传递函数的不同之处在于采样开关的存在。图 7.8 和式(7-28)表明的是，当一个环节前后都有采样开关时，才有 $G(z)$。故而有式(7-30)和式(7-31)的区别。对于图 7.11，因为 $D^*(s)$ 是数字控制器，故可以认为 $D^*(s)$ 和 $G(s)$ 之间存在一个采样开关，$D^*(s)$ 输出的信号为 $X(s)$，经过采样开关变换为 $X^*(s)$。因此式(7-33)的分子可以写成 $D(z)G(z)$；而在图 7.10 和图 7.11 的闭环回路中，$H(s)$ 的两侧只有一个采样开关，所以在式(7-32)和式(7-33)的分母中，总是写成 $GH(z)$。

对于图 7.12 所示的有干扰的采样系统，干扰 $N(s)$ 到输出 $C(s)$ 的通路上没有采样开关，所以，不能写出输出 $C(z)$ 对干扰 $N(z)$ 的闭环传递函数，而只能写出如下所示的对干扰 $N(z)$ 的输出 $C(z)$，此时，$R(s)=0$。

$$C(z)=\frac{G_2N(z)}{1+G_1G_2(z)}$$

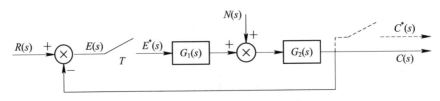

图 7.12　有干扰信号的采样系统

7.5　离散系统的时域分析

对于线性连续控制系统，通过对传递函数(或特征方程)的分析，利用代数稳定判据能方便地确定系统的稳定情况。而 z 变换又称为采样拉普拉斯变换，它是从拉普拉斯变换直接引申出来的一种变换方法，因此，可把连续系统在 s 平面上分析稳态性能的结果移植到 z 平面上来分析离散系统的稳态性能，其主要解题思路是：通过数学变换将 s 域中的劳斯稳定判据转换到 z 域中使用。

7.5.1　离散系统的稳定性分析

像连续系统一样，稳定性是设计和分析采样系统的首要问题。由于采样系统的分析是基于 z 变换方法的，所以，关于稳定性讨论也只限于采样时刻值是否稳定。

在连续系统的稳定性讨论中，曾经介绍了劳斯稳定判据和奈奎斯特稳定判据。基于 z 变换和拉普拉斯变换在数学上的联系，可以从 s 平面与 z 平面之间的关系找出利用已有稳定性判据来分析采样系统稳定性的方法。

1. s 平面与 z 平面之间的关系

在 z 变换中已经确定了 s 与 z 的变量关系为 $z=\mathrm{e}^{sT}$，其中 s 是各复变量，即有 $s=\sigma+\mathrm{j}\omega$，代入前式得 $z=\mathrm{e}^{sT}=\mathrm{e}^{T(\sigma+\mathrm{j}\omega)}=\mathrm{e}^{\sigma T}\mathrm{e}^{\mathrm{j}T\omega}$，写成极坐标形式为 $z=|z|\mathrm{e}^{\mathrm{j}\theta}$，其中 $z=\mathrm{e}^{\sigma T}$，$\theta=T\omega$。

在连续系统中，当闭环传递函数的所有极点位于 s 平面的左半平面(即 $\sigma<0$)时，系统稳定。从上述的关系式可得特征根在 s 平面和 z 平面的分布对应关系如表 7－1 所列。

表 7－1　特征根在 s 平面和 z 平面的分布对应关系

在 s 平面内的实部	在 z 平面内的模	系统稳定性分析
$\sigma>0$	$\|z\|>1$	不稳定
$\sigma=0$	$\|z\|=1$	临界稳定
$\sigma<0$	$\|z\|<1$	稳定

由此可见，通过 $z=\mathrm{e}^{sT}$ 的映射，s 平面左半部映射到 z 平面的单位圆内，s 平面的虚轴映射到 z 平面的单位圆上，s 平面的右半部映射到 z 平面的单位圆外，其对应关系如图 7.13 所示。

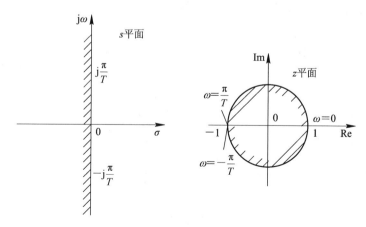

图 7.13　s 平面上虚轴在 z 平面上的映象

由以上分析可得如下结论：

线性离散系统的稳定性是由系统特征方程所有特征根的位置确定的，与初始状态和输入无关,当所有特征根都在单位圆内(模小于 1)时,系统稳定,反之系统不稳定。

【例 7 - 4】 离散控制系统结构框图如图 7.14 所示。已知系统的采样周期和惯性时间常数 $T=1$ s,开环增益 $K=10$,试判断闭环系统的稳定性。

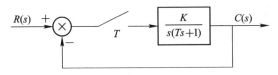

图 7.14　离散控制系统结构框图

解　系统的开环传递函数为

$$G(s)=\frac{K}{s(Ts+1)}$$

可得到系统的开环脉冲传递函数为

$$G(z)=Z\left[\frac{10}{s(s+1)}\right]=\frac{10z(1-e^{-1})}{(z-1)(z-e^{-1})}$$

系统的闭环脉冲传递函数为

$$\Phi(s)=\frac{G(z)}{1+G(z)}$$

由此得特征方程 $1+G(z)=0$,展开得

$$(z-1)(z-e^{-1})+10z(1-e^{-1})=0$$

即

$$z^2+4.952z+0.368=0$$

则特征根为

$$z_1=0.076,\ z_2=-4.876$$
$$|z_2|=4.876>1$$

由以上分析可知,特征方程有一个根在单位圆外,故该系统不稳定。

2. 线性离散控制系统稳定的充分必要条件

与分析连续系统的稳定性一样,用直接求解特征方程式根的方法判断系统的稳定性往往比较困难,这时可用劳斯判据来判断其稳定性。但对于线性离散系统,不能直接应用劳斯判据,因为劳斯判据只能判断系统特征方程式的根是否在 s 平面虚轴的左半部,而离散系统中希望判别的是特征方程式的根是否在 z 平面单位圆的内部。因此,必须采用一种线性变换方法,使 z 平面上的单位圆映射为新坐标系的虚轴。这种坐标变换称为双线性变换,又称为 $\tilde{\omega}$ 变换。注意,因 $z=e^{sT}$ 是超越方程,故不能将特征方程式变换为代数方程。采用上述方法进行系统的稳定性判别,仍然需要求取在 z 平面闭环特征根的位置,对于高阶方程便无法做到。而把劳斯稳定判据通过映射定理转换到 z 平面,才是离散控制系统稳定性判别的简单方法。

利用劳斯稳定判据判断离散系统是否稳定的基本思路是:若能将 z 平面的单位圆通过选择一种坐标变换,变换成新变量 $\tilde{\omega}$ 平面的虚轴;单位圆内仍然变换成 $\tilde{\omega}$ 平面的左半部;单位圆外变换成 $\tilde{\omega}$ 平面的右半部。这样将 z 特征方程转变换 $\tilde{\omega}$ 特征方程。在 z 平面内所有特征根都在单位圆内,便等效为在 $\tilde{\omega}$ 平面所有特征根都在左半部。所以对于 $\tilde{\omega}$ 平面的特征方程，可以利用劳斯稳定判据判断离散系统的稳定性。

为了得到 z 平面和 $\tilde{\omega}$ 平面之间的映射关系，根据数学上的复变函数双线性变换公式，令 z 和 $\tilde{\omega}$ 的映射关系为 $z=\dfrac{\tilde{\omega}+1}{\tilde{\omega}-1}$。这样，$z$ 平面单位圆的内部就变换到 $\tilde{\omega}$ 平面的左半部。

证明：设 $z=\dfrac{\tilde{\omega}+1}{\tilde{\omega}-1}$，又设 $\tilde{\omega}=\sigma\pm\mathrm{j}\omega$，则

$$|z|=\left|\frac{\tilde{\omega}+1}{\tilde{\omega}-1}\right|=\left|\frac{\sigma+1\pm\mathrm{j}\omega}{\sigma-1\pm\mathrm{j}\omega}\right|=\frac{\sqrt{(\sigma+1)^2+\omega^2}}{\sqrt{(\sigma-1)^2+\omega^2}}$$

显然有如下关系：

$\mathrm{Re}\,\tilde{\omega}>0\Rightarrow\sigma>0\Rightarrow|z|>1$，即 $\tilde{\omega}$ 的右半平面对应于 z 平面的单位圆外；

$\mathrm{Re}\,\tilde{\omega}<0\Rightarrow\sigma<0\Rightarrow|z|<1$，即 $\tilde{\omega}$ 的左半平面对应于 z 平面的单位圆内；

$\mathrm{Re}\,\tilde{\omega}=0\Rightarrow\sigma=0\Rightarrow|z|=1$，即 $\tilde{\omega}$ 的虚轴对应于 z 平面的单位圆。

通过 z 和 $\tilde{\omega}$ 之间的变换，就可以利用劳斯稳定判据判别离散控制系统是否稳定，具体步骤是：首先求出离散控制系统的闭环 z 特征方程 $D(z)=0$；然后进行双线性变换，求得 $\tilde{\omega}$ 特征方程 $D(\tilde{\omega})=0$；再根据 $\tilde{\omega}$ 特征方程 $D(\tilde{\omega})=0$ 的各项系数，由连续系统的代数稳定性判据确定特征根的分布位置，当所有特征根都在 $\tilde{\omega}$ 平面的左半平面时则闭环系统稳定。

【例 7-5】 离散控制系统的特征方程为 $D(z)=45z^3-117z^2+119z-39=0$，试判断该系统的稳定性。

解 令

$$z=\frac{\tilde{\omega}+1}{\tilde{\omega}-1}$$

代入特征方程，得

$$45\left(\frac{\tilde{\omega}+1}{\tilde{\omega}-1}\right)^3-117\left(\frac{\tilde{\omega}+1}{\tilde{\omega}-1}\right)^2+119\left(\frac{\tilde{\omega}+1}{\tilde{\omega}-1}\right)-39=0$$

化简整理后得

$$\tilde{\omega}^3+2\tilde{\omega}^2+2\tilde{\omega}+40=0$$

应用劳斯稳定判据，列出其劳斯表如下：

$\tilde{\omega}^3$	1	2
$\tilde{\omega}^2$	2	40
$\tilde{\omega}^1$	-18	
$\tilde{\omega}^0$	40	

由于劳斯表第一列元素出现负值，所以该系统是不稳定的。劳斯表第一列有两次符号改变，表明有两个根在 $\tilde{\omega}$ 平面的右半部，即表明在 z 平面有两个根在单位圆外。

3. 无穷大稳定度系统

离散系统的稳定条件是特征方程的根均在 z 平面的单位圆内，单位圆内的根越接近原点，相当于 s 平面的根离虚轴越远，即系统的稳定度越大。当离散系统所有特征根都位于原点处时，系统的稳定度最大，称该系统为无穷大稳定度系统。无穷大稳定度系统的调节过程可以在有限时间内结束。可以证明特征方程为 n 次的无穷大稳定度系统，调节时间只延续 n 个采样周期。

设计无穷大稳定度系统时，可以通过控制器形式参数的选择，使系统闭环特征方程的所有特征根都位于原点。但是无穷大稳定度系统的鲁棒性较差，一旦参数稍有变化，系统性能指标就会明显下降。

7.5.2 离散系统的瞬态响应分析

与连续控制系统相似，离散系统的主要动态性能指标为超调量、调节时间和峰值时间。由于采样时刻的值在时间响应中均为已知，因此离散系统的瞬态质量可以直接由时间响应结果获得，或者直接在 z 域中通过分析零极点的位置关系求取瞬态质量。

在已知离散系统结构和参数的情况下，应用 z 变换法分析系统动态性能时，通常取给定输入为单位阶跃函数 $1(t)$，由时域解求性能指标的步骤如下：

（1）求离散系统输出量的 z 变换函数：

$$C(z)=\Phi(z)R(z)=\Phi(z)\frac{z}{z-1} \tag{7-34}$$

式中：$\Phi(z)$ 是闭环系统脉冲传递函数。

（2）用长除法将上式展开成幂级数，可求出输出信号的脉冲序列 $c^*(t)$。

（3）由脉冲序列 $c^*(t)$ 给出各采样时刻的值，根据定义获取动态性能指标。

这种计算方法对于高阶复杂系统同样适用。

【例 7-6】 在图 7.15 所示系统中，已知采样周期 $T=0.1$，$G(s)=\dfrac{2}{s(0.1s+1)}$，试确定系统的动态性能指标。

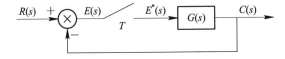

图 7.15 单位负反馈离散系统

解 由已知条件可得

$$G(z)=Z\left[\frac{2}{s(0.1s+1)}\right]=Z\left[z\left(\frac{1}{s}-\frac{1}{s+10}\right)\right]$$

$$=\frac{2z(1-\mathrm{e}^{-1})}{(z-1)(z-\mathrm{e}^{-1})}=\frac{1.264z}{z^2-1.368z+0.368}$$

$$\frac{C(z)}{R(z)}=\frac{G(z)}{1+G(z)}=\frac{\dfrac{1.264z}{z^2-1.368z+0.368}}{1+\dfrac{1.264z}{z^2-1.368z+0.368}}=\frac{1.264z}{z^2-0.104z+0.368}$$

$$C(z)=\frac{1.264z}{z^2-0.104z+0.368}\times\frac{z}{z-1}$$

$$=\frac{1.264z^2}{z^3-1.104z^2+0.472z-0.368}$$

$$=1.264z^{-1}+1.396z^{-2}+0.944z^{-3}+0.848z^{-4}+1.004z^{-5}+$$

$$1.055z^{-6}+1.003z^{-7}+0.998z^{-8}+1.019z^{-9}+\cdots$$

输出信号在各采样点的数值分别为：$c(0)=0$，$c(T)=1.264$，$c(2T)=1.396$，$c(3T)=0.944$，$c(4T)=0.848$，$c(5T)=1.004$，$c(6T)=1.055$，$c(7T)=1.003$，$c(8T)=0.998$，$c(9T)=1.019$。

绘制 $c(nT)$ 的脉冲序列，如图 7.16 所示。$c(t)$ 可视为 $c(nT)$ 的包络线，从图 7.16 中获取的动态性能指标为

$$t_{\mathrm{p}} \approx 2T = 0.2，\quad \sigma\% = \frac{1.396-1}{1} \times 100\% = 39.6\%，\quad t_{\mathrm{s}} \approx 7T = 0.7$$

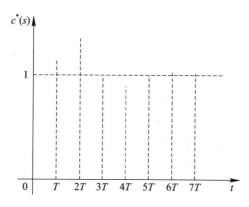

图 7.16　$c(nT)$ 的脉冲序列

7.5.3　离散系统的稳态误差

离散系统的稳态性能与连续系统一样，也是分析和设计离散系统的一个重要指标。在分析离散系统时，系统稳态误差的计算方法有两种，一种是求确定输入的误差传递函数，再利用终值定理求出稳态误差；另一种是根据系统开环传递函数的结构形式，依据输入信号的位置和形式以及系统在确定输入下的型别，确定系统是否有差，依据开环增益来确定差值的大小。

1. 用终值定理求系统的稳态误差

离散系统脉冲传递函数没有统一的公式，具体结果与采样开关的位置有关。当采用终值定理计算采样误差时，只要 $\Phi(z)$ 的极点严格位于 z 平面的单位圆内，即离散系统是稳定的，则可用 z 变换的终值定理求出采样瞬时的终值误差。图 7.17 所示为单位负反馈离散系统结构图。

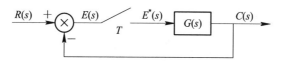

图 7.17　单位负反馈离散控制系统框图

假设系统稳定，则系统的误差 z 函数为

$$E(z) = R(z) - C(z) = [1 - \Phi(z)]R(z) = \Phi_{\mathrm{e}}(z)R(z)$$

式中：

$$\Phi_e(z) = \frac{E(z)}{R(z)} = \frac{1}{1+G(z)} \quad\quad (7-35)$$

为系统误差脉冲传递函数。

如果 $\Phi_e(z)$ 的极点全部位于 z 平面上的单位圆内，即离散系统是稳定的，则可用 z 变换的终值定理求出采样瞬时的稳态误差：

$$e_{ss}(\infty) = \lim_{t\to\infty} e^*(t) = \lim_{z\to1}(1-z^{-1})E(z)$$
$$= \lim_{z\to1}(1-z^{-1})\frac{1}{1+G(z)}R(z) \quad\quad (7-36)$$

所以对于图 7.17 所示的稳定系统而言，已知给定输入的形式，求开环脉冲传递函数 $G(z)$，则可以利用式(7-36)获得稳态误差。若系统结构复杂，则实际上只是误差 z 函数的求取过程较为复杂，但稳态误差的计算过程是相同的。

式(7-36)表明，线性定常离散系统的稳态误差不但与系统本身的结构、参数有关，而且与输入序列的形式及幅值有关，此外还与采样周期 T 有关。

2. 由系统型别和开环增益求给定输入下的稳态误差

在连续系统分析中，影响系统稳态误差的两大因素是系统的开环传递函数中的积分环节的个数和输入信号。针对积分环节的个数，系统可分为 0 型系统、Ⅰ型系统、Ⅱ型系统等不同型别，然后可根据不同输入信号定义相应的静态误差系数。在离散系统中，以上两大因素依然是影响稳态误差的主要原因。通过 z 变换后，系统的阶次没有变，$G(s)$ 与 $G(z)$ 的极点是一一对应的，采样器和保持器对系统开环极点没有影响，$s=0$ 映射到 $z=1$，因此可以把 $z=1$ 的极点数作为划分离散型别的标准。

将开环脉冲传递函数 $G(z)$ 改写为

$$G(z) = \frac{k_g \displaystyle\prod_{i=1}^{m}(z-z_i)}{(z-1)^N \displaystyle\prod_{j=1}^{n-N}(z-p_j)} \quad\quad (7-37)$$

式中：k_g 为开环脉冲传递函数增益；$z_i(i=1,2,\cdots,m)$，$p_j(j=1,2,\cdots,n-N)$ 分别为开环脉冲传递函数的零点、极点。$z=1$ 的极点有 N 重，当 $N=0,1,2$ 时，系统分别为 0 型、Ⅰ型、Ⅱ型系统。下面分别讨论三种典型输入信号稳态误差的计算，以及相应的静态误差系数。

1) 单位阶跃函数输入时的稳态误差

当 $r(t)=1(t)$ 时，易得 $R(z)=\dfrac{z}{z-1}$，则有

$$e_{ss}(\infty) = \lim_{z\to1}\frac{z-1}{z}\times\frac{1}{1+G(z)}\times\frac{z}{z-1}$$
$$= \lim_{z\to1}\frac{1}{1+G(z)} = \frac{1}{\lim_{z\to1}[1+G(z)]} \quad\quad (7-38)$$

定义位置误差系数为

$$k_p = \lim_{z\to1}[1+G(z)] \quad\quad (7-39)$$

　　当离散系统分别为 0 型、Ⅰ型、Ⅱ型系统时，单位反馈系统在单位阶跃输入作用下的稳态误差分别为

$$e_{ss}(\infty) = \begin{cases} \dfrac{1}{k_{p}} & (0\ \text{型}) \\[2mm] 0 & (\text{Ⅰ型}) \\[2mm] 0 & (\text{Ⅱ型}) \end{cases} \tag{7-40}$$

　　2）单位斜坡函数输入时的稳态误差

　　当系统输入为单位斜坡函数 $r(t)=t$ 时，其 z 变换函数为 $R(z)=\dfrac{Tz}{(z-1)^{2}}$，因而稳态误差为

$$\begin{aligned} e_{ss}(\infty) &= \lim_{z \to 1} \frac{z-1}{z} \times \frac{1}{1+G(z)} \times \frac{Tz}{(z-1)^{2}} \\ &= \frac{T}{\lim\limits_{z \to 1}(z-1)G(z)} \end{aligned} \tag{7-41}$$

　　定义速度误差系数为

$$k_{v} = \lim_{z \to 1}(z-1)G(z) \tag{7-42}$$

　　当离散系统分别为 0 型、Ⅰ型、Ⅱ型时，单位反馈系统在单位斜坡输入作用下的稳态误差分别为

$$e_{ss}(\infty) = \begin{cases} \infty & (0\ \text{型}) \\[2mm] \dfrac{1}{k_{v}} & (\text{Ⅰ型}) \\[2mm] 0 & (\text{Ⅱ型}) \end{cases} \tag{7-43}$$

　　3）单位加速度函数输入时的稳态误差

　　当系统输入为单位加速度函数 $r(t)=\dfrac{1}{2}t^{2}$ 时，其 z 变换函数为 $R(z)=\dfrac{T^{2}z(z+1)}{2(z-1)^{3}}$，因而稳态误差为

$$e_{ss}(\infty) = \lim_{z \to 1} \frac{z-1}{z} \times \frac{1}{1+G(z)} \times \frac{T^{2}z(z+1)}{2(z-1)^{3}} = \frac{T^{2}}{\lim\limits_{z \to 1}(z-1)^{2}G(z)} \tag{7-44}$$

　　定义加速度误差系数为

$$k_{a} = \lim_{z \to 1}(z-1)^{2}G(z) \tag{7-45}$$

　　当离散系统分别为 0 型、Ⅰ型、Ⅱ型系统时，单位反馈系统在单位加速度输入作用下的稳态误差分别为

$$e_{ss}(\infty) = \begin{cases} \infty & (0\ \text{型}) \\[2mm] \infty & (\text{Ⅰ型}) \\[2mm] \dfrac{T^{2}}{k_{a}} & (\text{Ⅱ型}) \end{cases} \tag{7-46}$$

对应不同输入、不同系统型别时，系统的稳态误差计算公式如表7-2所列。

表7-2 离散控制系统的稳态误差计算公式

系统类型	给定输入稳态误差		
	$r(t)=1(t)$	$r(t)=t$	$r(t)=\dfrac{1}{2}t^2$
0型系统	$\dfrac{1}{k_p}$	∞	∞
Ⅰ型系统	0	$\dfrac{T}{k_v}$	∞
Ⅱ型系统	0	0	$\dfrac{T^2}{k_a}$
Ⅲ型系统	0	0	0

7.6 基于 MATLAB 的线性离散系统分析

1. 连续系统离散化

将连续系统转换为采样系统的函数为

    Dsys＝c2d(Csys，T)

或

    Dsys＝c2d(Csys，1，method)

其中 csys 为连续系统模型，T 为采样周期，method 为采样的方法，要用单引号括起来，有以下几种选择：

zoh——采用零阶保持器法；

foh——采用一阶保持器法；

tustin——采用双线性变换法；

prewarp——采用频率预畸法；

matched——采用零极点匹配法。

【例7-7】 已知连续控制系统的传递函数为

$$G(s)=\frac{10(s+1)}{s(s^2+10)}$$

试用零阶保持器法进行采样，求出采样系统的传递函数。

  解 MATLAB 程序如下：

    ＞＞num＝10＊[1 1]；

        den＝conv([1 0]，[1 0 10])；

        g＝tf(num，den)

　　　　　　 gd1＝c2d(g, 0.5, ZOH)

运行结果为

Traster function

1.194z^2＋0.6428z－0.8266
－－－－－－－－－－－－－－－－－
Z^3－0.9793z^2＋0.9793z－1

Sampling time：0.5

2．时域分析

用 MATLAB 求线性采样时域响应的函数有 destep(num，den，n)、dimplulser(num，den，n)、dlism(num，den，n)，它们分别用于采样系统的阶跃响应、脉冲响应及任意输入的响应。

其中 num 和 den 为脉冲传递函数分子多项式和分母多项式系数向量；n 为采样点数。

【例 7－8】　已知采样控制系统的闭环脉冲传递函数为

$$G(z)=\frac{0.2385z^{-1}+0.2089z^{-2}}{1-1.0259z^{-1}+0.473z^{-2}}$$

求阶跃响应。

　　解　MATLAB 程序如下：
　　　　＞＞num＝[0.2385, 0.2089]；
　　　　　　 den＝[1, －1.0259, 0.4733]；
　　　　　　 dstep(num, den)

得到离散系统的阶跃响应曲线如图 7.18 所示。

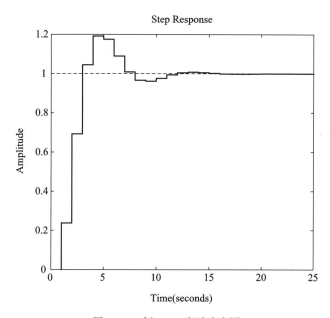

图 7.18　例 7－8 阶跃响应图

本 章 小 结

本章讨论了采样信号的数学描述、信号的采样与保持。引入采样系统的采样定理（香农定理），即为了保证信号的恢复，其采样频率信号必须大于或等于原连续信号所含最高频率的两倍。

为了建立线性采样控制系统的数学模型，本章引进了 z 变换理论。z 变换在采样控制系统中所起的作用与拉普拉斯变换在线性连续控制系统中所起的作用十分类似。本章介绍的 z 变换的若干定理在分析线性采样系统的性能中是十分重要的。

本章扼要介绍了线性采样控制系统的综合分析方法。在稳定性分析方面，主要讨论了利用 z 平面到 $\tilde{\omega}$ 平面的双线性变换，再利用劳斯判据的方法，介绍了典型输入时采样系统稳态误差的求法，以及脉冲传递函数的极点分布对系统的动态响应的影响。本章还给出了 MATLAB 在离散控制系统中的应用。

习 题

1. 什么叫信号采样？实际采样与理想采样有什么区别？对系统会产生什么影响？

2. 对连续时间信号进行采样时，应满足什么条件才能做到不丢失信息？

3. 求下列函数的 z 变换：

(1) $e(t) = a^n$；

(2) $e(t) = \dfrac{1}{3!} t^3$；

(3) $E(s) = \dfrac{s+1}{s^2}$；

(4) $E(s) = \dfrac{1 - e^{-s}}{s(s+1)}$。

4. 试求图 7.19 所示开环离散系统的开环脉冲传递函数 $G(z)$。

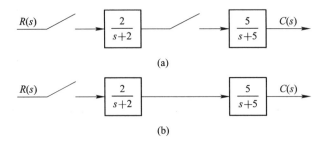

(a)

(b)

图 7-19　开环离散系统

5. 系统结构图如图 7.20 所示，其中连续部分的传递函数为 $G(s)=\dfrac{3}{s(s+1)}$。试求出该系统的脉冲传递函数 $G(z)$。

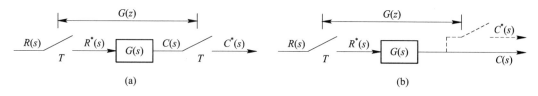

图 7.20　题 5 系统结构图

6. 试判断图 7.21 所示系统的稳定性。

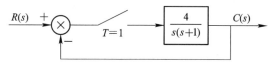

图 7.21　题 6 系统结构图

7. 试判断图 7.22 所示系统的稳定性。

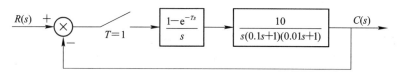

图 7.22　题 7 系统结构图

8. 设离散系统如图 7.23 所示，其中 $r(t)=t$，试求稳态误差系数 k_p、k_v、k_a，并求系统的稳态误差 $e(\infty)$。

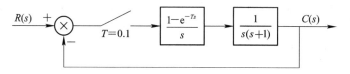

图 7.23　题 8 系统结构图

9. 连续系统传递函数为 $G(s)=\dfrac{10}{(s+2)(s+1)}$，求当采样周期 $T=0.5$ 时，对应的采样系统的脉冲响应和阶跃响应，并用 MATLAB 编程实现。

第8章 非线性控制系统

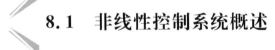

知识目标

- 了解非线性系统分析的相关概念。
- 熟练掌握描述函数的计算。
- 熟练掌握描述函数分析非线性系统稳定性的方法。
- 熟练掌握相平面法分析非线性系统性能的方法。
- 正确理解描述函数的定义。
- 正确理解描述函数的应用条件。

前面几章研究了线性系统的分析与设计问题。事实上，几乎所有的实际控制系统中都有非线性部件，或是部件特性中含有非线性。在一些系统中，人们甚至还有目的地应用非线性部件来改善系统性能和简化系统结构。因此，严格地讲，几乎所有的控制系统都是非线性的。

在构成系统的环节中有一个或一个以上的非线性特性时，即称此系统为非线性系统。用线性方程组来描述系统，只不过是在一定的范围内和一定的近似程度上对系统的性质所作的一种理想化的抽象。用线性方法研究控制系统，所得的结论往往是近似的，当控制系统中非线性因素较强时(称为本质非线性)，用线性方法得到的结论必然误差很大，甚至完全错误。非线性对象的运动规律要用非线性代数方程或非线性微分方程描述，而不能用线性方程组描述。一般地，非线性系统的数学模型可以表示为

$$f\left(t, \frac{\mathrm{d}^n y}{\mathrm{d}t^n}, \cdots, \frac{\mathrm{d}y}{\mathrm{d}t}, y\right) = g\left(t, \frac{\mathrm{d}^m r}{\mathrm{d}t^m}, \cdots, \frac{\mathrm{d}r}{\mathrm{d}t}, r\right) \tag{8-1}$$

式中：$f()$ 和 $g()$ 为非线性函数。

8.1 非线性控制系统概述

8.1.1 非线性特性的分类

控制系统中元件的非线性特性有很多种，熟悉非线性特性，有助于对非线性系统的理解。典型的按非线性元件的非线性特性可分为死区特性、饱和特性、间隙特性和继电器特性等，见图 8.1。

1. 死区特性

死区又称不灵敏区，通常以阈值、分辨率等指标衡量。死区特性如图 8.1(a)所示，常见于测量、放大元件中。一般的机械系统、电动机等，都不同程度地存在死区。其特点是当输入信号在零值附近的某一小范围时，没有输出，只有当输入信号大于此范围时，才有输出。执行机构中的静摩擦影响也可以用死区特性表示。控制系统中存在死区特性，将导致系统产生稳态误差，其中测量元件的死区特性尤为明显，如电动机只有在输入信号增大到一定程度的时候才会转动，系统的灵敏性变差。摩擦死区特性可能造成系统的低速不均匀，甚至使随动系统不能准确跟踪目标。

2. 饱和特性

饱和特性也是一种常见的非线性特性，在铁磁元件及各种放大器中都存在，其特点是当输入信号超过某一范围后，输出信号不再随输入信号变化而保持某一常值，参见图 8.1(b)。饱和特性将使系统在大信号作用之下的等效增益降低，在深度饱和情况下，甚至会使系统丧失闭环控制作用。当然，实际应用中，也有些系统有意地利用饱和特性进行信号限幅，限制某些物理参量，保证系统安全合理地工作。

3. 间隙特性

间隙特性又称回环特性。传动机构的间隙特性是一种常见的回环非线性特性，参见图 8.1(c)。在齿轮传动中，由于间隙存在，当主动齿轮方向改变时，从动齿轮保持原位不动，直到间隙消除后才改变转动方向。铁磁元件中的磁滞现象也是一种回环特性。间隙特性对系统影响较为复杂，一般来说，它将使系统稳态误差增大，频率响应的相位滞后也增大，从而使系统动态性能恶化。

4. 继电器特性

由于继电器吸合电压与释放电压不等，使其特性中包含了死区、回环及饱和特性，参见图 8.1(d)。当 $a = 0$ 时的特性称为理想继电器特性。合理利用继电器的切换特性可改善系统的性能。

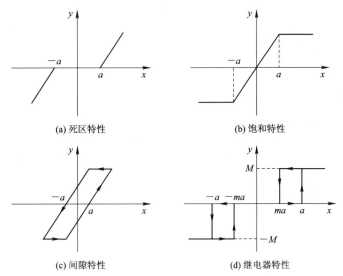

(a) 死区特性　　　　　　　(b) 饱和特性

(c) 间隙特性　　　　　　　(d) 继电器特性

图 8.1　典型非线性特性

若从非线性环节的输出与输入之间存在的函数关系划分，非线性特性又可分为单值函数非线性特性与多值函数非线性特性两类。例如死区特性、饱和特性及理想继电器特性都属于输出与输入间为单值函数关系的非线性特性。间隙特性和继电器特性则属于输出与输入之间为多值函数关系的非线性特性。

8.1.2　非线性系统的特征

线性系统的重要特征是可以应用线性叠加原理。由于描述非线性系统运动的数学模型为非线性微分方程，因此叠加原理不适用，故能否应用叠加原理是两类系统的本质区别。非线性系统主要有以下特征。

1．稳定性分析复杂

按照平衡状态的定义，当无外作用且系统输出的各阶导数等于零时，系统处于平衡状态。显然，对于线性系统，只有一个平衡状态，即随着时间的推移，输出响应趋近于 0，线性系统的稳定性即为该平衡状态的稳定性，而且取决于系统本身的结构和参数，与外作用和初始条件无关。而非线性系统可能存在多个平衡状态，各平衡状态可能是稳定的也可能是不稳定的。非线性系统的稳定性不仅与系统的结构和参数有关，也与初始条件以及系统的输入信号的类型和幅值有关。

2．可能存在自持振荡现象

所谓自持振荡，是指当没有外界周期变化信号的作用时，系统内部产生的具有固定振幅和频率的稳定周期运动。线性系统的运动状态只有收敛和发散，只有在临界稳定的情况下才能产生周期运动，但由于环境变化或装置老化等不可避免的因素存在，使这种临界振荡可能只是暂时的。而非线性系统则不同，即使无外加信号，系统也可能产生一定幅度和频率的持续性振荡，这是非线性系统所特有的。

必须指出，长时间大幅度的振荡会造成机械磨损，增加控制误差，因此许多情况下不希望发生自持振荡。在控制中通过引入高频小幅度的颤震，可克服间歇、死区等非线性因素的不良影响。而在振动试验中，还必须使系统产生稳定的周期运动。因此研究自持振荡的产生条件与抑制，确定其频率与幅度，是非线性系统分析的重要内容。

3．频率响应发生畸变

稳定的线性系统的频率响应，即正弦信号作用下的稳态输出是与输入同频率的正弦信号，其幅值和相位为输入正弦信号频率的函数。而非线性系统的频率响应除了含有与输入同频率的正弦信号分量（基波分量）外，还含有高次谐波分量，即使输出波形发生了非线性畸变。若系统含有多值非线性环节，则输出的各次谐波分量的幅值还可能发生跃变。

8.1.3　非线性系统的分析与设计方法

系统分析和设计的目的是通过求取系统的运动形式，以解决稳定性问题为中心，对系统实施有效的控制。由于非线性系统形式多样，受数学工具限制，一般情况下难以求得非线性方程的解析解，只能采用工程上适用的近似方法。在实际工程问题中，如果不需精确求解输出函数，则往往把分析的重点放在以下三个方面：某一平衡点是否稳定，如果不稳定应如何校正；系统中是否会产生自持振荡，如何确定其周期和振幅；如何利用或消除自持振荡以获得需要的性能指标。比较基本的非线性系统的研究方法有以下几种。

1．小范围线性近似法

小范围线性近似法是一种在平衡点的近似线性化方法，通过在平衡点附近进行泰勒展开，可将一个非线性微分方程化为线性微分方程，然后按线性系统的理论进行处理。该方法仅限于小区域的研究。

2．逐段线性近似法

逐段线性近似法是指将非线性系统近似为几个线性区域，每个区域用相应的线性微分方程描述，将各段的解合在一起即可得到系统的全解。

3．相平面法

相平面法是非线性系统的图解法，由于平面在几何上是二维的，因此只适用于阶数最高为二阶的系统。

4．描述函数法

描述函数法是非线性系统的频域法，适用于具有低通滤波特性的各种阶次的非线性系统。

5．李雅普诺夫法

李雅普诺夫法是根据广义能量概念确定非线性系统稳定性的方法，原则上适用于所有非线性系统，但对于很多系统，寻找李雅普诺夫函数相当困难。

6．计算机仿真

利用计算机仿真，可以满意地解决实际工程中相当多的非线性系统问题。这是研究非线性系统的一种非常有效的方法，但它只能给出数值解，无法得到解析解，因此缺乏对一般非线性系统的指导意义。

本章仅介绍相平面法和描述函数法。

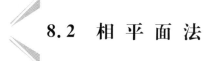

8.2　相　平　面　法

相平面法是一种求解二阶及以下线性或非线性微分方程的图解方法。

1．相平面的基本概念

我们知道，一个实际的二阶系统可用二阶微分方程式来描述，一般可表示为

$$\ddot{x} + f(x, \dot{x}) = 0 \tag{8-2}$$

式中：x 是状态变量；$f(x, \dot{x})$ 是 $(x, \dot{x})$ 的线性或非线性函数。为了分析方便，下面先介绍有关相平面法的几个基本概念和性质。

1）相平面与相轨迹

（1）相平面是以 $x(t)$ 为横坐标、$\dot{x}(t)$ 为纵坐标的直角坐标平面。

（2）相轨迹是指把表示系统运动状态的 $x(t)$、$\dot{x}(t)$ 的关系画在相平面上而形成的曲线，每根相轨迹随初始条件的不同而变化。

（3）相平面图是指一个系统在不同的初始条件下所产生的所有相轨迹组成的曲线族。

2）奇点或平衡点

令 $x_1(t) = x(t)$，$x_2(t) = \dot{x}(t)$。同时满足 $\dot{x}_1(t) = \dot{x}(t) = 0$ 和 $\dot{x}_2(t) = \ddot{x}(t) = f(x, \dot{x}) = 0$ 的点称为奇点。在该点，由于 $\dot{x}$ 和 $\ddot{x}$ 同时为零，即系统运动的速度和加速度均为零，此时系统处于平衡状态，故又称奇点为平衡点。奇点又分为孤立奇点和非孤立奇点，如果一个奇点附近无其他奇点则称为孤立奇点，否则称为非孤立奇点。相轨迹上除奇点外的所有其他点均称为普通点。

3）相轨迹的几个重要性质

（1）相轨迹斜率。将式（8-2）改写为如下形式：

$$\frac{\mathrm{d}\dot{x}}{\mathrm{d}x} = \frac{\dfrac{\mathrm{d}\dot{x}}{\mathrm{d}t}}{\dfrac{\mathrm{d}x}{\mathrm{d}t}} = \frac{\ddot{x}}{\dot{x}} = \frac{f(x, \dot{x})}{\dot{x}} \tag{8-3}$$

式（8-3）称为相轨迹的斜率方程，它表示相轨迹上每一点的斜率 $\dfrac{\mathrm{d}\dot{x}}{\mathrm{d}x}$ 都满足这个方程。其解 $\dot{x} = g(x)$ 表示相轨迹曲线方程。

（2）相交性。根据微分方程解的唯一性定理，在任何普通点上 $\dfrac{\mathrm{d}\dot{x}}{\mathrm{d}x}$ 都有唯一的值，即在相平面上曲线的斜率是确定的，因而从不同初始条件出发的相轨迹不可能相交。但在奇点上，由于 $\dfrac{\mathrm{d}\dot{x}}{\mathrm{d}x}$ 不确定，因而通过该点的相轨迹就有无数多条，它们离开或逼近奇点。

（3）正交性。在 x 轴上的所有点，其 $\dot{x} = 0$，因此只要交点不是奇点，在这些点上的斜率 $\dfrac{\mathrm{d}\dot{x}}{\mathrm{d}x} = \infty$，表示相轨迹与 x 轴垂直相交。

（4）相轨迹走向。在相平面的上半平面上，$\dot{x} > 0$，表示随着时间的变化，相轨迹的运动方向是 x 增大方向，即向右运动；在相平面的下半平面上，$\dot{x} < 0$，表示随着时间的变化，相轨迹的运动方向是 x 减小方向，即向左运动。

（5）相轨迹的对称性。相轨迹曲线可能对称于 x 轴、$\dot{x}$ 轴或坐标原点。根据斜率方程式（8-3）可知：

若 $f(x, \dot{x}) = f(x, -\dot{x})$，即 $f(x, \dot{x})$ 是 $\dot{x}$ 的偶函数，则相轨迹对称于 x 轴；

若 $f(x, \dot{x}) = -f(-x, \dot{x})$，即 $f(x, \dot{x})$ 是 x 的奇函数，则相轨迹对称于 $\dot{x}$ 轴；

若 $f(x, \dot{x}) = -f(-x, -\dot{x})$，则相轨迹对称于原点。

2. 相轨迹的绘制

绘制相轨迹图的方法有解析法和图解法两种。解析法只适用于可直接由方程求出 x、$\dot{x}$ 关系的、比较简单的系统，而对一般非线性系统的相轨迹，宜采用图解法。图解法根据具体的作图方法不同，可进一步分为等倾斜线法和 δ 法。下面主要介绍解析法和等倾斜线法。

1）解析法

解析法又可分为两种：

（1）直接法。由式(8-3)直接进行积分，求出 $\dot{x}$ 和 x 的关系。

（2）分别求出 x、$\dot{x}$ 对 t 的关系式，然后消去 t，从而求得 $\dot{x}$ 和 x 的关系式。但要消去 t 通常较为困难。

2）等倾斜线法

等倾斜线法的基本思路是：考虑相轨迹通过相平面上的任一点 $(x_1, \dot{x}_1)$，令 $\dfrac{\mathrm{d}\dot{x}}{\mathrm{d}x} = \alpha$，则

$\dfrac{\mathrm{d}\dot{x}}{\mathrm{d}x} = \alpha = -\dfrac{f(x, \dot{x})}{\dot{x}}\bigg|_{(x_1, \dot{x}_1)}$ 是常量，即为相轨迹通过该点的斜率。式(8-3)可改写为

$$\alpha\dot{x} = -f(x, \dot{x}) \tag{8-4}$$

式(8-4)表示相轨迹上切线斜率为 α 的各点的连线，此连线称为等倾线。给定不同的 α 值，可以画出不同切线斜率的等倾线。画在等倾线上斜率为 α 的短线段就给出了相轨迹切线的方向场。这样，只要从某一初始点出发，沿着方向场各点的切线方向将这些短线段用光滑曲线连接起来，便可得到系统的一条相轨迹。

3. 奇点

如上所述，奇点是相平面上特殊的点，了解并熟悉奇点的分类和对应相轨迹的形状和性质，对绘制相轨迹是很有帮助的。

对于一阶系统，奇点的数学表达式为

$$\dot{x} + ax = b \tag{8-5}$$

由奇点的定义可知，一阶系统没有所谓的奇点。

对于一般二阶系统，奇点的数学表达式为

$$\ddot{x} + 2\xi\omega_n\dot{x} + \omega_n^2 x = 0 \tag{8-6}$$

显然，相平面原点即 $(x, \dot{x}) = (0, 0)$ 是该系统的奇点。该系统的特征方程为

$$\lambda_{1,2} = -\xi\omega_n \pm \omega_n\sqrt{\xi^2 - 1} \tag{8-7}$$

根据特征根的性质，奇点又可分为以下六种类型，其对应的相轨迹如图 8.2 所示。

（1）稳定节点：若 $\xi > 1$，则 $\lambda_{1,2}$ 为 s 左半平面的两个实根。相轨迹均收敛（趋向）于奇点。

（2）不稳定节点：若 $\xi < -1$，则 $\lambda_{1,2}$ 为 s 右半平面的两个实根。相轨迹均发散（远离）于奇点。

（3）稳定焦点：若 $0 < \xi < 1$，则 $\lambda_{1,2}$ 为在 s 左半平面的共轭复根。螺旋线形相轨迹收敛（卷向）于奇点。

（4）不稳定焦点：若 $-1 < \xi < 0$，则 $\lambda_{1,2}$ 均为在 s 右半平面的共轭复根。螺旋线形相轨迹发散（卷离）于奇点。

（5）中心点：若 $\xi = 0$，则 $\lambda_{1,2}$ 为虚轴上的一对共轭虚根。封闭的相轨迹包围奇点。

（6）鞍点：若系统存在两个正负实根，即 $\lambda_{1,2}$ 分别为 s 左半平面和 s 右半平面上的实根。除分隔线（图中 z_2 线）外，相轨迹随时间增长而远离奇点。

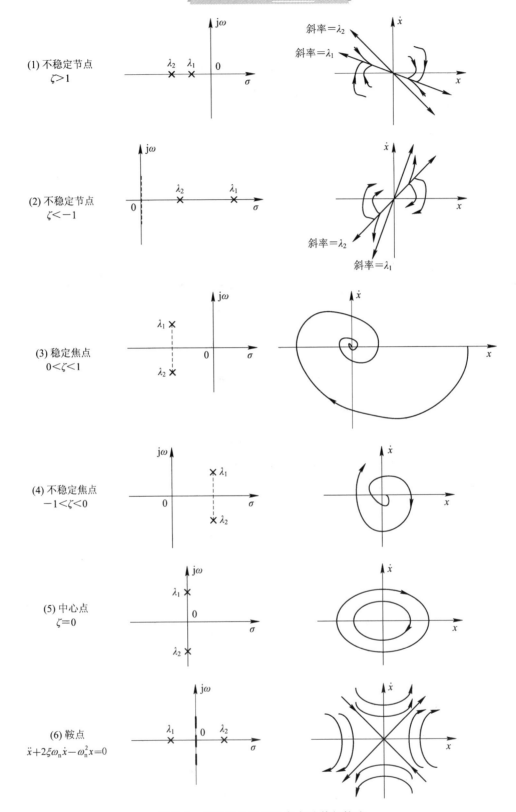

图 8.2 二阶线性系统的奇点及其相轨迹

4. 非线性控制系统的相平面分析

在非线性控制系统中，相平面法仅限于对一阶或二阶的系统进行分析，主要用于分析系统的稳定性和系统的时间响应（即系统的动态性能）。

大多数本质非线性系统，均能分离成与图 8.3 所示结构相似的结构。其中，非线性元件可分为两类：一类是具有解析形式的非线性元件，即可在工作点附近进行线性化处理，然后根据特征根的性质去确定奇点的类型，并用图解法或解析法画出奇点附近的相轨迹；另一类则是可分段线性化的元件，经分段线性化后，非线性控制系统在各段转化为线性系统，相当于将整个相平面分为若干区域，使每一个区域对应于系统的一个单独的线性工作状态，不同区域的分界线称为相平面开关线。这样，在每个区域内存在相应的微分方程和奇点，如果奇点就位于相应的区域内，则称该类奇点为实奇点，否则称为虚奇点，即该区域内相轨迹实际上无法到达该平衡点。只要作出各区域内的相轨迹，然后在分界线上把各个区域的相轨迹依次光滑连接起来，就可得到系统完整的相轨迹图。

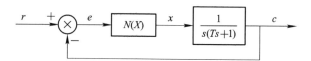

图 8.3　非线性系统结构图

8.3　描 述 函 数 法

8.3.1　定义

对于线性系统，当输入是正弦信号时，输出稳定后是同频率的正弦信号，其幅值和相位随着频率的变化而变化，这就是利用频率特性分析系统的频域法基础。对于非线性系统，当输入是正弦信号时，输出稳定后通常不是正弦信号，而是与输入同频率的周期非正弦信号，它可以分解成一系列正弦波的叠加，其基波频率与输入正弦信号的频率相同。

设非线性环节的正弦输入为 $x(t) = X\sin\omega t$，则输出为

$$y(t) = A_0 + \sum_{n=1}^{\infty} (A_n\cos n\omega t + B_n\sin n\omega t) \tag{8-8}$$

式中：

$$A_n = \frac{1}{\pi}\int_0^{2\pi} y(t)\cos n\omega t\, d(\omega t) \tag{8-9}$$

$$B_n = \frac{1}{\pi}\int_0^{2\pi} y(t)\sin n\omega t\, d(\omega t) \tag{8-10}$$

令

$$Y_n = \sqrt{A_n^2 + B_n^2} \tag{8-11}$$

$$\varphi_n = \arctan\frac{A_n}{B_n} \tag{8-12}$$

式$(8-9)\sim(8-10)$中，$n=1,2,\cdots$。

　　由于系统通常具有低通滤波特性，其他谐波各项比基波小，所以可以用基波分量近似表示系统的输出。假定非线性环节关于原点对称，则输出的直流分量等于零，即 $A_0=0$，则

$$y(t)=A_1\cos\omega t+B_1\sin\omega t=Y_1\sin(\omega t+\varphi_1) \tag{8-13}$$

　　定义非线性环节的描述函数为非线性特性输出的基波与输入信号二者的复数符号的比值，即

$$N=\frac{Y_1}{X}e^{j\varphi_1} \tag{8-14}$$

式中：N 为描述函数；X 是正弦输入信号的幅值；Y_1 是输出信号基波的幅值；φ_1 为输出信号基波与输入信号的相位差。

　　如果非线性环节中不包含储能机构（即非记忆），即 N 的特性可以用代数方程（而不是微分方程）描述，则 Y_1 与频率无关。描述函数只是输入信号幅值 X 的函数，即 $N=N(X)$，而与 ω 无关。

8.3.2　典型非线性环节的描述函数

1. 饱和特性

若非线性环节具有饱和特性，如图 8.4(a)所示，则有以下两种情况。

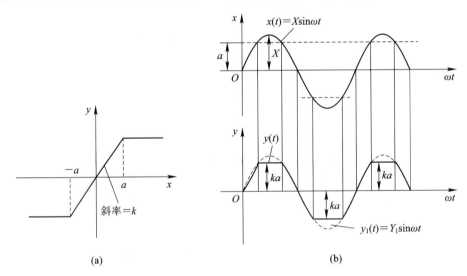

图 8.4　饱和特性及其正弦响应

　　（1）当输入为正弦信号时，其输出波形如图 8.4(b)所示。根据输出波形，饱和非线性环节的输出由式$(8-15)$表示：

$$y(t)=\begin{cases}kX\sin\omega t & (\omega t<\beta) \\ ka & (\beta<\omega t<\pi-\beta) \\ kX\sin\omega t & (\pi-\beta<\omega t<\pi)\end{cases} \tag{8-15}$$

　　由式$(8-9)$和式$(8-10)$可求得

$$A_1 = 0$$

$$B_1 = \frac{1}{\pi} \int_0^{2\pi} y(t) \sin\omega t \, d(\omega t) = \frac{4}{\pi} \int_0^{\beta} kX \sin^2\omega t \, d(\omega t) + \frac{4}{\pi} \int_{\beta}^{\pi/2} ka \sin\omega t \, d(\omega t)$$

$$= \frac{4k}{\pi} \left[\int_0^{\beta} X \frac{1-\cos(2\omega t)}{2} d(\omega t) + a \int_{\beta}^{\pi/2} \sin\omega t \, d(\omega t) \right]$$

$$= \frac{4k}{\pi} \left[\frac{X}{2}\beta - \frac{1}{2}X\sin\beta\cos\beta + a\cos\beta \right]$$

因 $a = X\sin\beta$，将 $\beta = \arcsin\dfrac{a}{X}$，$\sin\beta = \dfrac{a}{X}$，$\cos\beta = \sqrt{1-(a/X)^2}$ 代入上式，有

$$B_1 = \frac{2kX}{\pi} \left[\arcsin\frac{a}{X} + \frac{a}{X}\sqrt{1-\left(\frac{a}{X}\right)^2} \right]$$

则

$$N = \frac{Y_1}{X} \angle \varphi_1 = \frac{B_1}{X} \angle 0° = \frac{2k}{\pi} \left[\arcsin\frac{a}{X} + \frac{a}{X}\sqrt{1-\left(\frac{a}{X}\right)^2} \right] \tag{8-16}$$

（2）当输入 X 幅值较小，不超出线性区时，饱和非线性环节是个比例系数为 k 的比例环节，所以饱和特性的描述函数为

$$N = \begin{cases} \dfrac{2k}{\pi} \left[\arcsin\dfrac{a}{X} + \dfrac{a}{X}\sqrt{1-\left(\dfrac{a}{X}\right)^2} \right] & (X > a) \\ k & (X \leqslant a) \end{cases} \tag{8-17}$$

由此可见，饱和特性的描述函数 N 与频率无关，它仅仅是输入信号振幅的函数。

2. 死区特性

死区非线性环节正弦输入时的输入输出关系如图 8.5 所示。输出时间函数表示为

$$y(t) = \begin{cases} 0 & (\omega t < \beta) \\ k(X\sin\omega t - a) & (\beta < \omega t < \pi - \beta) \\ 0 & (\pi - \beta < \omega t < \pi) \end{cases} \tag{8-18}$$

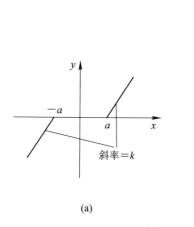
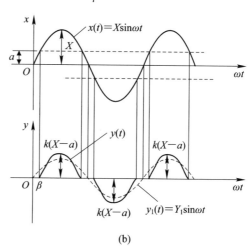

(a)　　　　　　　　　　　　(b)

图 8.5　死区特性及其正弦响应

同样，根据式（8-9）和式（8-10）可求得

$$A_1 = 0$$

$$B_1 = \frac{1}{\pi}\int_0^{2\pi} y(t)\sin\omega t\, \mathrm{d}(\omega t) = \frac{4}{\pi}\int_\beta^{\pi/2} k(X\sin\omega t - a)\sin\omega t\, \mathrm{d}(\omega t)$$

$$= \frac{4k}{\pi}\int_\beta^{\pi/2}\left[X\frac{1-\cos(2\omega t)}{2} - a\sin(\omega t)\right]\mathrm{d}(\omega t)$$

因 $a = X\sin\beta$，将 $\beta = \arcsin\dfrac{a}{X}$，$\sin\beta = \dfrac{a}{X}$，$\cos\beta = \sqrt{1-(a/X)^2}$ 代入上式，有

$$B_1 = \frac{4k}{\pi}\left\{\frac{X}{2}\left[\frac{\pi}{2} - \arcsin\frac{a}{X} + \frac{a}{X}\sqrt{1-\left(\frac{a}{X}\right)^2}\right] - a\sqrt{1-\left(\frac{a}{X}\right)^2}\right\}$$

$$= \frac{2kX}{\pi}\left[\frac{\pi}{2} - \arcsin\frac{a}{X} - \frac{a}{X}\sqrt{1-\left(\frac{a}{X}\right)^2}\right]$$

则

$$N = \frac{Y_1}{X}\angle\varphi_1 = \frac{B_1}{X}\angle 0° = k - \frac{2k}{\pi}\left[\arcsin\frac{a}{X} + \frac{a}{X}\sqrt{1-\left(\frac{a}{X}\right)^2}\right]$$

当输入 X 幅值小于死区 a 时，输出为零，因而描述函数 N 也为零，故死区特性描述函数为

$$N = \begin{cases} k - \dfrac{2k}{\pi}\left[\arcsin\dfrac{a}{X} + \dfrac{a}{X}\sqrt{1-\left(\dfrac{a}{X}\right)^2}\right] & (X > a) \\[4mm] 0 & (X \leqslant a) \end{cases} \tag{8-19}$$

可见，死区特性的描述函数 N 也与频率无关，只是输入信号振幅的函数。

3. 继电器特性

继电器非线性的输入输出特性可表示成图 8.6 的形式。

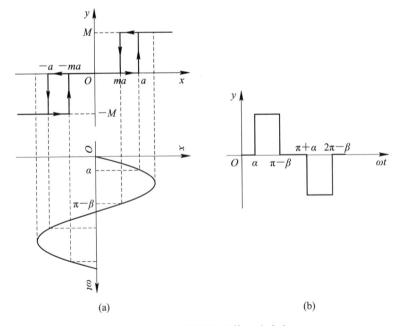

(a)　　　　　　　　　　　　(b)

图 8.6　继电器特性及其正弦响应

输出的时间函数表示为

$$y(t) = \begin{cases} 0 & (\omega t < \alpha) \\ M & (\alpha < \omega t < \pi - \beta) \\ 0 & (\pi - \beta < \omega t < \pi) \end{cases} \quad (8-20)$$

因 $a = X\sin\alpha$，$ma = X\sin\beta$，且 $X \geqslant a$。根据式(8-9)和式(8-10)可求得

$$A_1 = \frac{1}{\pi}\int_0^{2\pi} y(t)\cos\omega t\,\mathrm{d}(\omega t) = \frac{2}{\pi}\int_\alpha^{\pi-\beta} M\cos\omega t\,\mathrm{d}(\omega t)$$

$$= \frac{2}{\pi}M(\sin\beta - \sin\alpha)$$

$$= \frac{2aM}{\pi X}(m-1)$$

$$B_1 = \frac{1}{\pi}\int_0^{2\pi} y(t)\sin\omega t\,\mathrm{d}(\omega t) = \frac{2}{\pi}\int_\alpha^{\pi-\beta} M\sin\omega t\,\mathrm{d}(\omega t) = \frac{2}{\pi}M(\cos\beta + \cos\alpha)$$

$$= \frac{2M}{\pi}\left[\sqrt{1 - \left(\frac{a}{X}\right)^2} + \sqrt{1 - \left(\frac{ma}{X}\right)^2}\right]$$

因此，继电器特性的描述函数为

$$N = \frac{2M}{\pi X}\left[\sqrt{1 - \left(\frac{a}{X}\right)^2} + \sqrt{1 - \left(\frac{ma}{X}\right)^2}\right] + \mathrm{j}\frac{2aM}{\pi X^2}(m-1) \quad (X \geqslant a) \quad (8-21)$$

取 $a = 0$，得理想继电器特性的描述函数为

$$N = \frac{4M}{\pi X} \quad (8-22)$$

取 $m = 1$，得死区继电器特性的描述函数为

$$N = \frac{4M}{\pi X}\sqrt{1 - \left(\frac{a}{X}\right)^2} \quad (X \geqslant a) \quad (8-23)$$

取 $m = -1$，得带滞环继电器特性的描述函数为

$$N = \frac{4M}{\pi X}\sqrt{1 - \left(\frac{a}{X}\right)^2} - \mathrm{j}\frac{4aM}{\pi X^2} \quad (X \geqslant a) \quad (8-24)$$

4. 间隙特性

对于图 8.7 所示的间隙特性，其输出的时间函数表示为

$$y(t) = \begin{cases} k(X\sin\omega t - a) & (\omega t < \pi/2) \\ k(X - a) & (\pi/2 < \omega t < \pi - \beta) \\ k(X\sin\omega t + a) & (\pi - \beta < \omega t < \pi) \end{cases} \quad (8-25)$$

式中：$\beta = \arcsin(1 - 2a/X)$。

根据式(8-9)和式(8-10)可求得

$$A_1 = \frac{4ka}{\pi}\left(\frac{a}{X} - 1\right)$$

$$B_1 = \frac{k}{\pi}X\left[\frac{\pi}{2} + \arcsin\left(1 - \frac{2a}{X}\right) + 2\left(1 - \frac{2a}{X}\right)\sqrt{\frac{a}{X}\left(1 - \frac{a}{X}\right)}\right]$$

因此间隙特性的描述函数为

$$N = \frac{B_1 + jA_1}{X} \qquad (X \geqslant a) \qquad (8-26)$$

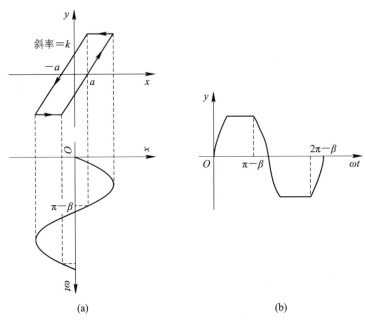

图 8.7　间隙特性及其正弦响应

8.3.3　利用描述函数法分析非线性系统稳定性

对于图 8.8 所示的非线性系统，$G(s)$ 表示的是系统线性部分的传递函数，线性部分具有低通滤波特性，N 表示系统非线性部分的描述函数。当非线性环节的输入为正弦信号时，实际输出必定含有高次谐波分量，但经线性部分传递之后，由于其低通滤波的作用，高次谐波分量将被大大削弱，因此闭环通路内近似地只有一次谐波分量，从而可以保证应用描述函数分析方法所得的结果比较准确。大部分实际的非线性系统都可以满足这一条件，且线性部分的阶次越高，低通滤波性能越好。

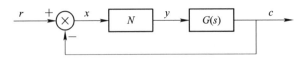

图 8.8　含非线性环节的闭环系统

线性系统的频率特性反映了在正弦信号作用下，系统稳态输出中与输入同频率的分量的幅值和相位相对于输入信号的变化，是输入正弦信号频率 ω 的函数；而非线性环节的描述函数则反映了非线性系统正弦响应中一次谐波分量的幅值和相位相对于输入信号的变化，是输入正弦信号幅值 X 的函数，这正是非线性环节的近似频率特性与线性系统频率特性的本质区别。

对于图 8.8 的系统，有

$$\frac{C(\mathrm{j}\omega)}{R(\mathrm{j}\omega)}=\frac{NG(\mathrm{j}\omega)}{1+NG(\mathrm{j}\omega)}$$

其特征方程为

$$1+NG(\mathrm{j}\omega)=0 \tag{8-27}$$

当 $G(\mathrm{j}\omega)=-1/N$ 时，系统输出将出现自持振荡。这相当于在线性系统中，当开环频率特性 $G_0(\mathrm{j}\omega)=-1$ 时，系统将出现等幅振荡，此时为临界稳定的情况。

上述 $-1/N$ 即 $-1/N(X)$ 称为非线性环节的负倒描述函数，$-1/N(X)$ 曲线上的箭头表示随 X 增大 $-1/N(X)$ 的变化方向。

对于线性系统，我们已经知道可以用奈氏判据来判断系统的稳定性。在非线性系统中运用奈氏判据时，$(-1,\mathrm{j}0)$ 点扩展为 $-1/N$ 曲线。例如，对于图 8.9(a)，系统线性部分的频率特性 $G(\mathrm{j}\omega)$ 没有包围非线性部分负倒描述函数 $-1/N$ 的曲线，系统是稳定的；图 8.9(b)系统 $G(\mathrm{j}\omega)$ 轨迹包围了 $-1/N$ 的轨迹，系统不稳定；图 8.9(c)系统 $G(\mathrm{j}\omega)$ 轨迹与 $-1/N$ 轨迹相交，系统存在极限环。

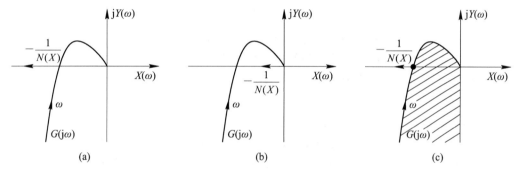

图 8.9　非线性系统奈氏判据应用

如果系统存在极限环，可进一步分析极限环的稳定性，确定它的频率和幅值。如图 8.9(c)所示，被 $G(\mathrm{j}\omega)$ 包围的区域为不稳定区(阴影部分)，没被 $G(\mathrm{j}\omega)$ 包围的区域为稳定区。若沿 X 增加的方向，$-\dfrac{1}{N}$ 曲线由稳定区进入不稳定区，则交点为不稳定极限环；相反，为稳定极限环，简称自振，此时，$G(\mathrm{j}\omega)=-\dfrac{1}{N}$，从中解出的 X 为自振振幅，ω 为自振角频率。

【例 8-1】　判断图 8.10 所示的非线性系统是否存在自持振荡，若存在，求振荡频率和振幅。

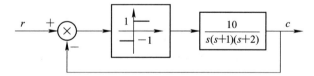

图 8.10　含有理想继电器特性的非线性系统

解　$$N(X)=\frac{4M}{\pi X}=\frac{4}{\pi X}, \quad -\frac{1}{N(X)}=-\frac{\pi X}{4}$$

$$X \text{ 从 } 0 \to \infty, \ -\frac{1}{N(X)} \text{ 变化范围为 } 0 \to -\infty$$

$$G(\mathrm{j}\omega) = \frac{10}{\mathrm{j}\omega(\mathrm{j}\omega+1)(\mathrm{j}\omega+2)} = \frac{10}{-3\omega^2 + (2-\omega^2)\mathrm{j}}$$

$$\omega = \pm\sqrt{2}, \ -\frac{\pi X}{4} = \frac{10}{-3\omega^2}, \ X = \frac{20}{3\pi} = 2.122$$

系统存在振荡频率为 $\sqrt{2}$，振幅为 2.122 的自振荡，如图 8.11 所示。

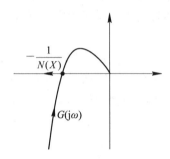

图 8.11　稳定自持振荡

从以上例子可以归纳出用描述函数法分析系统稳定性的步骤：

（1）将非线性系统画成如图 8.8 所示的典型结构图；

（2）由定义求出非线性部分的描述函数 N；

（3）在复平面作出 $G(\mathrm{j}\omega)$ 和 $-1/N$ 的轨迹；

（4）判断系统是否稳定，是否存在极限环；

（5）如果系统存在极限环，进一步分析极限环的稳定性，确定它的频率和幅值。

用描述函数法设计非线性系统时，要注意避免线性部分的 $G(\mathrm{j}\omega)$ 轨迹和非线性部分 $-1/N$ 的轨迹相交，这可以通过加校正实现。

8.4　基于 MATLAB 的非线性系统分析

8.2 节介绍了非线性控制系统的相平面法，可以发现这是一项颇为烦琐的工作。如果借助 MATLAB 软件绘制相轨迹，则要简便、准确得多，特别是若采用 MATLAB 提供的 Simulink 模块库，仿照线性系统的建模方法构建非线性系统的模型框图，就能轻松地对相应系统进行仿真研究，还能分析该系统的性能。

1. 利用 MATLAB 函数绘制相轨迹

对基于等倾斜线法的相轨迹绘制，可用 MATLAB 软件编写相应的程序实现。MATLAB 提供了编写时应参考的等倾斜线法的通用函数 equalling，从下面的示例中可以了解 equalling 的用法。

```
function over=equalling(func, initl, init2)
%下面采用等倾斜线法
%准备存放生成的相轨迹上的点
```

```
pointnun＝300
trace＝zeros(pointnum, 2);
%初值
tracel(1, :)＝[2 1];
digits(4);
%每隔 5°画一条等倾斜线
linenum＝72;
slope＝sym(func)/ 'x2';%斜率的表达式
p＝zeros(1, linenum);%存放等倾斜线对应的斜率
if init2～＝0
p(1, 1)＝subs(subs(slope, 'x1', init1), 'x2', init2);
else
p(1, 1)＝tan(pi/2);
end
for il＝2:linenum
p(1, il)tan(atan(p(1, 1))－2 * (il－1) * pi/linenum);
end
%不断循环生成相轨迹上的点,直到新生成的点接近奇点
i1＝1;
j1＝1;
trace(1, :)＝[initl init2];
while jl＜pointnum
pl＝p(l, il);
if il＝linenum
p2＝p(1, 1)
il＝1;
else
p2＝p(1, il＋1);
il＝il＋1
end
%根据两条等倾斜线生成一段相轨迹
x0l＝trace(jl, 1);
x02＝trace(jl, 2);
pp＝(pl＋p2)/2;
jl＝jl＋l;
if p2＜0
templ＝[func '+' num2str(－p2) * x2＝0];
else
templ＝[func '－' num2str(p2) *  x2＝0];
end
if x02＜0
temp2＝[ 'x2' '+' num2str(－x02)];
else
```

```
temp2=['x2' '—' num2str(—x02)];
end
if pp<0
temp2=[temp2'+'num2str(—pp)];
else
temp2=[temp2'—'num2str(pp)];
end
if x01<0
temp2=[temp2 * '(x1+'num2str(—x01)')')=0'];
else
temp2=[temp2 * '(x1—'num2str(x01)')')=0'];
end
[x1, x2]=solve(temp1, temp2, x1, x2);
trace(j1, :)=double([x1, x2]);
end
plot(trace(:, 1), trace(:, 2));
axis tight;
grid on;
over=1;
```

其调用格式为：

```
over=equalline(func, init1, init2)
```

其中，func 是一个字符串，表示 $f(x_1, x_2)$，$x_1 = x$，$x_2 = \dot{x}$，init1 与 init2 分别是 x_1 和 x_2 的初始值。

2. 非线性控制系统的 Simulink 仿真

与线性系统类似，非线性控制系统的 Simulink 仿真步骤大致为：按照系统实际的结构，在 Simulink 模块库中选取所需的非线性特性的模块，构成相应系统仿真模型的框图，设置输入信号等有关参数后，就能实现对相应系统的仿真研究。

【例 8 - 2】 依据有饱和非线性特性的控制系统如图 8.12 所示，试用 MATLAB 求该系统在单位阶跃信号作用下的相轨迹和单位阶跃响应曲线。

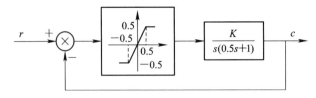

图 8.12　例 8 - 2 非线性控制系统

解　参考图 8.12，选用 Simulink 模块库中的相关模块：饱和非线性模块 Saturation、传递函数模块 Transfer Fcn、积分模块 Integrator、输入模块 Step、输出 XY Graph 绘图器和示波器 Scope 等。按要求设置有关参数后，就构建了系统的仿真模型，如图 8.13 所示。

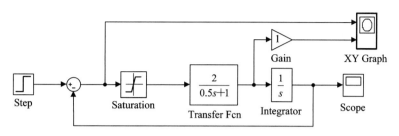

图 8.13　例 8-2 系统的仿真模型

点击 Scope 和 Simulink/Start 进行仿真，就能得到图 8.14 所示的单位阶跃响应曲线和图 8.15 所示的相轨迹。

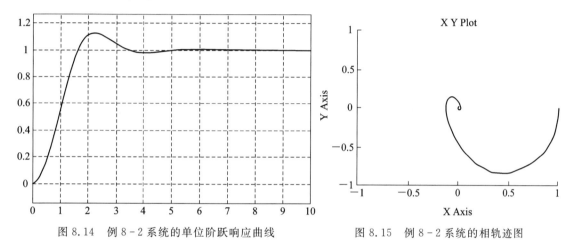

图 8.14　例 8-2 系统的单位阶跃响应曲线　　　　图 8.15　例 8-2 系统的相轨迹图

由图 8.14 和图 8.15，可进一步分析系统的动态性能和稳定性等问题。

改变非线性特性和线性部分的有关参数，上述方法可广泛适用于相应非线性控制系统的分析。

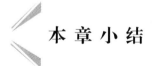

本 章 小 结

在实际系统中，理想的线性系统是不存在的，所谓线性系统，只是在一定范围内对非线性系统的近似线性化。本章简要介绍了非线性系统的概念、特点和常用的分析方法，以及 MATLAB 在非线性系统中的应用等内容。

（1）由于非线性系统的复杂性，目前对非线性系统的分析并没有一种普遍适用的方法。本章所介绍的两种常用的非线性系统分析方法——相平面分析法和描述函数法，均有局限性。

（2）相平面法仅适用于二阶及以下的非线性系统的分析，不仅可以判断稳定性、自持振荡，还可以计算动态响应。

（3）描述函数法只适用于非线性程度较低和特性对称的非线性元件，还要求线性部分具有良好的低通滤波特性。描述函数的核心是计算非线性特性的描述函数和它的负倒特性。由于描述函数是对系统状态的周期运动的描述，一般没有考虑外作用，所以只能分析稳定性和自持振荡，而不能得到系统的响应。

（4）本章还利用 MATLAB 编程和 Simulink 仿真，为非线性系统的分析提供了简便的方法和途径。

习　题

1. 写出图 8.16 所示的非线性特性曲线的数学表达式。

2. 求图 8.17 所示的两个典型非线性元件相串联的等效输入输出特性和描述函数。

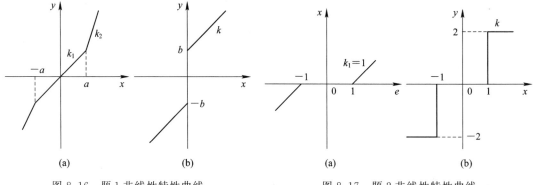

图 8.16　题 1 非线性特性曲线　　　　　　图 8.17　题 2 非线性特性曲线

3. 将图 8.18 所示的非线性系统简化为典型结构形式，写出线性部分的传递函数。

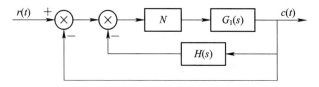

图 8.18　题 3 非线性系统结构图

4. $G(j\omega)$ 与 $-\dfrac{1}{N(X)}$ 的曲线如图 8.19 所示。试判断系统的稳定性，并判断交点是否存在自持振荡。

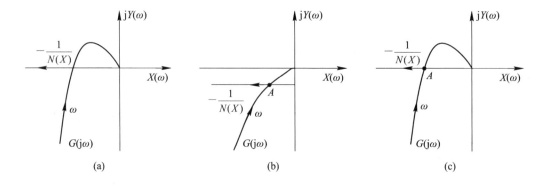

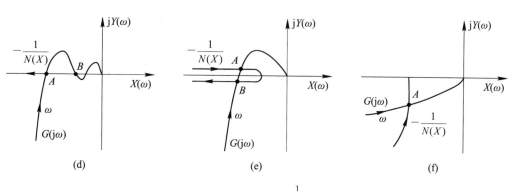

图 8.19 $G(j\omega)$ 与 $-\dfrac{1}{N(X)}$ 曲线

5. 非线性系统如图 8.20 所示，其中放大器线性区的增益为 K。试确定系统临界稳定时的 K 值，并计算当 $K=3$ 时，系统产生自持振荡的幅值和频率。

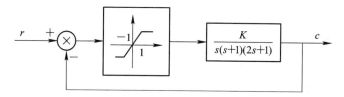

图 8.20 题 5 非线性系统结构图

6. 已知非线性系统如图 8.21 所示，图中非线性环节的描述函数为

$$N(X) = \frac{X+6}{X+2} \quad (X \geqslant 0)$$

试求：（1）该非线性系统稳定、不稳定以及产生自持振荡时，线性部分的 K 值范围。

（2）当 $K=1$ 时，系统能否产生稳定的自持振荡？若能，求相应的频率和振幅。

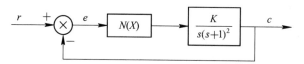

图 8.21 题 6 非线性系统结构图

7. 系统微分方程如下，试确定系统奇点的位置和类型。

（1）$\ddot{x} + 0.5\dot{x} + 2x + x^2 = 0$；

（2）$\ddot{x} + \dot{x} + x^2 - 1 = 0$。

8. 具有死区非线性特性的控制系统如图 8.22 所示，试用 MATLAB 求该系统在单位阶跃信号作用下的相轨迹图和单位阶跃响应曲线。

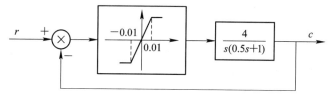

图 8.22 具有死区非线性特性的控制系统

第9章 控制系统设计实例

知识目标

- 掌握控制系统实例分析方法。
- 能够根据给定的系统参数得出系统的数学模型。
- 熟练掌握控制系统的三大分析方法。

控制系统设计的基本任务是根据被控对象和控制要求,选择适当的控制器和控制规律,设计一个满足给定性能指标的控制系统。具体而言,控制系统设计就是在已知被控对象的特性和性能指标的条件下,设计系统的控制部分(控制器)。

本章通过四个实例说明如何进行控制系统设计。

9.1 磁悬浮控制系统的设计

9.1.1 磁悬浮控制系统应用背景

国内外在磁悬浮方面的研究工作主要集中在磁悬浮列车方面,已从实验研究阶段转向实验运行阶段。在日本,已建成多条常导和超导型实验线路。德国的埃姆斯兰特实验线长 31.5 km,研制成功 TRO7 型时速 450 km 的磁悬浮列车。在取得一系列研究和实验成果后,1990 年,日本开始建造速度为 500 km/h、长 48.2 km 的超导磁悬浮列车路线。德国则在 2005 年建成了柏林到汉堡之间 284 km 的常导型磁悬浮列车正式运营路线,其速度为 420 km/h。此外,法国、美国、加拿大等国也在这方面进行了很多项目的研制和开发。

2002 年 12 月 31 日,由中德两国合作研究开发的上海磁悬浮列车全线试运行,2003 年 1 月 4 日正式开始商业运营,速度为 430 km/h,全程只需 8 min,是世界上第一条商业运营的高架磁悬浮专线,如图 9.1 所示。

磁悬浮轴承也是国外另一个非常活跃的研究方向。磁悬浮轴承广泛应用于航天、核反应堆、真空泵、超洁净环境、飞轮储能等场合。目前磁悬浮轴承的转速已达到 80 000 r/min,转子直径可达 12 m,最大承载力为 10 t。

高速磁悬浮电动机(Bearingless Motors)是近些年提出的一个新的研究方向,它集磁悬浮轴承和电动机于一体,具有自动悬浮和驱动的能力,且具有体积小、临界转速高等特点。

国外在 20 世纪 90 年代中期开始对其进行研究，相继出现了永磁同步型、开关磁阻型、感应型等各种结构的磁悬浮电动机。磁悬浮电动机的研究越来越受到重视，并有一些成功的报道，如将磁悬浮电动机应用在生命科学领域，研制成功的离心式和振动式磁悬浮人工心脏血泵，采用无机械接触式磁悬浮结构，不仅效率高，而且可以防止因血细胞破损而导致的溶血、凝血和血栓等问题。

图 9.1　上海磁悬浮列车专线

磁悬浮技术在其他领域也有很多应用，如风洞磁悬浮系统、磁悬浮隔振系统、磁悬浮熔炼等。虽然磁悬浮的应用繁多，系统形式和结构各不相同，但究其本质，都具有非线性和开环不稳定的特性。

9.1.2　磁悬浮控制系统基本组成与工作原理

磁悬浮控制系统是研究磁悬浮技术的平台，它是一个典型的吸浮式悬浮系统。磁悬浮实验装置主要由 LED 光源，电磁铁，光电位置传感器，处理电路，驱动电路，A/D、D/A 数据采集卡，控制对象（钢球）等组成，其系统工作原理组成框图如图 9.2 所示。

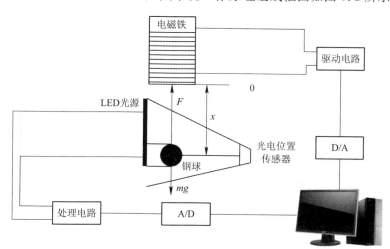

图 9.2　磁悬浮控制系统工作原理组成框图

电磁铁绕组中通以一定的电流会产生电磁力 F，只要控制电磁铁绕组中的电流，使之产生的电磁力与钢球的重力 mg 相平衡，钢球就可以悬浮在空中而处于平衡状态。为了得到一个稳定的平衡系统，必须实现闭环控制，使整个系统稳定且具有一定的抗干扰能力。

控制器的设计是磁悬浮系统的核心内容,因为磁悬浮系统本身是一个绝对不稳定的系统,为使其保持稳定并且可以承受一定的干扰,需要为系统设计控制器。将图 9.2 的磁悬浮系统工作原理图转化为控制系统框图形式,如图 9.3 所示。本系统中采用光源和光电位置传感器组成的无接触测量装置检测钢球与电磁铁之间的距离 x 的变化,为了提高控制的效果,还可以检测距离变化的速率。电磁铁绕组中的电流作为磁悬浮控制对象的输入量。

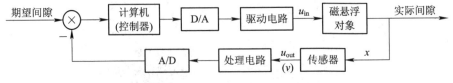

图 9.3　磁悬浮控制系统框图

图 9.2 中的传感器装置必须采用后处理电路。当浮体(钢球)的位置在垂直方向发生改变时,狭缝的透光面积也就随之改变,从而使 LED 光源的曝光度(照度)发生变化,最后将位移信号转化为一个按一定规律(与照度成比例)变化的电压信号输出。

9.1.3　磁悬浮控制系统的数学模型

为了分析或设计一个自动控制系统,首先需要建立其数学模型,即描述系统运动规律的数学方程。在建模时,要确定出哪些物理变量和相互关系是可以忽略的,哪些对模型的准确度有决定性的影响,才能建立起既简单又能基本反映实际系统的模型。磁悬浮控制系统在建模前可进行如下假设:

(1) 忽略漏磁通,假设磁通全部通过电磁铁的外部磁极气隙。

(2) 磁通在气隙处均匀分布,忽略边缘效应。

(3) 忽略小球和电磁铁铁芯的磁阻,即认为铁芯和小球的磁阻为零。则电磁铁与小球所组成的磁路的磁阻主要集中在两者之间的气隙上。

(4) 假设小球所受的电磁力集中在中心点,且其中心点与质心重合。

本系统的数学模型是以小球的动力学方程和电学、力学关联方程为基础建立起来的。

1. 控制对象的动力学方程

假设忽略小球受到的其他干扰力(风力、电网突变的力等),则受控对象小球在此系统中只受电磁吸力 F 和自身重力 mg 的作用。球在竖直方向的动力学方程可以描述为

$$m\frac{\mathrm{d}^2 x(t)}{\mathrm{d}t^2}=F(i,x)-mg \tag{9-1}$$

式中: x 为小球质心与电磁铁磁极之间的气隙(以磁极面为零点),单位为米(m); m 为小球的质量,单位为千克(kg); $F(i,x)$ 为电磁吸力,单位为牛顿(N); g 为重力加速度,单位是米每二次方秒(m/s^2)。

2. 系统的电磁力模型

电磁吸力 $F(i,x)$ 与气隙 x 是非线性的反比关系,即电磁力可写为

$$F(i,x)=K\left(\frac{i}{x}\right)^2 \tag{9-2}$$

式中: $K=-\dfrac{\mu_0 N^2 K_{\mathrm{f}}A}{4}$,其中 μ_0 是空气磁导率($\mu_0=4\pi\times10^{-7}\,\mathrm{H/m}$), $K_{\mathrm{f}}A$ 为磁通流过小

球截面的导磁面积，N 是电磁线圈的匝数，i 是电磁铁绕组中的瞬时电流。

3. 电磁铁中控制电压和电流的模型

由电磁感应定律及电路的基尔霍夫定律可知有如下关系：

$$U(t) = Ri(t) + \frac{\mathrm{d}\Psi(x,t)}{\mathrm{d}t} = Ri(t) + \frac{\mathrm{d}[L(x)i(t)]}{\mathrm{d}t} \qquad (9-3)$$

式中：$\Psi(x,t)$ 为电磁绕组中的瞬时磁链。

电磁铁绕组中的瞬时电感 $L(x)$ 是小球到电磁铁磁极表面的气隙 $x(t)$ 的函数，而且与其呈非线性关系。电磁铁通电后所产生的瞬时电感与气隙 x 的关系用下式表示：

$$L(x) = L_1 + \frac{L_0}{1 + \dfrac{x}{a}} \qquad (9-4)$$

式中：L_1 是小球未处于电磁场中时的静态电感；L_0 是小球处于电磁场中时线圈中增加的电感（即气隙为零时所增加的电感）；a 是磁极附近一点到磁极表面的气隙。

当平衡点距离电磁铁磁极表面比较近，即 $x_0 \to 0$ 时，$L < L_1 + L_0$。当平衡点距离电磁铁磁极表面较远，即 $x_0 \to \infty$ 时，$L > L_1$。

又因为 $L_1 \gg L_0$，故电磁铁绕组上的电感可近似表示为 $L(x) \approx L_1$。

将式（9-4）带入式（9-3）中，则电磁铁绕组中的电压与电流的关系可表示如下：

$$U(t) = Ri(t) + L_1 \frac{\mathrm{d}i}{\mathrm{d}t} \qquad (9-5)$$

4. 功率放大器模型

功率放大器主要用于解决感性负载的驱动问题，它将控制信号转变为控制电流。因系统功率低，故功率放大器采用的是模拟放大器。

本系统设计采用电压-电流型功率放大器。在功率放大器的线性范围以内，它主要表现为一阶惯性环节，其传递函数可以表示为

$$G_0 = \frac{U(s)}{I(s)} = \frac{K_a}{1 + T_a s} \qquad (9-6)$$

式中：K_a 为功率放大器的增益；T_a 为功率放大器的滞后时间常数。在系统实际当中，功率放大器的滞后时间常数非常小，对系统的影响可以忽略不计。因此可以近似认为功率放大环节仅由一个比例环节构成，其比例系数为 K_a。由硬件电路计算得

$$G_0(s) = K_a = 5.8929 \qquad (9-7)$$

5. 系统平衡的边界条件

钢球处于平衡状态时的加速度等于零，可得钢球此时所受的合力为零。同时钢球受到向上的电磁力等于小球自身的重力，即

$$mg - F(i_0, x_0) = 0 \qquad (9-8)$$

6. 系统模型线性化处理

由于电磁系统中的电磁力 F 和电磁铁绕组中的瞬时电流 i、气隙 x 间存在着较复杂的非线性关系，所以此磁悬浮控制系统是一个典型的非线性系统。若要用线性系统理论进行控制器的设计，则必须对系统中各个非线性部分进行线性化。此系统有一定的控制范围，所以对系统进行线性化的可能性是存在的，同时实验也证明，在平衡点 (i_0, x_0) 对系统进

行线性化处理是可行的。利用非线性系统线性化方法，可以对此系统进行线性化处理。

对式(9-1)作泰勒级数展开，进行非线性系统的线性化处理，并综合式(9-1)、式(9-2)和式(9-8)可得描述磁悬浮系统微分方程式为

$$m\frac{\mathrm{d}^2 x(t)}{\mathrm{d}t^2}=F(i,x)-F(i_0,x_0)=K_1 i+K_2 x \tag{9-9}$$

式中：

$$K_1=\frac{\partial F}{\partial i}\bigg|_{i=i_0,\,x=x_0}=\frac{2Ki_0}{x_0^2}, \quad K_2=\frac{\partial F}{\partial x}\bigg|_{i=i_0,\,x=x_0}=-\frac{2Ki_0^2}{x_0^3}$$

将式(9-9)经拉普拉斯变换得

$$X(s)s^2=\frac{2Ki_0}{mx_0^2}I(s)-\frac{2Ki_0^2}{mx_0^3}X(s) \tag{9-10}$$

将 $mg=-K\left(\dfrac{i_0^2}{x_0^2}\right)$ 代入系统的开环传递函数：

$$\frac{X(s)}{I(s)}=\frac{-1}{As^2-B} \tag{9-11}$$

如果选择控制系统的输入量是控制电压 u_{in}，控制系统输出量为间隙 $x(t)$，其对应的输出电压为 u_{out}，则该系统控制对象的模型可写为

$$G(s)=\frac{U_{\text{out}}(s)}{U_{\text{in}}(s)}=\frac{K_s X(s)}{K_a I(s)}=\frac{-(K_s/K_a)}{As^2-B} \tag{9-12}$$

式中：$A=\dfrac{i_0}{2g}$；$B=\dfrac{i_0}{x_0}$；K_s 为位移电压系数。

通过以上内容可以看出，系统有一个开环极点位于复平面的右半平面，根据系统稳定性判据——系统所有的开环极点必须位于复平面的左半平面时开环系统才稳定，所以该磁悬浮系统是不稳定的系统。

系统实际的物理参数如表9-1所示。

表 9-1 磁悬浮系统的物理参数

参　　数	符号	典 型 值
钢球质量	m	22 g
电阻	R	13.8 Ω
电磁线圈的匝数	N	2450 匝
电磁铁绕组中的瞬时电流	i_0^*	0.6105 A
浮球位移	x_0^*	20.0 mm
浮球半径	r	12.5 mm
传递参数	K	2.3142×10^{-4} N·m/A
磁通流过小球截面的导磁面积	$K_f A$	0.25 m^2
位移电压系数	K_s	458.72 C/m^2

将表 9.1 的参数代入式(9 - 12)得

$$G(s) = \frac{77.8421}{0.0311s^2 - 30.5250} \qquad (9 - 13)$$

控制系统设计最重要的一步是对系统进行分析。本节已经建立了磁悬浮系统的模型，下面利用 MATLAB 工具对已经得到的系统模型进行一些特性分析，为设计控制器提供理论指导。

首先对系统进行阶跃响应分析。在 MATLAB 中键入以下命令，运行得到阶跃曲线如图 9.4 所示。

```
num=[77.8421]
den=[0.0311  0  -30.5250]
step(num, den)
```

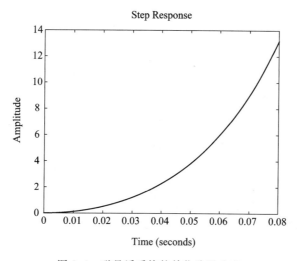

图 9.4　磁悬浮系统的单位阶跃响应

由图 9.4 可以看出，小球的位置很快发散。由于开环系统是一个二阶不稳定系统，因此要实现悬浮体的稳定悬浮，就必须控制电磁铁中的电流，使其变化阻止悬浮体气隙的变化，所以此系统需要设计一个控制器，使得磁悬浮系统稳定且具有良好的控制性能。

9.1.4　磁悬浮控制系统的校正

下面用第 6 章的频域校正法设计磁悬浮控制系统。要求设计一个控制器，使得磁悬浮系统的静态位置误差系数为 5(注意传感器的输出电压与磁悬浮间隙极性相反，实际取 -5)，相角裕量为 50°，增益裕量等于或大于 10 dB。

根据要求，控制器设计步骤如下：

(1) 选择控制器。根据分析可知，给系统增加一个超前校正网络就可以满足设计要求，设超前校正装置的传递函数为

$$G_c(s) = K_c a \frac{1 + Ts}{1 + aTs} = K \frac{1 + Ts}{1 + aTs} \qquad (9 - 14)$$

则校正后的系统具有开环传递函数 $G_c(s)G(s)$。

设

$$G_1(s) = KG(s) = \frac{77.8421K}{0.0311s^2 - 30.5250}$$

式中：$K = K_c a$。

（2）计算增益。根据稳态误差要求计算增益 K：

$$K_p = \lim_{s \to 0} G(s)G_c(s) = \lim_{s \to 0} \left| K_c a \frac{1+Ts}{1+aTs} \frac{77.8421}{0.0311s^2 - 30.5250} \right| = 5$$

可以得到

$$K = K_c a = 1.9607$$

于是有

$$G_1(s) = \frac{77.8421 \times 1.9607}{0.0311s^2 - 30.5250}$$

（3）在 MATLAB 中画出伯德图，如图 9.5 所示。

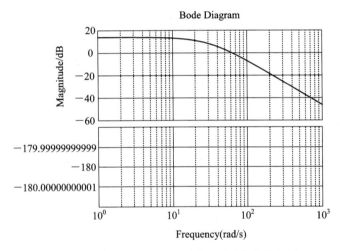

图 9.5　增加系统开环增益后磁悬浮系统的伯德图

（4）由图 9.5 可以看出，系统的相角裕量为 $0°$，根据设计要求，系统的相角裕量为 $50°$，因此需要增加的相角裕量为 $50°$。增加超前校正装置会改变伯德图的幅频曲线，这时增益交界频率会向右移动，必须对增益交界频率增加所造成的 $G_1(j\omega)$ 的相位滞后增量进行补偿，因此，假设需要的最大相位超前量 φ_m 近似等于 $50°$。

因为

$$\sin\varphi_m = \frac{1-a}{1+a}$$

可以计算得到

$$a = 0.0994$$

（5）确定超前校正装置的转折频率为 $\omega = \dfrac{1}{T}$ 和 $\omega = \dfrac{1}{aT}$。可以看出，最大相位超前角 φ_m 发生在两个转折频率的几何中心上，即 $\omega = \dfrac{1}{\sqrt{a}\,T}$。在 $\omega = \dfrac{1}{\sqrt{a}\,T}$ 点上，由于包含 $\dfrac{1+Ts}{1+aTs}$

项，所以幅值变化为

$$\left|\frac{1+\mathrm{j}\omega T}{1+\mathrm{j}\omega aT}\right|_{\omega=1/(\sqrt{a}T)}=\left|\frac{1+\mathrm{j}\dfrac{1}{\sqrt{a}}}{1+\mathrm{j}\sqrt{a}}\right|=\frac{1}{\sqrt{a}}$$

又 $\dfrac{1}{\sqrt{a}}=\dfrac{1}{\sqrt{0.0994}}=10.0261$ dB，并且 $|G_1(\mathrm{j}\omega)|=-10.0261$ dB 对应于 $\omega=120.8$ rad/s，

我们选择此频率作为新的剪切频率 ω_c，这一频率对应于 $\omega=\dfrac{1}{\sqrt{a}\,T}$，于是可得

$$\frac{1}{T}=\sqrt{a}\,\omega_c=38.0855 \qquad \frac{1}{aT}=\frac{\omega_c}{\sqrt{a}}=383.1543$$

（6）超前校正装置的传递函数确定为

$$G_c(s)=K_c a\,\frac{1+Ts}{1+aTs}=K_c\,\frac{s+38.0855}{s+383.1543} \tag{9-15}$$

$$K_c=\frac{K}{a}=19.7254$$

增加校正器后系统的伯德图如图 9.6 所示。从伯德图中可以看出，系统具有要求的相角裕度和幅值裕度，因此校正后的系统稳定。

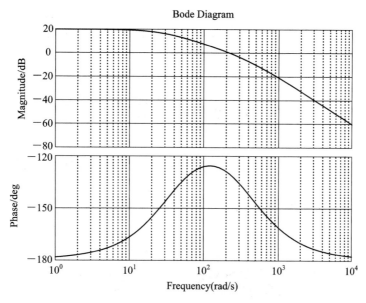

图 9.6　添加控制器后的磁悬浮系统的伯德图（一阶控制器）

为了验证超前校正装置的效果，对校正后系统的阶跃响应进行分析，在 MATLAB 中键入以下命令，此时可得磁悬浮系统的单位阶跃响应如图 9.7 所示。可以看出，系统在输入阶跃信号时，在 0.14 s 内可以达到新的平衡点，存在超调量，但稳态误差比较大。因此可以考虑适当减小控制器增益，使磁悬浮的间隙跟踪阶跃输入的稳态误差较小。

num＝77.8421 * 1.9607 * 19.7254 * [1 38.0855]
    den＝[0.0311 0.0311 * 383.1543 －30.5250＋77.8421 * 1.9607 * 19.7254 －30.5250 * 383.1543
       ＋77.8421 * 1.9607 * 19.7254 * 38.0855];
  step(num，den)

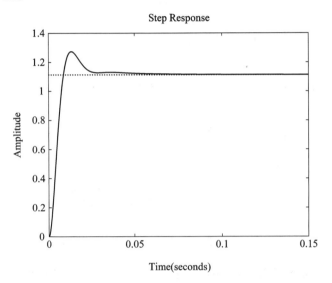

图 9.7　加入超前控制器后的单位阶跃响应

系统存在的稳态误差为 0.25。为使系统既获得快速响应特性又得到良好的稳态精度，可采用滞后-超前校正。通过应用滞后-超前校正，可增大低频增益，提高稳态精度，还能增加系统的带宽和稳定裕量，具体原理在此不再赘述。

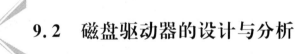

9.2　磁盘驱动器的设计与分析

在当今社会，计算机成了人们必不可缺的一种工具，可以通过它完成娱乐、购物、工作等，而磁盘驱动器则是各类计算机中广泛应用的装置之一。那么磁盘驱动器是依照什么原理来精确读取高速旋转的磁盘上的信息的呢？图 9.8 为磁盘驱动器的结构示意图，它是自动控制系统的一个重要的应用实例。

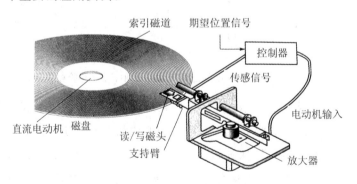

图 9.8　磁盘驱动器的结构示意图

1. 建立系统的数学模型

图 9.8 所示的磁盘驱动器的控制装置由磁头、放大器、直流电动机、支持臂和索引磁道等组成。磁盘驱动器必须保证磁头正确读取磁道的信息。磁盘旋转速度可达到 1800～7200 r/min，磁头的位置精度要求为 1 μm，且磁头在两个磁道间的移动时间小于 50 ms，还存在物理振动、磁盘转轴轴承磨损、器件老化所引起的参数变化等干扰因素。可以利用自动控制系统使磁头达到预期的位置，其控制过程如图 9.9 所示。

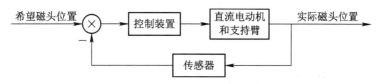

图 9.9　磁盘驱动器控制系统(原理方框图)

磁盘上磁道记录信息已经确定，也就是磁头的要求位置已经确定，而磁头的实际位置由传感器测出，并与磁头的要求位置进行对比，通过控制装置调节两个位置之间的误差，最后驱动执行电动机，带动支持臂使磁头到达预定位置，完成自动控制的要求。如果选定了组成磁盘驱动器的各元件，就可以建立它的数学模型，如图 9.10 所示。

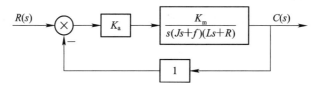

图 9.10　磁盘驱动器的结构图

该磁盘驱动读取系统的典型参数如表 9-2 所列。

表 9 - 2　磁盘驱动读取系统的典型参数

参　　　数	符 号	典　型　值
支持臂与磁头的转动惯量	J	1 N・m・s^2/rad
摩擦因数	f	20 N・m・s/rad
放大器增益	K_a	10～1000
电枢电阻	R	1 Ω
电动机传递参数	K_m	5 N・m/A
电枢电感	L	1 mH

由图 9.10 和表 9-2 可得该系统的电动机传递函数如下：

$$G(s) = \frac{K_m/(fR)}{s(T_L s+1)(Ts+1)} = \frac{5000}{s(s+20)(s+1000)}$$

式中：$T_L = J/f = 50$ ms；$T = L/R = 1$ ms。由于 $T_L \gg T$，所以可以省略 T，则 $G(s)$ 变为

$$G(s) \approx \frac{K_m/(fR)}{s(T_L s+1)} = \frac{5}{s(s+20)}$$

可得系统的传递函数为

$$\Phi(s) = \frac{C(s)}{R(s)} = \frac{K_a G(s)}{1 + K_a G(s)} = \frac{5K_a}{s^2 + 20s + 5K_a}$$

　　磁盘驱动器必须保证磁头的精确位置，并减小参数变化和外部振动对磁头定位造成的影响。作用在磁盘驱动器的扰动包括物理振动、磁盘转轴轴承的磨损和摆动，以及元器件老化引起的参数变化等。考虑到扰动的作用并根据表 9 - 2 所给的参数，可得到如图 9.11所示的带扰动的磁盘驱动器磁头控制系统的结构图。

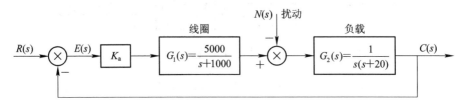

图 9.11　带扰动的磁盘驱动器磁头控制系统的结构图

2. 时域分析

　　现在讨论放大器增益 K_a 值的选取对系统在单位阶跃信号作用下的动态响应、稳态误差以及抑制扰动能力的影响。

　　(1) 选取 K_a 值，讨论系统在单位阶跃信号作用下的动态响应、稳态误差。

　　设 $N(s) = 0$, $R(s) = 1/s$，误差信号为

$$E(s) = \frac{1}{1 + K_a G_1(s) G_2(s)} R(s)$$

所以

$$\lim_{t \to \infty} e(t) = \lim_{s \to 0} s \left[\frac{1}{1 + K_a G_1(s) G_2(s)} \right] \frac{1}{s} = 0$$

表明系统在单位阶跃信号输入作用下的稳态跟踪误差为零，与 K_a 无关。

　　在 Simulink 仿真环境中构造仿真结构图，如图 9.12 所示。输入 $r(t)$ 是单位阶跃信号，扰动 $n(t) = 0$。K_a 分别等于 8 和 40 时，误差阶跃响应和输出阶跃响应仿真结果分别如图9.13 和图 9.14 所示。由此看出系统对单位阶跃信号输入的误差为零，而且当 $K_a = 40$ 时，单位阶跃信号的响应速度明显加快，当 K_a 再增大时响应将出现较大的振荡。

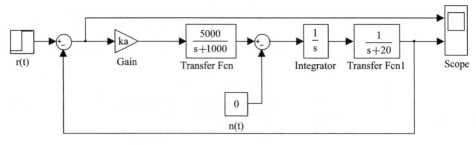

图 9.12　仿真结构图

　　(2) 当 $R(s) = 0$, $N(s) = 1/s$ 时，系统对 $N(s)$ 的输出为

$$C(s) = -\frac{G_2(s)}{1 + K_a G_1(s) G_2(s)} N(s)$$

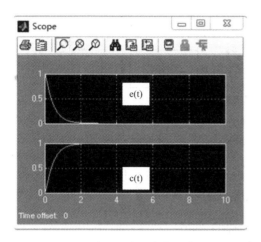 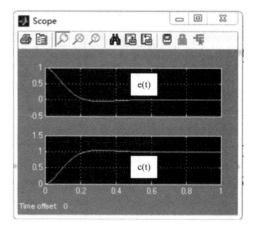

图 9.13　$K_a = 8$ 时误差阶跃响应和输出阶跃响应　图 9.14　$K_a = 40$ 时误差阶跃响应和输出阶跃响应

在 Simulink 环境中构造仿真结构，如图 9.15 所示，此时输入 $r(t) = 0$，扰动 $n(t)$ 是单位阶跃信号。图 9.16 所示为 $K_a = 80$ 时系统对扰动的响应曲线，表明当 K_a 较大时可以减少扰动的影响，但 K_a 增大至 80 以上时，系统的单位阶跃响应会出现较大的振荡，因此，有必要研究其他的控制方式，以使系统响应能够满足既快速又不振荡的要求。

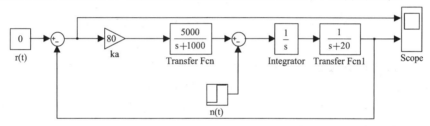

图 9.15　$K_a = 80$ 时系统对扰动的仿真结构图

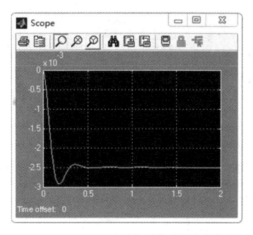

图 9.16　$K_a = 80$ 时系统对扰动的响应曲线

（3）为使磁头控制系统的性能满足设计指标要求，可以加入速度反馈传感器，其结构图如图 9.17 所示，图中 $G_1(s) = \dfrac{5000}{s + 1000}$。适当选择放大器 K_a 和速度传感器传递系数 K_1 的数值可以使系统的性能得到改善。

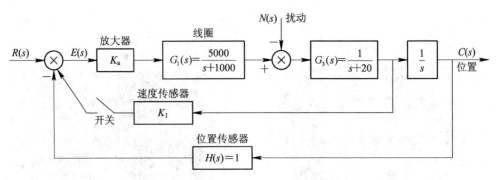

图 9.17　带速度反馈的磁盘驱动读取系统结构图

速度传感器开关闭合时，系统中加入了速度反馈，此时闭环系统的传递函数为

$$\frac{C(s)}{R(s)} = \frac{K_a G_1(s) G_3(s)}{s + K_a G_1(s) G_3(s)(1 + K_1 s)}$$
$$= \frac{5000 K_a}{s^3 + 1020 s^2 + (20000 + 5000 K_a K_1) s + 5000 K_a}$$

于是该闭环系统的特征方程为

$$s^3 + 1020 s^2 + (20000 + 5000 K_a K_1) s + 5000 K_a = 0$$

根据劳斯判据，列写劳斯表可以得到该系统稳定时应满足的条件如下：

$$1020(20000 + 5000 K_a K_1) - 5000 K_a > 0$$

在 Simulink 中构造的仿真模型如图 9.18 所示。此时输入 $r(t) = 1$，$n(t) = 0$，$K_a = 100$，$K_1 = 0.035$，系统响应曲线如图 9.19 所示。当输入 $r(t) = 0$，$n(t) = 1$ 时，系统对单位扰动的响应曲线如图 9.20 所示。由此可以得到满足要求的性能指标如表 9-3 所列（误差带取 2%）。后面还将针对这个系统进行更深入的讨论。

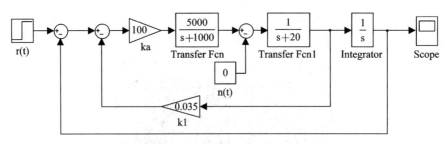

图 9.18　带速度反馈的磁盘驱动读取系统仿真结构图

表 9-3　带速度反馈的磁盘驱动器系统的性能指标

性能指标	符号	要求值	实际值
超调量	$\sigma\%$	$<5\%$	1%
调节时间	t_s	<250 ms	180 ms
单位扰动最大响应	$c(t_p)$	<0.005	-0.0021

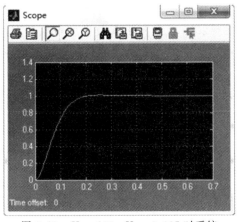

图 9.19　$K_a = 100$，$K_1 = 0.035$ 时系统
对单位输入的响应

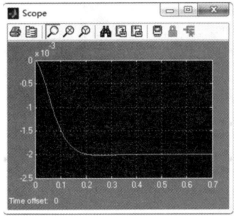

图 9.20　$K_a = 100$，$K_1 = 0.035$ 时系统
对单位扰动的响应

3. 根轨迹分析

用 PID 控制器来代替原来的放大器，能够得到所期望的响应。PID 控制器参数的选取利用第 4 章学习的根轨迹法来设计。

PID 控制器的传递函数为

$$G_c(s) = K_p + K_i \frac{1}{s} + K_d s$$

因为对象模型 $G_1(s)$ 中已经包含有积分环节，所以应取 $K_i = 0$，这样 PID 控制器就变为 PD 控制器，PD 控制器的传递函数可写为

$$G_c(s) = K_p + K_d s$$

本例的设计目标是确定 K_p 和 K_d 的取值，以使系统满足设计规格要求。图 9.21 所示为带 PD 控制器的磁盘驱动器控制系统结构图。

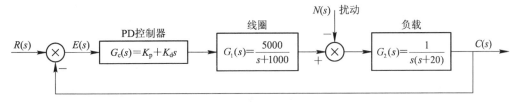

图 9.21　带 PD 控制器的磁盘驱动器控制系统结构图

当 $N(s) = 0$，$R(s) = 1$ 时，有

$$\frac{C(s)}{R(s)} = \frac{G_c(s)G_1(s)G_2(s)}{1 + G_c(s)G_1(s)G_2(s)}$$

系统的开环传递函数为

$$G_c(s)G_1(s)G_2(s) = \frac{5000(K_p + K_d s)}{s(s+20)(s+1000)} = \frac{5000K_d(s+z)}{s(s+20)(s+1000)}$$

式中：$z = \dfrac{K_p}{K_d}$。

先通过选择 K_p 来选择开环零点 z 的位置，再画出 K_d 变化时的根轨迹。通过观察系统

的极点，以及根轨迹图的绘制规则可以得出，z 的取值有三个分布范围，$0<z<20$，$20<z<1000$，$z>1000$。下面分别取 $z=10$、$z=500$、$z=2000$ 这三种有代表性的特殊情况绘制系统的根轨迹，如图 9.22(a)、(b)、(c)所示。

通过图示可以看出，当 $z>1000$ 时，系统是不稳定的，因此在设计时要保证 $z<1000$。$z=1000$ 是临界状态，其根轨迹如图 9.22(d)所示。

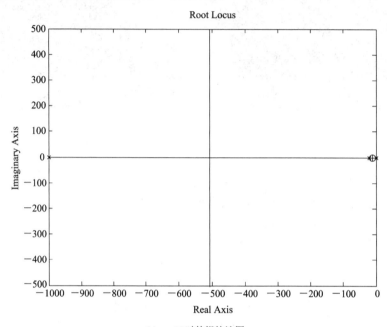

(a) $z=10$ 时的根轨迹图

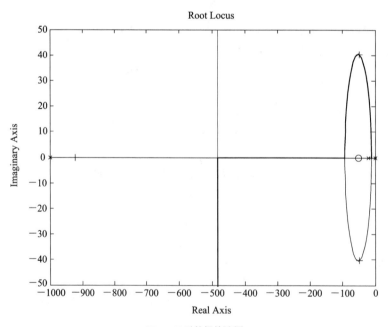

(b) $z=50$ 时的根轨迹图

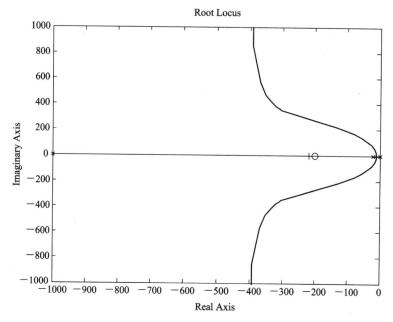

(c) $z=200$ 时的根轨迹图

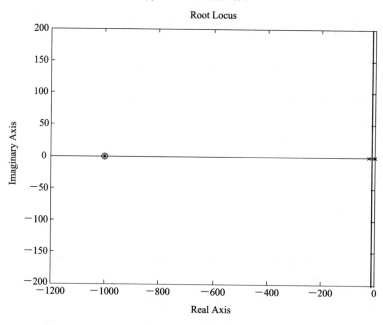

(d) $z=1000$ 时的根轨迹图

图 9.22 不同零点时系统的根轨迹图

通过上面的分析，这里可取 $z=40$，系统的开环传递函数为

$$G_c(s)G_1(s)G_2(s) = \frac{5000K_d(s+40)}{s(s+20)(s+1000)}$$

用 MATLAB 语句输入程序如下：

```
num=5000 * [1, 40]; den=conv([1, 0], conv([1, 20], [1, 1000]));
```

rlocus(num，den)，[K，poles]＝rlocfind(num，den)

执行以上程序，并移动鼠标指针到根轨迹与虚轴的交点处，右击后可得到图9.23所示的根轨迹和如下的执行结果。

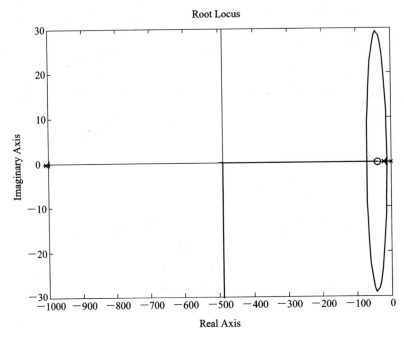

图9.23 $z＝40$ 时系统的根轨迹图

Select a point in the graphics window

selected－point＝

$-8.5907e+002+7.1054e-0.15i$

K＝

25.0000

poles＝

-857.7488

-108.5510

-53.7002

可知 $K_d＝25$ 对应的特征根为 $s_1＝-857.7488$，$s_2＝-108.5510$，$s_3＝-53.7002$。同样可以利用 MATLAB 来确定不同特征根对应的 K_d 值。

在 Simulink 窗口中建立系统的仿真结构图，如图9.24所示。

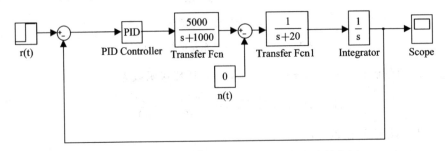

图9.24 带 PD 控制器的磁盘驱动器系统仿真结构图

此时，系统的输入 $r(t)=1$，$n(t)=0$，选 $K_p=1000$，$K_d=25$ 时系统的响应曲线，如图 9.25 所示；当输入 $r(t)=0$，$n(t)=1$ 时，系统对单位扰动的响应曲线如图 9.26 所示。

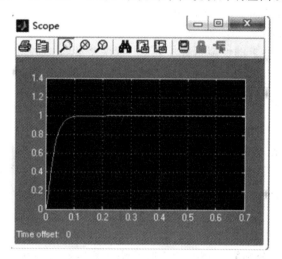

图 9.25　$K_p=1000$，$K_d=25$ 时系统的响应曲线

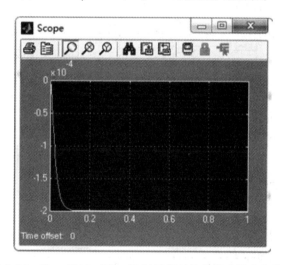

图 9.26　$K_p=1000$，$K_d=25$ 时系统对单位扰动的响应曲线

当 $r(t)=1$，$n(t)=0$，运行 Simulink 模块后，在 MATLAB 命令窗口中输入程序如下：

```
M=((max(y)−1)/1)*100;
disp(['最大超调量 M='num2str(M) '%'
a=length(y); while y(a)>0.98 & y(a)<1.02; a=a−1; end;
t=t(a);
```

disp(['上升时间 t='num2str(t) 's'])

执行以上程序得到系统的性能指标显示如下：

最大超调量＝0.001982%

上升时间 t=0.087754s

注：在程序语句中，用"M"代表超调量"$\sigma\%$"。

当 $r(t)=0$，$n(t)=1$ 时，运行 Simulink 模块后，在 MATLAB 命令窗口中输入程序和

显示结果如下：

    R＝min(y)；

    disp(['单位扰动最大响应 R＝'num2str(R)])

    单位扰动最大响应 R＝－0.00020003

由此可以得到满足要求的性能指标如表 9－4(误差带取 2％)所列。

表 9－4　带 PD 控制器的磁盘驱动器系统的性能指标

性能指标	符号	要求值	实际值
超调量	$\sigma\%$	$<5\%$	0.0019%
调节时间	t_s	<250 ms	87.75 ms
单位扰动最大响应	$c(t_p)$	<0.005	-0.0002

4. 频域分析

现在用频域分析法讨论放大器增益 K_a 值的选取对系统稳定性的影响。

图 9.27 所示为 K_a 分别取 8、80、200 时系统的稳定裕度曲线，可以看出，当 K_a 增大时，系统的稳定性会变差。

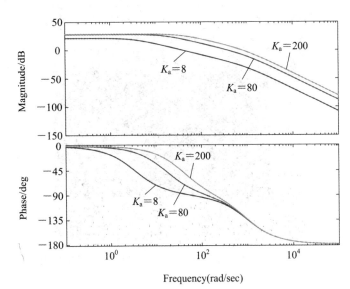

图 9.27　放大器增益 K_a 取不同值的稳定裕度

程序如下：

```
ka＝[8 80 200]；k1＝0.035；
figure(1)
hold on
for i＝1:3
g5＝tf([5000 * ka(i)], [1 1002 5000 * ka(i) * k1＋2000])；
bode(g5)
end
hold off
```

为使磁头控制系统的性能满足表 9-3 所列的设计指标要求，可以加入速度反馈传感器，适当选择放大器 K_a 和速度传感器传递系数 K_1 的数值，以改善系统的性能。

选 $K_a = 100$，$K_1 = 0.035$，MATLAB 程序为

```
g5＝tf([5000 * ka],[1 1002 5000 * ka * k1＋2000]); margin(g5)
```

系统稳定裕度关系如图 9.28 所示，相位稳定裕度 $\gamma = 67°$，增益稳定裕度 $K_g = \infty$。因此加入速度反馈传感器后，系统的性能得到很大的提高。

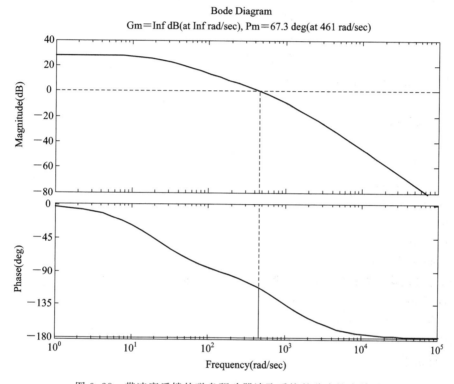

图 9.28 带速度反馈的磁盘驱动器读取系统的稳定裕度关系

以上主要以磁盘驱动器控制作为例子来说明这一类控制系统的设计问题，分别从时域、根轨迹、频域三个方面对控制系统进行了分析设计，本例所讨论的是磁盘控制的基本问题，是进一步研究该类控制系统的基础。

9.3 汽车运动控制系统的设计

1. 问题提出

考虑图 9.29 所示的汽车运动控制系统，如果忽略车轮的转动惯量，并且假定汽车受到的摩擦阻力大小与运动速度成正比，方向与汽车运动方向相反，则该系统可以简化成简单的质量阻尼系统。

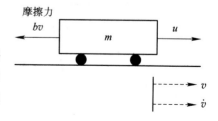

图 9.29 汽车运动控制系统

根据牛顿运动定律，该系统的模型表示为

$$\begin{cases} m\dot{v} + bv = u \\ y = v \end{cases} \tag{9-18}$$

式中：u 为汽车的驱动力。假定 $m = 1000\ \text{kg}$，$b = 50\ \text{N} \cdot \text{s/m}$，$u = 500\ \text{N}$。

2. 模型描述

为了得到系统的传递函数，对式(9-18)进行拉普拉斯变换。假定系统的初始条件为零，则动态系统的拉普拉斯变换式为

$$\begin{cases} msV(s) + bV(s) = U(s) \\ Y(s) = V(s) \end{cases} \tag{9-19}$$

既然系统输出是汽车的运动速度，用 $Y(s)$ 替代 $V(s)$，得到

$$msY(s) + bY(s) = U(s) \tag{9-20}$$

该系统的传递函数为

$$\frac{Y(s)}{U(s)} = \frac{1}{ms + b} \tag{9-21}$$

相应的程序代码为

```
m=1000;
b=50;
u=500;
num=[1]; den=[m  b];
```

我们也可以建立方程(9-18)的状态方程模型，相应的程序代码为

```
m = 1000; b = 50; u = 500;
A = [−b/m]; B = [1/m];
C = [1]; D = 0;
```

其运行结果如图 9.30 所示。

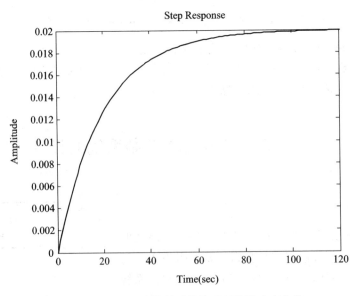

图 9.30　汽车运动控制系统的开环阶跃响应曲线

3. PID 控制器设计

PID 控制器的传递函数为

$$K_p + \frac{K_i}{s} + K_d s = \frac{K_d s^2 + K_p s + K_i}{s} \qquad (9-22)$$

式中：K_p、K_i 和 K_d 分别为比例系数、积分系数和微分系数。

首先来看比例控制器的设计。闭环系统的传递函数为

$$\frac{Y(s)}{U(s)} = \frac{K_p}{ms + (b + K_p)} \qquad (9-23)$$

比例控制器可以减小系统的上升时间。现在假定 $K_p = 100$，来观察系统的响应，相应的程序代码为

```
kp＝100；m＝1000；
b＝50；u＝10；
num＝[kp]；den＝[m b+kp]；
t＝0:0.1:20；
step(u * num, den, t)
axis([0 20 0 10])
```

得到图 9.31 所示的系统阶跃响应。

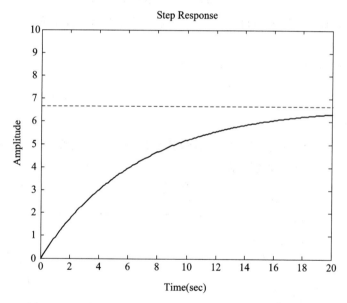

图 9.31　比例控制器作用下的汽车运动控制系统阶跃响应

从图 9.31 中可以看到，所设计的比例控制器不满足稳态误差和上升时间的设计要求。当然，也可以通过提高控制器的比例增益系数来改善系统的输出。下面将 K_p 提高到 10 000，重新计算系统的阶跃响应，如图 9.32 所示。这时的系统稳态误差接近零并且系统上升时间也降到 0.5 s 以下，虽然满足了系统的性能要求，但实际上上述控制过程是不现实的，因为一个实际的汽车控制系统不可能在 0.5 s 以内将速度从 0 加速到 10 m/s。

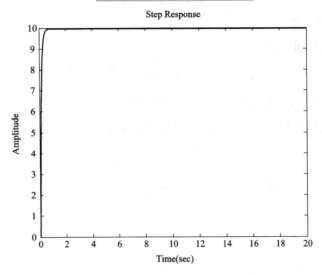

图 9.32 $K_p = 10\ 000$ 时的系统阶跃响应

解决上述问题的方法是改用比例积分控制器。比例积分控制系统的闭环传递函数为

$$\frac{Y(s)}{U(s)} = \frac{K_p s + K_i}{ms^2 + (b + K_p)s + K_i} \tag{9-24}$$

在控制器中增加积分环节的目的是减小系统的稳态误差。假设 $K_i = 1$，$K_p = 600$，相应的程序代码为

```
kp=600; ki=1; m=1000; b=50; u=10;
num=[kp ki]; den=[m b+kp ki];
t=0:0.1:20; step(u * num, den, t)
axis([0 20 0 10])
```

运行上述程序，可以得到如图 9.33 所示的系统阶跃响应曲线。调节控制器的比例系数和积分系数，以满足系统的性能要求。

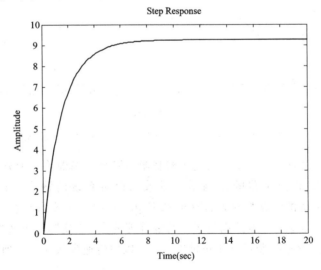

图 9.33 $K_i = 1$，$K_p = 600$ 时比例积分控制系统的阶跃响应曲线

　　调节积分增益的大小时，最好将比例增益设置成较小的值，因为过大的比例增益又可能会导致系统不稳定。当 $K_i=40$，$K_p=800$ 时，得到的阶跃响应曲线如图 9.34 所示。可以看出，这时的系统已经满足系统设计要求。

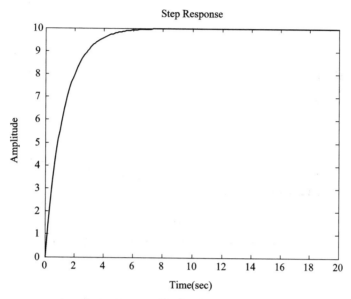

图 9.34　$K_i=40$，$K_p=800$ 时比例积分控制系统的阶跃响应曲线

　　在这个例子中，控制器没有包含微分项，然而对于有些实际系统，往往需要设计完整的 PID 控制器。PID 控制系统的闭环传递函数为

$$\frac{Y(s)}{U(s)}=\frac{K_d s^2+K_p s+K_i}{(m+K_d)s^2+(b+K_p)s+K_i} \tag{9-25}$$

假设 $K_i=1$，$K_p=1$，$K_d=1$，输入下面的程序：

```
kp=1;
ki=1;
kd=1;
m=1000;
b=50;
u=10;
num=[kd kp ki];
den=[m+kd b+kp ki];
t=0:0.1:20;
step(u*num,den,t)
axis([0 20 0 10])
```

系统的响应曲线如图 9.35 所示。

　　前面针对系统的设计要求利用试凑的方法设计了 PID 控制器。然而这种方法需要设计人员对 PID 控制系统的性能变化非常熟悉，并且具备参数调节的丰富经验，因此该方法多用于控制系统简单的现场设备调试中。

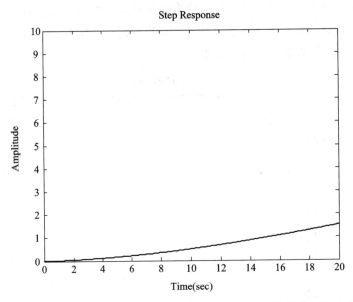

图 9.35 $K_i=1$，$K_p=1$，$K_d=1$ 时比例积分微分控制系统的阶跃响应曲线

9.4 火炮稳定器的设计

　　火炮稳定器调节系统的任务是将被控量保持在设定值上，因此调节系统设计中主要考虑的是抑制噪声。坦克在行驶时，车身会不停地振动，使火炮瞄准困难，并且不能保证设计精度。为了提高坦克行进时射击的效果和精度，最根本的办法是采用稳定装置。火炮稳定器可以使坦克火炮在垂直平面内保持一定的仰角 φ 不变，如图 9.36 所示。

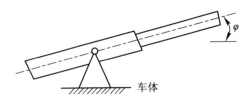

图 9.36 火炮起落部分示意图

　　稳定器采用陀螺仪作为传感器。陀螺仪组固定在火炮的起落部分上。该陀螺仪组包括一个角度陀螺仪和一个速率陀螺仪。角度陀螺仪用来在垂直平面内建立一个稳定的指向 r（即角度的设定值）。当火炮的仰角 φ 变化时，角度陀螺仪的外框随之转动，因而形成失调角（即角度偏差）e，即

$$e = r - \varphi$$

　　失调角的信号由陀螺传感器送出。速率陀螺仪是一个单自由度陀螺仪，其输出与炮身运动的角速度成比例。角度陀螺仪和速率陀螺仪的信号相加，通过执行机构（液压油缸或电动机）转动火炮，从而达到稳定的目的。

　　图 9.37 是火炮稳定系统的结构图，其中 K_p 和 K_d 分别表示由角度和角速度变化所给

出的稳定力矩。火炮的动力学特性用转动惯量 J 来表示，其反映了作用于火炮起落部分的力矩和角速度的关系。显然这个系统采用的是 PD 控制规律。从图 9.37 可以看到，若无速率反馈，则这个二阶系统的运动方程中将缺少中间的阻尼项。也就是说，这个控制规律中的微分项是用来给系统提供阻尼的。

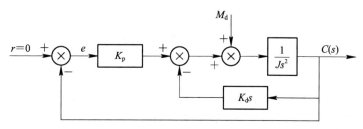

图 9.37　火炮稳定系统结构图

图中 M_d 为外力矩。由于火炮的耳轴与轴承之间存在摩擦，当车体振动时，此摩擦力矩便传给火炮，使其偏离给定位置。另外，火炮起落部分的重心也不会正好在耳轴轴线上，因此车体的各种振动会造成惯性力矩。所有这些力矩构成了作用于火炮的外力矩。因为这个外力矩是由车体振动引起的，故接近于正弦变化规律，即

$$M_d = M_{max}\sin\omega_k t$$

式中：ω_k 是坦克车体纵向角振动的频率。

所以坦克在行驶时相当于对火炮施加了一个强迫振荡力矩，控制系统的作用就是要抑制 M_d 对 φ 的影响。根据图 9.37 可以写出从 M_d 到 φ 的传递函数为

$$\frac{\varphi(s)}{M_d(s)} = \frac{1}{Js^2 + K_d s + K_p} \tag{9-26}$$

上式表明，这个火炮稳定系统相当于一个二阶系统，并且不希望系统的频率特性出现谐振峰值，所以此系统的阻尼系数宜取 $\xi = 1$。

规定了阻尼系数 $\xi = 1$，实际上就是对微分项 K_d 作了限制。这样，系统中就只剩下一个系数 K_p 了。这个前向控制环节的增益也称伺服刚度。根据外力矩 M_d 和允许的精度 φ_{max}，通过简单的运算就可以确定 K_p。下面通过一个具体的例子来说明。

设火炮起落部分对耳轴轴线的转动惯量为 $J = 350$ kg·m·s^2，车体振动幅度 $\theta_{max} = 6°$，振动周期为 $T = 1.5$ s，即 $\omega_k = 4.2$ rad/s。设在这个振动参数下，车体传给起落部分的力矩和惯性力矩所合成的外力矩的幅值为 $M_{max} = 38$ kg·m，允许的炮身强迫振荡的幅值为 $\varphi_{max} = 0.001$ rad。根据 $\xi = 1$ 的要求和上述具体参数值，由式(9-26)得

$$\frac{\varphi_{max}}{M_{max}} = \frac{1}{J\omega_k^2 + K_p}$$

所以，K_p 的值大致为

$$K_p = 32000 \text{ kg·m/rad}$$

从上面的分析可以看到，本例采用反馈控制是要在车体运动与火炮之间产生隔离，即这里的火炮稳定器相当于一个隔离器。本例中的隔离度大约为 $\theta_{max}/\varphi_{max} = 100$，或者说隔离度等于 40 dB。

上面结合火炮稳定器主要说明了这类稳定系统的共同设计特点。至于说到火炮稳定

器，当然还有它本身的特殊问题。注意图 9.37 的系统是一个 Ⅱ 型系统，传动部分的间隙不可避免地会在系统中造成自振荡，因此设计和调试中应控制其自身振荡的幅值。

　　读者可以参考前三节的内容利用 MATLAB 对火炮稳定器控制系统进行仿真，此处不再赘述。

本 章 小 结

　　本章给出了四个控制系统设计实例，磁悬浮控制系统设计介绍了磁悬浮控制系统的应用背景、系统基本组成与工作原理、数学模型、校正。磁盘驱动器的设计介绍了完整的控制系统的设计过程，包括数学模型的建立，时域分析、根轨迹分析和频域分析。汽车运动控制系统的设计介绍了如何使用 PID 控制器进行设计。火炮稳定器的设计给出了系统的数学模型分析。

附录 A　常用函数的拉氏变换表

序号	原函数 $f(t)$	象函数 $F(s)$
1	$\delta(t)$	1
2	$1(t)$	$\dfrac{1}{s}$
3	e^{-at}	$\dfrac{1}{s+a}$
4	t^n	$\dfrac{n!}{s^{n+1}}$
5	$t\,\mathrm{e}^{-at}$	$\dfrac{1}{(s+a)^2}$
6	$t^n\,\mathrm{e}^{-at}$	$\dfrac{n!}{(s+a)^{n+1}}$
7	$\sin\omega t$	$\dfrac{\omega}{s^2+\omega^2}$
8	$\cos\omega t$	$\dfrac{s}{s^2+\omega^2}$
9	$\mathrm{e}^{-at}\sin\omega t$	$\dfrac{\omega}{(s+a)^2+\omega^2}$
10	$\mathrm{e}^{-at}\cos\omega t$	$\dfrac{s+a}{(s+a)^2+\omega^2}$
11	$\dfrac{1}{a}(1-\mathrm{e}^{-at})$	$\dfrac{1}{s(s+a)}$
12	$\dfrac{1}{a^2}(\mathrm{e}^{-at}+at-1)$	$\dfrac{1}{s^2(s+a)}$
13	$\dfrac{1}{b-a}(\mathrm{e}^{-at}-\mathrm{e}^{-bt})$	$\dfrac{1}{(s+a)(s+b)}$

序号	原函数 $f(t)$	象函数 $F(s)$
14	$\dfrac{1}{b-a}(b\mathrm{e}^{-bt}-a\mathrm{e}^{-at})$	$\dfrac{s}{(s+a)(s+b)}$
15	$\dfrac{\omega_n}{\sqrt{1-\xi^2}}\mathrm{e}^{-\xi\omega_n t}\sin\omega_n\sqrt{1-\xi^2}\,t$	$\dfrac{\omega_n^2}{s^2+2\xi\omega_n s+\omega_n^2}\quad(0<\xi<1)$
16	$\dfrac{-1}{\sqrt{1-\xi^2}}\mathrm{e}^{-\xi\omega_n t}\sin(\omega_n\sqrt{1-\xi^2}\,t-\varphi)$ $\varphi=\arctan\dfrac{\sqrt{1-\xi^2}}{\xi}$	$\dfrac{s}{s^2+2\xi\omega_n s+\omega_n^2}\quad(0<\xi<1)$
17	$1-\dfrac{1}{\sqrt{1-\xi^2}}\mathrm{e}^{-\xi\omega_n t}\sin(\omega_n\sqrt{1-\xi^2}\,t-\varphi)$ $\varphi=\arctan\dfrac{\sqrt{1-\xi^2}}{\xi}$	$\dfrac{\omega_n^2}{s(s^2+2\xi\omega_n s+\omega_n^2)}\quad(0<\xi<1)$

附录 B 常用函数的 z 变换表

序号	$x(k)$ $(k \geqslant 0)$	$X(z)$	收敛域
1	$\delta(k)$	1	z 平面
2	$\delta(k-j)$	z^{-j}	$z \neq 0$
3	$1(k)$	$\dfrac{z}{z-1}$	$\lvert z \rvert > 1$
4	$1(k-j)$	$\dfrac{1}{z-1}$	$\lvert z \rvert > 1$
5	k	$\dfrac{z}{(z-1)^2}$	$\lvert z \rvert > 1$
6	k^n	$\left(-z \dfrac{\mathrm{d}}{\mathrm{d}z}\right)^n \left(\dfrac{1}{1-z^{-1}}\right)$	$\lvert z \rvert > 1$
7	r^k	$\dfrac{z}{z-r}$	$\lvert z \rvert > \lvert r \rvert$
8	kr^k	$\dfrac{rz}{(z-r)^2}$	$\lvert z \rvert > \lvert r \rvert$
9	$(k+1)r^k$	$\left(\dfrac{z}{z-r}\right)^2$	$\lvert z \rvert > \lvert r \rvert$
10	$\dfrac{1}{2}(k+1)(k+2)r^k$	$\left(\dfrac{z}{z-r}\right)^3$	$\lvert z \rvert > \lvert r \rvert$
11	$\dfrac{1}{(p-1)!}(k+1)(k+2)\cdots(k+p-1)r^k$	$\left(\dfrac{z}{z-r}\right)^p$	$\lvert z \rvert > \lvert r \rvert$
12	$\mathrm{e}^{k\lambda}$	$\dfrac{z}{z-\mathrm{e}^{\lambda}}$	$\lvert z \rvert > \lvert \mathrm{e}^{\lambda} \rvert$
13	$\cos k\beta$	$\dfrac{z(z-\cos\beta)}{z^2-2z\cos\beta+1}$	$\lvert z \rvert > 1$
14	$\sin k\beta$	$\dfrac{z\sin\beta}{z^2-2z\cos\beta+1}$	$\lvert z \rvert > 1$
15	$\mathrm{e}^{ka}\cos k\beta$	$\dfrac{\mathrm{e}^{a}\cos\beta \cdot z^{-1}}{1-2\mathrm{e}^{a}\cos\beta \cdot z^{-1}+\mathrm{e}^{2a}z^{-2}}$	$\lvert z \rvert > \lvert \mathrm{e}^{\lambda} \rvert$
16	$\mathrm{e}^{ka}\sin k\beta$	$\dfrac{\mathrm{e}^{a}\sin\beta \cdot z^{-1}}{1-2\mathrm{e}^{a}\cos\beta \cdot z^{-1}+\mathrm{e}^{2a}z^{-2}}$	$\lvert z \rvert > \lvert \mathrm{e}^{\lambda} \rvert$

参 考 文 献

[1] 胡寿松. 自动控制原理[M]. 5 版. 北京：科学出版社，2007.

[2] 丁红. 自动控制原理[M]. 2 版. 北京：北京大学出版社，2010.

[3] 刘勤贤. 自动控制原理[M]. 杭州：浙江大学出版社，2009.

[4] 夏德钤，翁贻方. 自动控制原理[M]. 4 版. 北京：机械工业出版社，2012.

[5] 吴仲阳. 自动控制原理[M]. 北京：高等教育出版社，2005.

[6] 王玉中. 自动控制技术[M]. 郑州：河南科学技术出版社，2009.

[7] 薛安克，彭冬亮，陈雪亭. 自动控制原理[M]. 2 版. 西安：西安电子科技大学出版社，2007.

[8] 袁德成，王玉德. 自动控制原理[M]. 北京：北京大学出版社，2007.

[9] 贾秋玲. 基于 MATLAB 的系统仿真分析与设计[M]. 西安：西北工业大学出版社，2006.

[10] FRANKLIN G F，POWELL J D. 自动控制原理与设计[M]. 5 版. 李中华，张雨浓，译. 北京：人民邮电出版社，2007.

[11] 丁肇红. 自动控制原理[M]. 西安：西安电子科技大学出版社，2017.